高等教育“十三五”规划教材

复变函数与积分变换

母丽华 张鸿艳 顾娟 编著

中国矿业大学出版社
China University of Mining and Technology Press

图书在版编目(CIP)数据

复变函数与积分变换 / 母丽华，张鸿艳，顾娟编著
.—徐州：中国矿业大学出版社，2018.5
ISBN 978-7-5646-3969-3

Ⅰ. ①复… Ⅱ. ①母… ②张… ③顾… Ⅲ. ①复变函数—高等学校—教材②积分变换—高等学校—教材 Ⅳ. ①O174.5②O177.6

中国版本图书馆 CIP 数据核字(2018)第 106379 号

书　　名　复变函数与积分变换
编　　著　母丽华　张鸿艳　顾　娟
责任编辑　褚建萍
出版发行　中国矿业大学出版社有限责任公司
（江苏省徐州市解放南路　邮编 221008）
营销热线　(0516)83885307　83884995
出版服务　(0516)83885767　83884920
网　　址　http://www.cumtp.com　**E-mail**:cumtpvip@cumtp.com
印　　刷　徐州中矿大印发科技有限公司
开　　本　787×960　1/16　**印张** 13　**字数** 300 千字
版次印次　2018 年 5 月第 1 版　2018 年 5 月第 1 次印刷
定　　价　26.00 元

前　言

“复变函数与积分变换”课程是理工科学生继“高等数学”课程学习之后的又一门数学基础课。本教材通过引入工程案例，主要讲授复变函数与积分变换的基本原理和方法。通过本课程的学习，学生不仅能够学到复变函数与积分变换的基本理论和数学物理及工程技术中常用的数学方法，同时还可以巩固和加深对高等数学基础知识的理解，提高大学生的数学素养，为大学生今后学习后续课程和进一步扩大数学知识面奠定必要的数学基础。本教材突出特点是在介绍理论之前，通过工程案例、专业案例的介绍，学生了解了理论的工程背景，不仅在培养抽象思维能力、逻辑推理能力、空间想象能力和科学计算能力等方面得到了锻炼，而且激发了学生对后续专业课学习的兴趣，充分调动了学生学习的主动性和创造性。

本书是根据教育部高等院校“复变函数与积分变换”课程的基本要求，依据工科数学《复变函数与积分变换教学大纲》，结合高等教育新常态对本学科的发展需求，广泛收集工程案例，在积累多年教学实践经验的基础上编写而成的。本书旨在培养学生的数学素质，提高其应用数学知识解决工程实际问题的能力，强调理论扎实与应用性。本教材体系严谨，逻辑性强，内容组织由浅入深，理论联系实际，拓宽了学生的视野，便于学生理解和接受。

本书共分7章，包括复数与复变函数、解析函数、复变函数的积分、级数、留数、傅立叶变换和拉普拉斯变换。各章节编写分工如下：母丽华教授负责第1、6、7章和附录内容的撰写，张鸿艳教授负责第3、4章的撰写，顾娟副教授负责第2、5章和习题答案的撰写，每章均配备了练习题和测试题，并附答案，方便学生的课后复习。

本门课程同时还配备了全部教学内容的教学课件与教学视频。

本书适合高等院校工科各专业，尤其是自动控制、通信、电子信息、测控、机械工程、材料成型等专业作为教材使用，也可供科技、工程技术人员阅读参考.

限于编者水平，书中难免存在不当之处，请广大读者批评指正.

编　者

2018年6月

目　　录

引 言

复变函数理论的产生、发展经历了漫长而又艰难的岁月.16世纪人们在解代数方程时引入了复数的概念,复数是复变函数的基础.复变函数主要讨论复数之间的相互依赖关系,主要研究对象是解析函数,是实变函数微积分的推广与发展.

1545年,意大利数学物理学家H. Cardan(卡丹)在所著《重要的艺术》一书中列出将10分成两部分,使其积为40的问题,即求方程$x(10-x)$的根,它求出形式的根为$5+\sqrt{-15}$和$5-\sqrt{-15}$,两根之积为$25-(-15)=40$.但由于这只是单纯从形式上推广而来,并且人们原先就已断言负数开平方是没有意义的.因而复数在历史上长期不能为人们所接受."虚数"这一名词就恰好反映了这一点.直到18世纪,D'Alembert(达朗贝尔)、L. Euler(欧拉)等人逐步阐明了复数的几何意义与物理意义,建立了系统的复数理论,从而使人们终于接受并理解了复数.复变函数的理论基础是在19世纪奠定的,主要是围绕A. L. Cauchy(柯西),K. Weierstrass(魏尔斯特拉斯)和B. Riemann(黎曼)三人的工作进行的.到20世纪,复变函数论仍是数学的重要分支之一,随着它的领域的不断扩大而发展成为庞大的一门学科,在其他自然科学(如空气动力学、流体力学、电学、热学、理论物理等)及数学的其他分支(如微分方程、积分方程、概率论、数论等)中,复变函数论都有着重要应用.

积分变换是通过积分运算将一个函数变换成另一个函数.本教材所说的积分变换指傅立叶变换和拉普拉斯变换,经过改进的傅立叶变换即拉普拉斯变换,是1782年由法国的数学家赫维赛德发明的算子法发展演变而来的.该变换在图像处理、信号分析等领域具有重要的作用.

第一章　复数与复变函数

自变量为复数的函数称为复变函数，它是本课程的研究对象.本章将对中学阶段学习的内容进行简要的复习和补充，并在此基础上进一步介绍复平面上的区域、复变函数的极限及复变函数的连续性等概念，为后面各章更深入地学习解析函数的理论和方法奠定基础.

第一节　复数的运算及其表示方法

一、复数的概念

形如 $z = x + \mathrm{i}y$ 或 $z = x + y\mathrm{i}$ 的数，称为复数，其中 x 和 y 均是实数，称为复数 z 的实部和虚部，记为 $x = \mathrm{Re}\, z, y = \mathrm{Im}\, z, \mathrm{i} = \sqrt{-1}$，称为虚数单位.

两个复数 $z_1 = x_1 + \mathrm{i}y_1$ 与 $z_2 = x_2 + \mathrm{i}y_2$ 相等，当且仅当它们的实部和虚部分别对应相等，即 $x_1 = x_2$ 且 $y_1 = y_2$.虚部为零的复数可看作实数，即 $x + \mathrm{i}\cdot 0 = x$，特别地，$0 + \mathrm{i}\cdot 0 = 0$，因此，全体实数是全体复数的一部分.

实部为零但虚部不为零的复数称为纯虚数，复数 $x+\mathrm{i}y$ 和 $x-\mathrm{i}y$ 称为互为共轭复数，记为

$$\overline{x+\mathrm{i}y} = x - \mathrm{i}y \quad 或 \quad \overline{x-\mathrm{i}y} = x + \mathrm{i}y$$

共轭复数的运算有如下性质：

(1) $\overline{\overline{z}} = z$；

(2) $\overline{z_1 \pm z_2} = \overline{z_1} \pm \overline{z_2}, \overline{z_1 z_2} = \overline{z_1}\,\overline{z_2}, \overline{\left(\dfrac{z_1}{z_2}\right)} = \dfrac{\overline{z_1}}{\overline{z_2}}, z_2 \neq 0$；

(3) $z\overline{z} = (\mathrm{Re}\, z)^2 + (\mathrm{Im}\, z)^2$；

(4) $z + \overline{z} = 2\mathrm{Re}\, z, z - \overline{z} = 2\mathrm{i}\mathrm{Im}\, z$.

二、复数的运算

设复数 $z_1 = x_1 + \mathrm{i}y_1, z_2 = x_2 + \mathrm{i}y_2$，则复数四则运算规定：

$$z_1 \pm z_2 = (x_1 \pm x_2) + (y_1 \pm y_2)\mathrm{i}$$

$$z_1 \cdot z_2 = (x_1 x_2 - y_1 y_2) + \mathrm{i}(x_1 y_2 + x_2 y_1)$$

$$\frac{z_1}{z_2} = \frac{x_1 x_2 + y_1 y_2}{x_2^2 + y_2^2} + \mathrm{i}\frac{x_2 y_1 - x_1 y_2}{x_2^2 + y_2^2} (z_2 \neq 0)$$

容易验证复数的四则运算满足与实数的四则运算相应的运算规律.

全体复数和引进上述运算后称为复数域,必须特别提出的是,在复数域中,复数是不能比较大小的.

例 1-1　设 $z_1 = 2+4\mathrm{i}, z_2 = 1+\mathrm{i}$,求 $\dfrac{z_1}{z_2}, \overline{\left(\dfrac{z_1}{z_2}\right)}$.

解　由 $\dfrac{z_1}{z_2} = \dfrac{2+4\mathrm{i}}{1+\mathrm{i}} = \dfrac{(2+4\mathrm{i})(1-\mathrm{i})}{(1+\mathrm{i})(1-\mathrm{i})} = 3+\mathrm{i}, \overline{\left(\dfrac{z_1}{z_2}\right)} = 3-\mathrm{i}$

例 1-2　设 $z = \dfrac{\mathrm{i}}{1-\mathrm{i}} + \dfrac{1-\mathrm{i}}{\mathrm{i}}$,求 $\mathrm{Re}\, z, \mathrm{Im}\, z, z\bar{z}$.

解　$z = \dfrac{\mathrm{i}^2 + (1-\mathrm{i})^2}{(1-\mathrm{i})\mathrm{i}} = \dfrac{-1-2\mathrm{i}}{1+\mathrm{i}} = \dfrac{(-1-2\mathrm{i})(1-\mathrm{i})}{(1+\mathrm{i})(1-\mathrm{i})} = -\dfrac{3}{2} - \dfrac{1}{2}\mathrm{i}$

$$\mathrm{Re}\, z = -\frac{3}{2}, \mathrm{Im}\, z = -\frac{1}{2}, z\bar{z} = \left(-\frac{3}{2}\right)^2 + \left(-\frac{1}{2}\right)^2 = \frac{5}{2}$$

三、复数的表示方法

1. 复数的点表示法

从上述复数的定义可以看出,一个复数 $z = x + \mathrm{i}y$ 实际上是由一对有序实数 (x, y) 唯一确定的.因此,如果我们把平面上的点 (x, y) 与复数 $z = x + \mathrm{i}y$ 对应,就建立了平面上全部的点和全体复数间的一一对应关系.

由于 x 轴上的点和 y 轴上非原点的点分别对应着实数和纯虚数,因而通常称 x 轴为实轴,称 y 轴为虚轴,这样表示复数 z 的平面称为复平面或 z 平面.记为:

$$C = \{z = x + \mathrm{i}y \mid x, y \in \mathbf{R}\}$$

引进复平面后,我们在“数”与“点”之间建立了一一对应关系,为了方便起见,今后我们就不再区分“数”和“点”及“数集”和“点集”.

2. 复数的向量表示法

由图 1-1 可以知道,复数 $z = x + \mathrm{i}y$ 与从原点到点 z 所引的向量 $\boldsymbol{oz}$ 也构成一一对应关系(复数 0 对应零向量).从而,我们能够借助于点 z 的极坐标 r 和 θ 来确定点 $z = x + \mathrm{i}y$,向量 $\boldsymbol{oz}$ 的长度称为复数 z 的模,记为:

$$r = |z| = \sqrt{x^2 + y^2} \geqslant 0$$

显然,对于任意复数 $z = x + \mathrm{i}y$ 均有 $|x| \leqslant |z|, |y| \leqslant |z|, |z| \leqslant |x| + |y|$.

另外,根据向量的运算及几何知识,我们可以得到两个重要的不等式:

$|z_1 + z_2| \leqslant |z_1| + |z_2|$(三角形两边之和 $\geqslant$ 第三边,见图 1-2)

$||z_1 - z_2|| \geqslant |z_1| - |z_2|$(三角形两边之差 $\leqslant$ 第三边,见图 1-2)

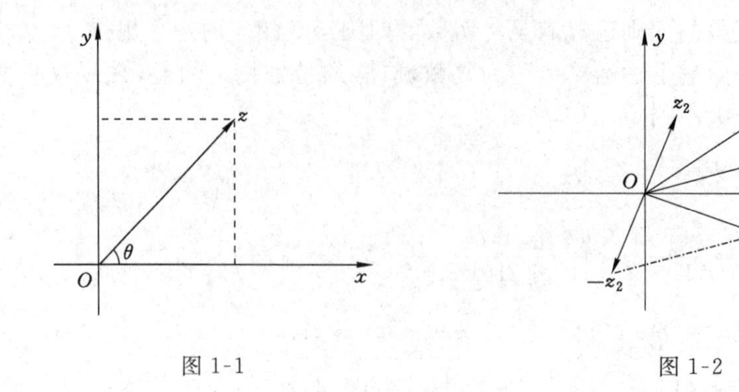

图 1-1　　　　　　　　　　　　图 1-2

$|z_1+z_2|\leqslant|z_1|+|z_2|$ 与 $|z_1-z_2|\geqslant|z_1|-|z_2|$ 两式中等号成立的几何意义是：复数 z_1, z_2 分别与 z_1+z_2 及 z_1-z_2 所表示的三个向量共线且同向.

向量 $\boldsymbol{oz}$ 与实轴正向间的夹角 θ 满足 $\tan\theta=\dfrac{y}{x}$ 称为复数 z 的辐角(argument)，记为 $\theta=\operatorname{Arg} z$. 由于任一非零复数 z 均有无穷多个辐角，若以 $\operatorname{Arg} z$ 表示其中的一个特定值，并称满足条件 $-\pi<\operatorname{Arg} z\leqslant\pi$ 的一个值为 $\operatorname{Arg} z$ 的主角或 z 的主辐角，则有：

$$\theta=\operatorname{Arg} z=\arg z+2k\pi(k=0,\pm 1,\pm 2,\cdots)$$

注意：当 $z=0$ 时，其模为零，辐角无意义.

3. 复数的三角表示法

从直角坐标与极坐标的关系，$x=r\cos\theta, y=r\sin\theta$，我们还可以用复数的模与辐角来表示非零复数 z，即有 $z=r(\cos\theta+\mathrm{i}\sin\theta)$，称为非零复数 z 的三角表示.

4. 复数的指数表示法

同时我们引进著名的欧拉(Euler)公式：$\mathrm{e}^{\mathrm{i}\theta}=\cos\theta+\mathrm{i}\sin\theta$ 则可化为 $z=r\mathrm{e}^{\mathrm{i}\theta}$，称为非零复数 z 的指数形式.

例 1-3　将 $1-\sqrt{3}\mathrm{i}$ 化为三角表示和指数表示.

解　$|z|=2, \arg z=-\arctan\sqrt{3}=-\dfrac{\pi}{3}$,

$$z=2\left[\cos\left(-\frac{\pi}{3}\right)+\mathrm{i}\sin\left(-\frac{\pi}{3}\right)\right]=2\mathrm{e}^{-\frac{\pi}{3}\mathrm{i}}.$$

四、复球面与无穷远点

1. 复数的球面表示法

复数除了可用平面内的点或向量表示外，还可以用球面上的点表示. 取一个

与复平面 C 相切于原点 $z=0$ 的球面，球面上的一点 S 与原点重合. 过 S 作垂直于复平面 C 的直线与球面相交于另一点 N，S、N 分别称为球面的南极与北极.

在复平面 C 上任取一点 z，连接 N 与点 z 的直线必交于球面上的一点 p；反之，在球面上任取一点 p(N 除外)，连接 N、p 并延长，必交于复平面上唯一的一点 z，这样就建立了复平面上的所有点与球面上除 N 点之外的所有点的一一对应关系. 即复数可用球面上的点来表示(见图 1-3).

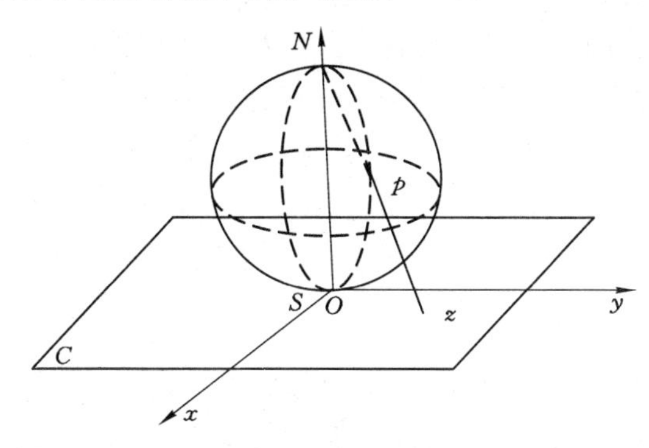

图 1-3

2. 扩充复平面

对于球面上的 N 点，复平面上没有点与之对应，但我们可以看到当点 z 离原点无限远时，点 p 无限接近于 N. 于是我们规定：复平面 C 上，无限远离原点的点称为“无穷远点”，它与球面上的 N 点相对应.

不包含无穷远点在内的复平面称为有限复平面；包含无穷远点在内的复平面称为扩充复平面. 复球面能把扩充复平面上的无穷远点明显地表示出来，显示了它与复平面相比的优越性.

3. 复数 ∞

我们规定：扩充复平面上的无穷远点与复数中的“无穷大”相对应，记作 $z=\infty$，对复数 $z=\infty$ 而言，其模规定为 $+\infty$，而其实部、虚部、辐角均无意义. 对于其他每一个复数 ∞，都有 $|z|<+\infty$.

复数 ∞ 与有限复数 z 的四则运算规定如下：

加法 $z+\infty=\infty+z=\infty\quad(z\neq\infty)$；

减法 $z-\infty=\infty-z=\infty\quad(z\neq\infty)$；

乘法 $z\cdot\infty=\infty\cdot z=\infty\quad(z\neq 0)$；

除法 $\dfrac{z}{\infty}=0, \dfrac{\infty}{z}=\infty(z\neq\infty), \dfrac{z}{0}=\infty(z\neq 0$，但可为 $\infty)$

其他运算如 $\infty \pm \infty, 0 \cdot \infty, \frac{\infty}{\infty}, \frac{0}{0}$ 均无意义.

第二节　复数的幂与方根

一、复数的乘积与商

为了研究问题方便,我们用复数的三角表示法来计算复数乘积与商.设非零复数 $z_1 = r_1(\cos\theta_1 + \mathrm{i}\sin\theta_1), z_2 = r_2(\cos\theta_2 + \mathrm{i}\sin\theta_2)$,则

$$\begin{aligned} z_1 z_2 &= r_1 r_2(\cos\theta_1 + \mathrm{i}\sin\theta_1)(\cos\theta_2 + \mathrm{i}\sin\theta_2) \\ &= r_1 r_2(\cos\theta_1\cos\theta_2 - \sin\theta_1\sin\theta_2) + \mathrm{i}(\sin\theta_1\cos\theta_2 + \cos\theta_1\sin\theta_2) \\ &= r_1 r_2[\cos(\theta_1 + \theta_2) + \mathrm{i}\sin(\theta_1 + \theta_2)] \end{aligned}$$

类似地有

$$\frac{z_1}{z_2} = \frac{r_1}{r_2}[\cos(\theta_1 - \theta_2) + \mathrm{i}\sin(\theta_1 - \theta_2)], z_2 \neq 0$$

另外,两个复数乘积的模等于它们模的乘积;两个复数乘积的辐角等于它们辐角的和.两个复数商的模等于它们模的商;两个复数商的辐角等于被除数与除数的辐角之差.

由指数性质即可推得复数的乘除有

$$z_1 z_2 = r_1 \mathrm{e}^{\mathrm{i}\theta_1} r_2 \mathrm{e}^{\mathrm{i}\theta_2} = r_1 r_2 \mathrm{e}^{\mathrm{i}(\theta_1 + \theta_2)}$$

$$\frac{z_1}{z_2} = \frac{r_1 \mathrm{e}^{\mathrm{i}\theta_1}}{r_2 \mathrm{e}^{\mathrm{i}\theta_2}} = \frac{r_1}{r_2}\mathrm{e}^{\mathrm{i}(\theta_1 - \theta_2)}$$

$$\operatorname{Arg} z_1 z_2 = \operatorname{Arg} z_1 + \operatorname{Arg} z_2$$

$$\operatorname{Arg}\left(\frac{z_1}{z_2}\right) = \operatorname{Arg} z_1 - \operatorname{Arg} z_2$$

说明:两个复数 z_1, z_2 的乘积(或商),其模等于这两个复数模的乘积(或商),其辐角等于这两个复数辐角的和(或差).

特别当 $|z_2| = 1$ 时可得 $z_1 z_2 = r_1 \mathrm{e}^{\mathrm{i}(\theta_1 + \theta_2)}$.

此即说明单位复数($|z_2| = 1$)乘任何数,几何上相当于将此数所对应的向量旋转一个角度.

另外,也可把公式的 $\operatorname{Arg} z$ 换成 $\arg z$(某个特定值),若 $\arg z$ 为主值时,则公式两端允许相差 2π 的整数倍,即有

$$\operatorname{Arg}(z_1 z_2) = \arg z_1 + \arg z_2 + 2k\pi \quad (k \in z)$$

$$\operatorname{Arg}\left(\frac{z_1}{z_2}\right) = \arg z_1 - \arg z_2 + 2k\pi \quad (k \in z)$$

二、复数的幂与方根

设 n 为正整数，n 个相同的非零复数 z 的乘积称为 z 的 n 次幂，记为 z^n. 推广到有限个复数的情况，特别地，当 $z_1 = z_2 = \cdots = z_n$ 时，有

$$z^n = (re^{i\theta})^n = r^n e^{in\theta} = r^n(\cos n\theta + i\sin n\theta)$$

若定义 $z^{-n} = \dfrac{1}{z^n}$，并规定 $z^0 = 1$，那么当 $z \neq 0$ 时，对于任意整数 n，上式均成立. 当 $r = 1$ 时，就得到熟知的德摩弗(DeMoiVre) 公式：

$$(\cos\theta + i\sin\theta)^n = \cos n\theta + i\sin n\theta$$

我们称满足方程 $\omega^n = z$ 的复数 ω 为复数 z 的 n 次方根，记作 $\sqrt[n]{z}$，即 $\omega = \sqrt[n]{z}$，则令

$$z = r(\cos\theta + i\sin\theta)$$

$$\omega = \sqrt[n]{z} = \sqrt[n]{r}\left(\cos\frac{\theta + 2k\pi}{n} + i\sin\frac{\theta + 2k\pi}{n}\right),(k = 0,1,2,\cdots,n-1)$$

一个复数 z 的 n 次方根共有 n 个不同值.

例如，$\sqrt[3]{-8}$，而 $\sqrt[3]{-8} = 8(\cos\pi + i\sin\pi)$，所以

$$\sqrt[3]{-8} = 2\left(\cos\frac{\pi + 2k\pi}{3} + i\sin\frac{\pi + 2k\pi}{3}\right),(k = 0,1,2)$$

$$k = 0,\omega_0 = 2\left(\cos\frac{\pi}{3} + i\sin\frac{\pi}{3}\right) = 1 + \sqrt{3}i$$

$$k = 1,\omega_1 = 2(\cos\pi + i\sin\pi) = -2$$

$$k = 2,\omega_2 = 2\left(\cos\frac{5\pi}{3} + i\sin\frac{5\pi}{3}\right) = 1 - \sqrt{3}i$$

第三节　复平面上的点集

一、区域的概念

关于平面点集的概念我们以前已经接触过了，在此仅作简单回顾. 因为平面上的点与复数一一对应，所以对于一些特殊的平面点集，我们采用复数所满足的等式或不等式来表示.

1. 邻域

满足不等式 $|z - z_0| < \rho$ 的所有点 z 组成的平面点集(以下简称点集) 称为点 z_0 的 ρ- 邻域，记为 $N_\rho(z_0)$. 而由不等式 $0 < |z - z_0| < \rho$ 所确定的点集称为 z_0 的去心邻域.

显然，$N_\rho(z_0)$ 即表示以 z_0 为心、以 ρ 为半径的圆的内部.

2. 内点

设E为平面上的一个点集，z_0为E中任意一点，如果存在z_0的一个邻域，该邻域内所有点都属于E，那么z_0为E的内点.

3. 开集、闭集

若E的所有点均为内点，则称E为开集.

若E的每个聚点都属于E，则称E为闭集.

4. 边界

如果点z_0的任意邻域内既有属于E的点，也有不属于E的点，则称z_0为E的边界点.

即若z_0为区域D的聚点且z_0不是D的内点，则称z_0为D的界点，D的所有界点组成的点集称为D的边界，记为∂D，若$\exists r>0$，使得$N_r(z_0)\cap D=\varnothing$，则称$z_0$为$D$的外点.

若$\exists M>0,\forall z\in E$，均有$|z|\leqslant M$，则称$E$为有界集，否则称$E$为无界集.

5. 连通的

设E为开集，如果对E的任意两点，都可用完全属于E的折线连接起来，则称E为连通的.

6. 开区域，闭区域

若非空点集D满足下列两个条件：

(1) D为开集.

(2) D是连通的，就是说D中任意两点均可用全在D中的折线连接起来，则称D为区域(见图1-4).

连通的开集称为开区域或区域. 开区域连同其边界一起称为闭区域，即区域D加上它的边界C称为闭区域，记为$\overline{D}=D+C$.

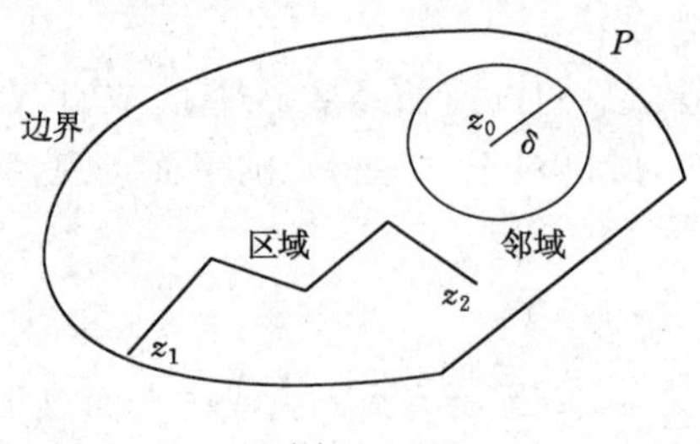

图1-4

例如，z平面上以点z_0为心，R为半径的圆周内部(即圆形区域)：$|z-z_0|<$

R；z 平面上以点 z_0 为心，R 为半径的圆周及其内部(即圆形闭区域) $|z-z_0|\leqslant R$；上两个区域都以圆周 $|z-z_0|=R$ 为边界，且均为有界区域；上半平面 $\text{Im}\ z>0$，下半平面 $\text{Im}\ z<0$，它们都以实轴 $\text{Im}\ z=0$ 为边界，且均为无界区域；左半平面 $\text{Re}\ z<0$，右半平面，$\text{Re}\ z>0$ 它们都以虚轴 $\text{Re}\ z=0$ 为边界，且均为无界区域；带形区域表为 $y_1<\text{Im}\ z<y_2$，其边界为 $y=y_1$ 与 $y=y_2$，亦为无界区域；圆环区域表为 $r<|z|<R$，其边界为 $|z|=r$ 与 $|z|=R$，为有界区域.

二、约当(Jordan) 曲线

1. 连续曲线

设 $x(t)$ 及 $y(t)$ 是两个关于实数 t 在闭区间 $[\alpha,\beta]$ 上的连续实函数，则由方程 $z=z(t)=x(t)+\mathrm{i}y(t)(\alpha\leqslant t\leqslant\beta)$ 所确定的点集 C 称为 z 平面上的一条连续曲线，$z(\alpha)$ 及 $z(\beta)$ 分别称为 C 的起点和终点.

2. 简单曲线(约当曲线)

对任意满足 $\alpha<t_1<\beta$ 及 $\alpha<t_2<\beta$ 的 t_1 与 t_2，若 $t_1\neq t_2$ 时有 $z(t_1)=z(t_2)$，则点 $z(t_1)$ 称为 C 的重点；无重点的连续曲线，称为简单曲线(约当曲线)；$z(\alpha)=z(\beta)$ 的简单曲线称为简单闭曲线(见图 1-5).

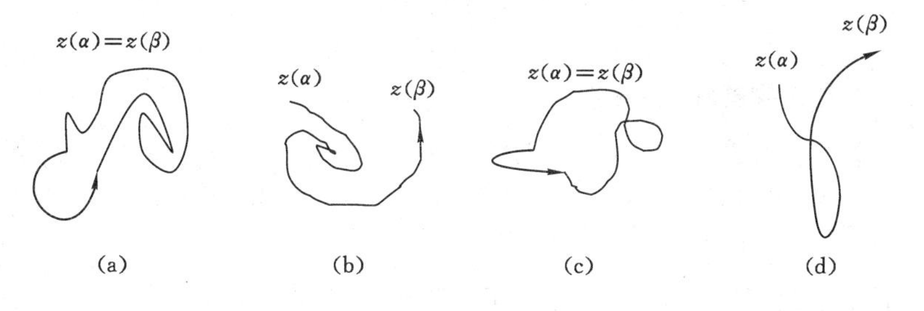

图 1-5

(a) 简单闭曲线；(b) 简单不闭曲线；(c) 不简单闭曲线；(d) 不简单不闭曲线

3. 光滑(闭) 曲线

若在 $\alpha\leqslant t\leqslant\beta$ 上时，$x'(t)$ 及 $y'(t)$ 存在、连续且不全为零，则称 C 为光滑(闭) 曲线. 由有限条光滑曲线连接而成的连续曲线称为分段光滑曲线.

4. 约当定理

任一简单闭曲线 C 将 z 平面唯一地分为 C、$I(C)$、$E(C)$ 三个点集(见图 1-6)，它们具有如下性质：

(1) 彼此不交；

(2) $I(C)$ 与 $E(C)$ 一个为有界区域(称为 C 的内部)，另一个为无界区域(称

为 C 的外部)；

(3) 若简单折线 P 的一个端点属于 $I(C)$,另一个端点属于 $E(C)$,则 P 与 C 必有交点.

对于简单闭曲线的方向,通常是这样规定的：当观察沿 C 绕行一周时,C 的内部始终在 C 的左方,即“逆时针”(或“顺时针”) 方向,称为 C 的正方向(或负方向).

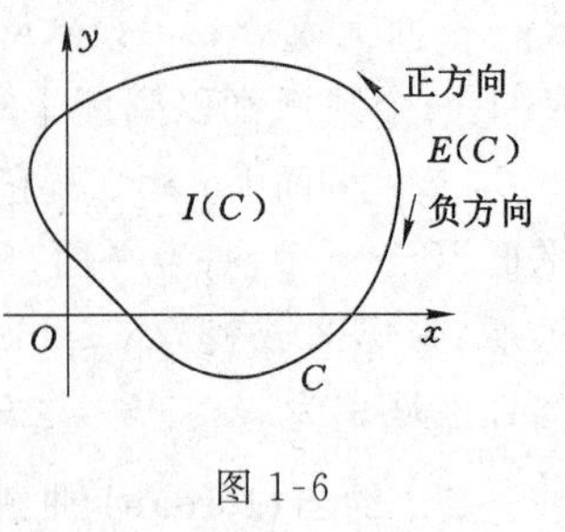

图 1-6

三、单连通、多连通区域

设 D 为复平面上的区域,若 D 内任意一条简单闭曲线的内部全含于 D,则称 D 为单连通区域,不是单连通的区域称为多连通区域.

一条简单闭曲线的内部都是单连通区域,单连通区域 D 具有这样的特征：属于 D 的任何一条简单闭曲线,在 D 内可以经过连续的变形而缩成一点,而多连通区域不具有这个特征.用通俗的语言来说,所谓的单连通区域就是没有洞的区域,而多连通区域则是有洞的区域.

第四节　复变函数

一、复变函数概念

设 E 为一复数集,若存在一个对应法则 f,使得 E 内每一复数 z 均有唯一(或两个以上) 确定的复数 w 与之对应,则称复变数 w 是复变数 z 的函数(简称复变函数),记为 $w = f(z)$.

在 E 上确定了一个单值(或多值) 函数 $w = f(z)(z \in E)$,E 称为函数 $w = f(z)$ 的定义域,w 值全体组成的集合称为函数 $w = f(z)$ 的值域.

例如 $w = |z|$,$w = \bar{z}$ 及 $w = \dfrac{z+1}{z-1}(z \neq 1)$ 均为单值函数,$w = \sqrt[n]{z}$ 及 $w = \operatorname{Arg} z(z \neq 0)$ 均为多值函数.

今后如无特别说明,所提到的函数均为单值函数.

设 $w = f(z)$ 是定义在点集 E 上的函数,若令 $z = x + \mathrm{i}y$,$w = u + \mathrm{i}v$ 则 u、v 均随着 x、y 而确定,即 u、v 均为 x、y 的二元实函数,因此我们常把 $w = f(z)$ 写成 $f(z) = u(x,y) + \mathrm{i}v(x,y)$,其中,$u(x,y)$,$v(x,y)$ 是两个二元函数.

例如考察函数 $\omega = z^2$. 令 $z = x + \mathrm{i}y$,$w = u + \mathrm{i}v$,那么

$$u + \mathrm{i}v = (x + \mathrm{i}y)^2 = x^2 - y^2 + 2xy\mathrm{i},$$

因而函数 $\omega = z^2$ 对应于两个二元实函数：

$$u = x^2 - y^2, v = 2xy.$$

若 z 为指数形式，$z = re^{i\theta}$，则 $w = f(z)$ 又可表为 $w = P(r,\theta) + iQ(r,\theta)$，其中 $P(r,\theta)$，$Q(r,\theta)$ 均为 r、θ 的二元实函数.

我们可以把复变函数理解为复平面 z 上的点集和复平面 w 上的点集之间的一个对应关系(映射或变换)，这是由于在复平面上我们不再区分"点"(点集)和"数"(数集). 故今后我们也不再区分函数、映射和变换.

二、复变函数的几何意义

用几何图形来表示函数会给我们研究函数的性质提供很多直观的帮助. 因复变函数 $w = f(z)$ 反映了两对变量 x，y 和 u，v 之间的对应关系，所以我们要取两张复平面，分别称为 z 平面和 w 平面.

将一个复变函数 $w = f(z)$ 在几何上看成是从 z 平面上的点集 G(如点、线、区域等)变到 w 平面的点集 G^* 的一个映射. 若 G 中点 z 映射后对应 G^* 中的点 w，则称 z 是 w 的原像，w 是 z 的像.

例如，函数 $w = \bar{z}$ 所构成的映射，显然把 z 平面上的点 $z = a + ib$ 映射成 w 平面上的点 $w = a - ib$；把 $z_1 = 2 + 5i$ 映射成 $w_1 = 2 - 5i$.

如果把 z 平面和 w 平面重叠在一起，不难看出函数 $w = \bar{z}$ 是关于实轴的一个对称映射. 因此，通过映射函数 $w = \bar{z}$，z 平面上的任一图形的映射是关于实轴对称的一个完全相同的图形.

而函数 $w = z^2$ 所构成的映射将点 $z_1 = i$，$z_2 = 1 + 2i$ 分别映射到点 $w_1 = -1$，$w_2 = -3 + 4i$. 可见，通过映射 $w = z^2$，z 的辐角增大一倍，模变为原来的平方.

函数 $w = z^2$ 将直线 $x = 1$ 映射成什么图形呢?

设 $z = x + iy$，则 $w = z^2 = x^2 - y^2 + 2xyi$，即

$$u(x,y) = x^2 - y^2, v(x,y) = 2xy$$

将 $x = 1$ 代入得 $u = 1 - y^2$，$v = 2y$，从而有 $v^2 = 4(1 - u)$，其在 w 平面上映射的图形为开口向左的抛物线.

第五节　复变函数的极限和连续性

一、复变函数的极限

设 $w = f(z)$ 于点集 E 上有定义，z_0 为 E 的聚点，若存在一复数 w_0，使得 $\forall \varepsilon > 0$，$\exists \delta > 0$，当 $0 < |z - z_0| < \delta$ 时有 $|f(z) - w_0| < \varepsilon (z \in Z)$，则称 $f(z)$ 沿 E 于 z_0 有极限 w_0，记为 $\lim\limits_{\substack{z \to z_0 \\ (z \in E)}} f(z) = w_0$ 或 $f(z) \to w_0$.

极限的几何意义是：对于 $\forall \varepsilon > 0$，存在相应的 $\delta > 0$，使得当 z 落入 z_0 的去心 δ- 邻域时，相应的 $f(z)$ 就落入 w_0 的 ε- 邻域. 这就说明 $\lim\limits_{\substack{z \to z_0 \\ (z \in E)}} f(z)$ 与 $z \to z_0$ 的路径无关. 即不管 z 在 E 上从哪个方向趋于 z_0，只要 z 落入 z_0 的去心 δ- 邻域内，则相应的 $f(z)$ 就落入 w_0 的 ε- 邻域内，而一元实函数中，$\lim\limits_{x \to x_0} f(x)$ 中 x 只能在 x 轴上沿着 x_0 的左、右两个方向趋于 x_0，这正是复变函数与一元实函数不同的根源.

今后为了简便起见，在不致引起混淆的地方，$\lim\limits_{\substack{z \to z_0 \\ (z \in E)}} f(z)$ 均写成 $\lim\limits_{z \to z_0} f(z)$. 可以类似于一元实函数中的极限性质，容易验证复变函数的极限具有以下性质：

(1) 若极限存在，则极限是唯一的.

(2) $\lim\limits_{z \to z_0} f(z)$ 与 $\lim\limits_{z \to z_0} g(z)$ 都存在，则有

$$\lim_{z \to z_0} [f(z) \pm g(z)] = \lim_{z \to z_0} f(z) \pm \lim_{z \to z_0} g(z)$$

$$\lim_{z \to z_0} f(z) g(z) = \lim_{z \to z_0} f(z) \lim_{z \to z_0} g(z)$$

$$\lim_{z \to z_0} \frac{f(z)}{g(z)} = \frac{\lim\limits_{z \to z_0} f(z)}{\lim\limits_{z \to z_0} g(z)} [g(z) \neq 0]$$

另外，对于复变函数的极限与其实部和虚部的极限关系问题，我们有下述定理：

定理 1-1 设函数 $f(z) = u(x,y) + \mathrm{i}v(x,y)$ 于点集 E 上有定义，$z_0 = x_0 + \mathrm{i}y_0$ 为 E 的聚点，则 $\lim\limits_{z \to z_0} f(z) = \eta = a + ib$ 的充要条件是 $\lim\limits_{\substack{x \to x_0 \\ y \to y_0}} u(x,y) = a$ 及 $\lim\limits_{\substack{x \to x_0 \\ y \to y_0}} v(x,y) = b$.

证 因为 $f(z) - \eta = [u(x,y) - a] + \mathrm{i}[v(x,y) - b]$

从而由不等式可得

$$|u(x,y) - a| \leqslant |f(z) - \eta|$$

$$|v(x,y) - b| \leqslant |f(z) - \eta|$$

即可得必要性部分的证明；

及

$$|f(z) - \eta| \leqslant |u(x,y) - a| + |v(x,y) - b|$$

可得充分性部分的证明.

[证毕]

例 1-4 证明：函数 $f(z) = \dfrac{\operatorname{Re} z}{|z|}$，当 $z \to 0$ 时极限不存在.

证　设 $z=x+\mathrm{i}y$，则 $f(z)=\dfrac{\operatorname{Re} z}{|z|}=\dfrac{x}{\sqrt{x^2+y^2}}$，因此

$$u(x,y)=\frac{x}{\sqrt{x^2+y^2}}, v(x,y)=0.$$

令 z 沿直线 $y=kx$ 趋于 0，于是有

$$\lim_{\substack{x\to 0\\ y=kx}}(x,y)=\lim_{\substack{x\to 0\\ y=kx}}\frac{x}{\sqrt{x^2+y^2}}=\lim_{x\to 0}\frac{x}{\sqrt{(1+k^2)x^2}}=\pm\frac{1}{\sqrt{(1+k^2)}}$$

显然，它随 k 的变化而变化，故 $\lim\limits_{\substack{x\to 0\\ y\to 0}}u(x,y)$ 不存在，从而 $\lim\limits_{z\to 0}f(z)$ 不存在.

［证毕］

二、复变函数的连续

设 $w=f(z)$ 于点集 E 上有定义，z_0 为 E 的聚点，且 $z_0\in E$，若 $\lim f(z)=f(z_0)$，则称 $f(z)$ 沿 E 于 z_0 连续.

$f(z)$ 沿 E 于 z_0 连续就意味着：$\forall\varepsilon>0$，$\exists\delta>0$，当 $0<|z-z_0|<\delta$ 时，有 $|f(z)-f(z_0)|<\varepsilon$.

与实函数中的连续函数性质相似，复变函数的连续性有如下性质：

(1) 若 $f(z)$，$g(z)$ 沿集 E 于点 z_0 连续，则其和、差、积、商（在商的情形，要求分母 z_0 不为零）沿点集 E 于 z_0 连续.

(2) 若函数 $\eta=f(z_0)$ 沿集 E 于 z_0 连续，且 $f(E)\subseteq G$，函数 $w=g(\eta)$ 沿集 G 于 $\eta_0=f(z_0)$ 连续，则复合函数 $w=g[f(z_0)]$ 沿集 E 于 z_0 连续.

其次，我们还有

定理 1-2　设函数 $f(z)=u(x,y)+\mathrm{i}v(x,y)$ 于点集 E 上有定义，$z_0\in E$，则 $f(z)$ 在点 $z_0=x_0+\mathrm{i}y_0$ 连续的充要条件为：$u(x,y)$，$v(x,y)$ 沿 E 于点 (x_0,y_0) 均连续.

例 1-5　设 $f(z)=\dfrac{1}{2\mathrm{i}}\left(\dfrac{z}{\bar z}-\dfrac{\bar z}{z}\right)(z\neq 0)$，试证 $f(z)$ 在原点无极限，从而在原点不连续.

证　设 $z=r(\cos\theta+\mathrm{i}\sin\theta)$，则

$$f(z)=\frac{1}{2\mathrm{i}}\frac{z^2-\bar z^2}{z\bar z}=\frac{1}{2\mathrm{i}}\frac{(z+\bar z)(z-\bar z)}{r^2}=\sin 2\theta$$

$$\text{因此}\quad \lim_{z\to 0}f(z)=\begin{cases}0 & \text{当 } z \text{ 沿着正实轴 } \theta=0\to 0 \text{ 时}\\ 1 & \text{当 } z \text{ 沿着第一象限角分线 } \theta=\dfrac{\pi}{4}\to 0 \text{ 时}\end{cases}$$

故 $\lim\limits_{z\to 0}f(z)$ 不存在，从而在原点不连续.

［证毕］

若函数 $f(z)$ 在点集 E 上每一点都连续，则称 $f(z)$ 在 E 上连续，或称 $f(z)$ 为 E 上的连续函数.

特别地，当 E 为实轴上的区间 $[\alpha,\beta]$ 时，则连续曲线就是 $[\alpha,\beta]$ 上的连续函数 $z=z(t)$.

其次，若 E 为闭区域 $\overline{D}$，则 $\overline{D}$ 上每一点均为聚点，考虑其边界上的点 z_0 的连续性时，$z\to z_0$ 只能沿 $\overline{D}$ 的点 z 来取.

与实函数相同，在有界闭集 E 上连续的复变函数具有以下性质：

(1) 在 E 上 $f(z)$ 有界，即 $\exists M>0$，使得 $|f(z)|\leqslant M(z\in E)$.

(2) $|f(z)|$ 在 E 上有最大值和最小值.

(3) $f(z)$ 在 E 上一致连续，即 $\forall\varepsilon>0,\exists\delta>0$ 使对 E 上任意两点 z_1,z_2，只要 $|z_1-z_2|<\delta$，就有 $|f(z_1)-f(z_2)|<\varepsilon$.

小　　结

本章学习了复数的概念、运算及其表示和复变函数的概念及其极限、连续两部分内容.

1. 复数的概念、运算及其表示方法虽然大多在中学已经学过，但由于它们是今后学习的基础，因此仍需通过复习，做到熟练掌握、灵活应用. 以下几点应当特别注意：

(1) 要正确理解辐角的多值性，即：

$$\mathrm{Arg}\,z=\arg z+2k\pi\quad(k=0,\pm1,\pm2,\cdots)$$

掌握根据由给定非零复数 z 在复平面上的位置确定辐角主值 $\arg z$ 的方法.

(2) 熟悉两个复数 z_1 与 z_2 乘积与商的辐角公式：

$$\mathrm{Arg}(z_1z_2)=\mathrm{Arg}\,z_1+\mathrm{Arg}\,z_2$$

$$\mathrm{Arg}\left(\frac{z_1}{z_2}\right)=\mathrm{Arg}\,z_1-\mathrm{Arg}\,z_2$$

对于这两个公式，应理解为等式两端可能取的值的全体相同.

(3) 由于复数可用平面上的点与向量来表示，因此我们能用复数形式的方程(不等式) 表示一些平面图形，解决有关的许多几何问题. 例如，向量的旋转就可以用该向量所表示的复数乘上一个模为 1 的复数去实现.

(4) 为了用球面上的点来表示复数，引入了无穷远点和扩充复平面的概念，无穷远点与无穷大 ∞ 这个复数相对应. 所谓无穷大 ∞，是指模为无穷大(辐角无意义) 的唯一的一个复数，不要与实数中的无穷大或正、负无穷大混为一谈.

2. 复变函数及其极限、连续等概念是微积分中相应概念的推广. 它们既有相似之处,又有不同点;既有联系,又有区别. 读者在学习中应当善于比较,深刻理解,决不可忽视.

(1) 平面曲线(特别是简单闭曲线、光滑或分段光滑曲线)和平面区域(包括单连通区域和多连通区域)是复变函数理论的几何基础,读者应当熟悉这些概念,会用复数表达式表示一些常见平面曲线与区域,或者根据给定的表达式画出它所表示的平面曲线或区域,这在今后学习中是非常重要的.

(2) 复变函数的定义与一元实变函数的定义完全一样,只要将后者定义中的“实数”换为“复数”就行了. 将一个复变函数 $w = f(z)$ 看成是从 z 平面上的点集 G(如点、线、区域等) 变到 w 平面的点集 G^* 的一个映射,使我们对所研究的问题直观化、几何化. 当学习共形映射时,会进一步认识它的重要性. 实际上,在现代数学中函数与映射(或变换) 的概念并无本质的区别,只是后者的含义更广泛而已.

(3) 复变函数极限的定义与一元实变函数极限的定义虽然在形式上相似,但实质上有很大差异,它较之后者的要求苛刻得多. 在讨论一元实变函数的极限 $\lim\limits_{x \to x_0} f(x)$ 时,$x \to x_0$ 是指 x 在 x_0 邻域内从 x_0 的左右以任何方式趋于 x_0. 而在讨论复变函数的极限 $\lim\limits_{z \to z_0} f(x)$ 时,$z \to z_0$ 不仅可以从 z_0 的左右两个方向趋于 z_0,而且可以从 z_0 的四面八方以任何方式趋于 z_0. 这正是复变函数与实变函数有许多不同点的原因所在.

(4) 复变函数 $w = f(z) = u(x, y) + \mathrm{i}v(x, y)$ 有极限存在等价于它的实部 $u(x, y)$ 和虚部 $v(x, y)$ 同时有极限存在;复变函数 $w = u(x, y) + \mathrm{i}v(x, y)$ 连续等价于它的实部 $u(x, y)$ 和虚部 $v(x, y)$ 同时连续. 因此,我们可以将研究复变函数的极限、连续等问题转化为研究两个二元实变函数 $u(x, y)$ 与 $v(x, y)$ 的相应问题,从而能证明复变函数的极限、连续的许多基本性质和运算法则与实变函数相同. 实际上还可以证明:在有界闭区域 B 上的连续函数 $w = f(z)$ 具有有界性,并且 $|f(z)|$ 在 B 上能达到最大值与最小值.

第一章习题

1. 求下列复数 z 的实部与虚部,共轭复数、模与辐角:

(1) $\dfrac{1}{3 + 2\mathrm{i}}$;　　　　(2) $\mathrm{i}^8 - 4\mathrm{i}^{21} + \mathrm{i}$.

2. 证明虚单位 i 有这样的性质:$-\mathrm{i} = \mathrm{i}^{-1} = \bar{\mathrm{i}}$.

3. 证明：

(1) $|z|^2 = z\bar{z}$；　　(2) $\overline{\left(\frac{z_1}{z_2}\right)} = \frac{\overline{z_1}}{\overline{z_2}}, z_2 \neq 0$；

(3) $\overline{z_1 z_2} = \overline{z_1}\,\overline{z_2}$；　　(4) $\operatorname{Re} z = \frac{1}{2}(\bar{z} + z), \operatorname{Im} z = \frac{1}{2i}(\bar{z} - z)$.

4. 当 $|z| \leqslant 1$ 时，求 $|z^n + a|$ 的最大值，其中 n 为正整数，a 为复数.

5. 判定下列命题的真假：

(1) 若 c 为实常数，$c = \bar{c}$；　　(2) 若 z 为纯虚数，则 $z \neq \bar{z}$；

(3) $i < 2i$；　　(4) 零的辐角是零；

(5) 仅存在一个数 z，使得 $\frac{1}{z} = -z$；

(6) $|z_1 + z_2| = |z_1| + |z_2|$.

6. 将下列复数化为三角表示式和指数表示式：

(1) i；　　(2) -1；

(3) $1 + i\sqrt{3}$；　　(4) $\frac{2i}{-1+i}$.

7. 将下列坐标变换公式写成复数的形式：

(1) 平移公式 $\begin{cases} x = x_1 + a_1 \\ y = y_1 + b_1 \end{cases}$；　　(2) 旋转公式 $\begin{cases} x = x_1\cos\alpha - y_1\sin\alpha \\ y = x_1\sin\alpha + y_1\cos\alpha \end{cases}$.

8. 证明 $|z_1 + z_2|^2 + |z_1 - z_2|^2 = 2(|z_1|^2 + |z_2|^2)$，并说明其几何意义.

9. 如果 $z = e^{it}$，证明：

(1) $z^n + \frac{1}{z^n} = 2\cos nt$；　　(2) $z^n - \frac{1}{z^n} = 2i\sin nt$.

10. 若 $(1+i)^n = (1-i)^n$，试求 n 的值.

11. 已知三点 z_1, z_2, z_3，问下列各点 z 位于何处.

(1) $z = \frac{1}{2}(z_1 + z_2)$；　　(2) $z = \lambda z_1 + (1-\lambda) z_2$；

(3) $z = \frac{1}{3}(z_1 + z_2 + z_3)$.

12. 设 z_1, z_2, z_3 三点满足条件：$z_1 + z_2 + z_3 = 0$，$|z_1| = |z_2| = |z_3| = 1$. 证明：$z_1, z_2, z_3$ 是内接于单位圆 $|z| = 1$ 的一个正三角形的顶点.

13. 指出下列各题中点 z 的轨迹或所在范围，并作图：

(1) $|z - 5| = 6$；　　(2) $|z + 2i| \geqslant 1$；

(3) $\operatorname{Re}(z + 2) = -1$；　　(4) $|z + i| = |z - i|$；

(5) $|z + 3| + |z + 1| = 4$；　　(6) $\arg(z - i) = \frac{\pi}{4}$.

14. 描出下列不等式所确定的区域或闭区域，并指明它是有界的，还是无界的，单连通还是多连通的：

(1) $\mathrm{Im}\, z > 0$；　　(2) $0 < \mathrm{Re}\, z < 1$；

(3) $|z-1| > 4$；　　(4) $|z-1| < |z+3|$；

(5) $|z-1| < 4|z+1|$；　　(6) $|z-2| + |z+2| \leqslant 6$.

15. 将下列方程(t 为实参数)给出的曲线用一个实直角坐标方程表示出：

(1) $z+t(1+\mathrm{i})$；　　(2) $z = a\cos t + \mathrm{i}b\sin t$($a,b$ 为实常数)；

(3) $z = t + \dfrac{\mathrm{i}}{t}$；　　(4) $z = t + \dfrac{\mathrm{i}}{t^2}$；

(5) $z = a\mathrm{e}^{\mathrm{i}t} + b\mathrm{e}^{-\mathrm{i}t}$；　　(6) $z = \mathrm{e}^{\alpha t}$($\alpha = a + b\mathrm{i}$).

16. 函数 $w = \dfrac{1}{z}$ 把下列 z 平面上的曲线映射成 w 平面上怎样的曲线：

(1) $x^2 + y^2 = 4$；　　(2) $y = x$；

(3) $x = 1$；　　(4) $(x-1)^2 + y^2 = 1$.

17. 设函数 $f(z)$ 在 z_0 连续且 $f(z_0) \neq 0$，那么可找到 z_0 的小邻域，在这邻域内 $f(z) \neq 0$.

18. 设 $\lim\limits_{z \to z_0} f(z) = A$，证明 $f(z)$ 在 z_0 的某一去心邻域内是有界的，即存在一个实数 $M > 0$，使在 z_0 的某一去心邻域内有 $|f(z)| \leqslant M$.

19. 设 $f(z) = \dfrac{1}{2\mathrm{i}}\left(\dfrac{z}{\bar{z}} - \dfrac{\bar{z}}{z}\right)(z \neq 0)$. 试证明当 $z \to 0$ 时 $f(z)$ 的极限不存在.

20. 证明 $\arg z$ 在原点与负实轴上不连续.

第一章测试题

一、选择题

1. 当 $z = \dfrac{1+\mathrm{i}}{1-\mathrm{i}}$ 时，$z^{100} + z^{75} + z^{50}$ 的值等于(　　).

A. i　　B. $-\mathrm{i}$　　C. 1　　D. -1

2. 使得 $z^2 = |z|^2$ 成立的复数 z 是(　　).

A. 不存在　　B. 唯一的　　C. 纯虚数　　D. 实数

3. 设 z 为复数，则方程 $z + |\bar{z}| = 2 + \mathrm{i}$ 的解(　　).

A. $-\dfrac{3}{4} + \mathrm{i}$　　B. $\dfrac{3}{4} + \mathrm{i}$　　C. $\dfrac{3}{4} - \mathrm{i}$　　D. $-\dfrac{3}{4} - \mathrm{i}$

4. 方程 $|z + 2 - 3\mathrm{i}| = \sqrt{2}$ 所表示的曲线是(　　).

A. 中心为 $2-3\mathrm{i}$,半径为$\sqrt{2}$ 的圆

B. 中心为 $-2+3\mathrm{i}$,半径为 2 的圆

C. 中心为 $-2+3\mathrm{i}$,半径为$\sqrt{2}$ 的圆

D. 中心为 $2-3\mathrm{i}$,半径为 2 的圆

二、计算题

1. 求下列复数的模与辐角：

(1) $-1-\mathrm{i}$;　　　　(2) $-1+3\mathrm{i}$.

2. 求 $1+\sqrt{3}\mathrm{i}$ 的指数与三角表示式.

3. 解方程:$(1+z)^5=(1-z)^5$.

4. 求下列极限：

(1) $\lim\limits_{z\to 0}\dfrac{\mathrm{Re}\,z}{z}$;　　　　(2) $\lim\limits_{z\to \mathrm{i}}\dfrac{z-i}{(1+z^2)z}$.

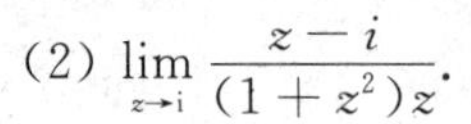

第一章习题答案

第一章测试题答案

第二章　解析函数

解析函数是复变函数研究的主要内容之一，它在理论和实际问题中有着广泛的应用.本章首先介绍复变函数的导数和解析函数的概念，然后讨论函数解析的充要条件.介绍常用的几个初等函数及其特性，并阐明这些函数都是以指数函数为基础而推得的.最后给出调和函数的概念并介绍解析函数与调和函数的关系.

第一节　解析函数的概念

案例一　解析函数在流体力学理论中的应用

在流体力学中，一个解析函数 $f(z)=u(x,y)+\mathrm{i}v(x,y)$，它的实部二元函数 $u(x,y)$ 在流体力学中表示某一平面流动的势函数，它的虚部 $v(x,y)$ 可以表示该流动的流函数，由此可以得到该流动的速度场，从而了解流动的情况.并且由函数的解析性可知流场是一个无旋无源场，该解析函数也称为流场的复势.

案例二　解析函数在计算机辅助几何设计中的应用

计算机辅助几何设计是一门新兴学科，主要研究计算机图像系统环境下曲面信息的表示、逼近、分析和综合，研究的核心为几何建模.其中为了构造齿轮、机翼、汽车等曲面的结构，通常采用样条曲面并且使用可以逼近很多插值节点的 Bezier 曲线.而其中重要的问题是将解析函数精确地转化为 Bezier 曲线，它是近年来相对比较活跃的研究课题.

案例三　解析函数在物理学上的应用

物理学上有很多不同的稳定平面场，所谓场就是每点对应有物理量的一个区域，可用一个复变函数表示.如果一个向量场 E 为平面场，则 E 上所有的向量都平行于某一个平面 S.这样，向量场 E 就可以用平面 S 上的向量场来表示.在平面 S 上采用向量的复数记法，那么，向量场 E 就唯一地确定一个复变函数 $E=E_x(x,y)+\mathrm{i}E_y(x,y)$，其中 $E_x(x,y)$，$E_y(x,y)$ 分别表示向量场 E 在 x 轴和 y 轴上的两个分量.反之，已知某一个复变函数 $w=u(x,y)+\mathrm{i}v(x,y)$，可以做出一个对应的平面向量场 $A=\boldsymbol{u}(x,y)+\mathrm{i}\boldsymbol{v}(x,y)$.

一个无源无旋的平面向量场可用一个解析函数表示，则这个解析函数是该平面向量场的复势函数.

一、复变函数的导数

复变函数导数的概念，从形式上看，和实变函数导数的概念完全相同.

1. 导数的定义

定义 2-1 设 $w=f(z)$ 在点 z_0 的某邻域 U 内有定义，$z_0+\Delta z\in U$，如果极限

$$\lim_{\Delta z\to 0}\frac{\Delta w}{\Delta z}=\lim_{\Delta z\to 0}\frac{f(z_0+\Delta z)-f(z_0)}{\Delta z}$$

存在，就称函数 $f(z)$ 在 z_0 点可导，而且这个极限称为 $f(z)$ 在 z_0 的导数.记为

$$f'(z_0),\left.\frac{\mathrm{d}f}{\mathrm{d}z}\right|_{z=z_0}\text{或}\left.\frac{\mathrm{d}w}{\mathrm{d}z}\right|_{z=z_0}$$

即

$$f'(z_0)=\lim_{\Delta z\to 0}\frac{\Delta w}{\Delta z}=\lim_{\Delta z\to 0}\frac{f(z_0+\Delta z)-f(z_0)}{\Delta z}\tag{2-1}$$

或当 $\Delta z\to 0$ 时，

$$\Delta w=f'(z_0)\Delta z+\rho\Delta z\quad(\rho\to 0)$$

也称 $\mathrm{d}w=f'(z_0)\Delta z$ 为 $f(z)$ 在 z_0 处的微分，故也称 $f(z)$ 在 z_0 处可微.即 $f(z)$ 在 z_0 点可导与在 z_0 点可微是等价的.若 $f(z)$ 在区域 D 内处处可导，则称 $f(z)$ 在 D 内可导.

应当注意，复函数 $f(z)$ 的导数与实函数 $f(x)$ 的导数类似.不同的是实变量 $x\to x_0$，只是沿 x_0 的左右方向，而复变量 $z\to z_0(\Delta z\to 0)$ 是沿任何方向趋于 z_0.

例 2-1 已知平面流速场的复势为 $f(z)=(z+\mathrm{i})^2$，求流函数和势函数以及该场流动的速度.

解 因为

$$f(z)=(z+\mathrm{i})^2=[x+\mathrm{i}(y+1)]^2=x^2-(y+1)^2+2\mathrm{i}x(y+1)$$

所以，势函数、流函数分别为

$$\varphi(x,y)=x^2-(y+1)^2,\Psi(x,y)=2x(y+1).$$

在点 z 处的速度为

$$v(z)=f'(z)=2(z+\mathrm{i})=2x+2(y+1)\mathrm{i}$$

故该流体流动的水平及垂直分速分别为 $2x,2(y+1)$.

例 2-2 求 $f(z)=z^2$ 的导数.

解 因为

$$\lim_{\Delta z\to 0}\frac{f(z+\Delta z)-f(z)}{\Delta z}=\lim_{\Delta z\to 0}\frac{(z+\Delta z)^2-z^2}{\Delta z}=\lim_{\Delta z\to 0}(2z+\Delta z)=2z$$

所以

$$(z^2)' = 2z$$

例 2-3　问 $f(z) = |z|^2$ 是否可导.

解　先考虑下式

$$\frac{f(z+\Delta z)-f(z)}{\Delta z} = \frac{|z+\Delta z|^2 - |z|^2}{\Delta z} = \frac{(z+\Delta z)(\bar{z}+\overline{\Delta z}) - z\cdot\bar{z}}{\Delta z}$$

$$= z\cdot\frac{\overline{\Delta z}}{\Delta z} + \bar{z} + \overline{\Delta z}$$

易见,如果 $z=0$,那么当 $\Delta z \to 0$ 时,上式的极限是零.如果 $z \neq 0$,令 $z+\Delta z$ 沿直线 $y-y_0 = k(x-x_0)$ 趋于 z,由于 k 的任意性

$$\frac{\overline{\Delta z}}{\Delta z} = \frac{\Delta x - \Delta y\mathrm{i}}{\Delta x + \Delta y\mathrm{i}} = \frac{1-\dfrac{\Delta y}{\Delta x}\mathrm{i}}{1+\dfrac{\Delta y}{\Delta x}\mathrm{i}} = \frac{1-k\mathrm{i}}{1+k\mathrm{i}}$$

不趋于一个确定的值.所以当 $\Delta z \to 0$ 时,比值 $\dfrac{f(z+\Delta z)-f(z)}{\Delta z}$ 的极限不存在.

因此,$f(z) = |z|^2$ 仅在 $z=0$ 处可导,而在其他点都不可导.

2. 可导与连续的关系

(1) 若函数 $f(z)$ 在 z_0 点可导,则 $f(z)$ 在 z_0 点连续.

如果 $f(z)$ 在 z_0 点可导,令

$$\alpha(\Delta z) = \frac{f(z_0+\Delta z)-f(z_0)}{\Delta z} - f'(z_0)$$

那么根据导数定义有 $\lim\limits_{\Delta z\to 0}\alpha(\Delta z) = 0$

由此得

$$f(z_0+\Delta z) - f(z_0) = f'(z_0)\Delta z + \alpha(\Delta z)\Delta z. \tag{2-2}$$

所以

$$\lim_{\Delta z\to 0} f(z_0+\Delta z) = f(z_0)$$

即 $f(z)$ 在 z_0 点连续.

(2) 连续函数不一定可导.

例 2-4　证明函数 $f(z) = x + 2y\mathrm{i}$ 在任一点 z 处连续,不可导.

证　先考虑下式

$$\frac{f(z+\Delta z)-f(z)}{\Delta z} = \frac{[(x+\Delta x)+2(y+\Delta y)\mathrm{i}] - (x+2y\mathrm{i})}{\Delta x + \Delta y\mathrm{i}}$$

若沿着平行于 x 轴方向 $\Delta z \to 0$,则 $\Delta y = 0$,这时上式的极限为

$$\lim_{\Delta z\to 0}\frac{f(z+\Delta z)-f(z)}{\Delta z} = \lim_{\Delta x\to 0}\frac{\Delta x}{\Delta x} = 1$$

若沿着平行于 y 轴方向 $\Delta y \to 0$，则 $\Delta x = 0$，这时

$$\lim_{\Delta z \to 0} \frac{f(z+\Delta z)-f(z)}{\Delta z} = \lim_{\Delta y \to 0} \frac{2\Delta y\mathrm{i}}{\Delta y\mathrm{i}} = 2$$

极限不唯一，故 $f(z) = x + 2y\mathrm{i}$ 不可导. 而函数 $f(z) = x + 2y\mathrm{i}$ 的连续性是显然的.

［证毕］

可见，在复平面内处处连续的函数并不一定可导.

3. 求导法则

由于复变函数的导数定义形式上与高等数学中一元函数的导数定义相同，因此用类似高等数学的方法，可以证明下列各求导法则：

(1) $C' = 0$ 其中 C 为复常数；

(2) $(z^n)' = nz^{n-1}$，其中 n 为正整数；

(3) $[f(z)+g(z)]' = f'(z)+g'(z)$；

(4) $[f(z)g(z)]' = f'(z)g(z)+f(z)g'(z)$；

(5) $\left[\dfrac{f(z)}{g(z)}\right]' = \dfrac{g(z)f'(z)-f(z)g'(z)}{g^2(z)}$，$g(z) \neq 0$；

(6) $\{f[g(z)]\}' = f'(w) \cdot g'(z)$，其中 $w = g(z)$；

(7) $f'(z) = \dfrac{1}{\varphi'(w)}$，其中 $w = f(z)$，$z = \varphi(w)$ 是两个互为反函数的单值函数，且 $\varphi'(w) \neq 0$.

前面介绍了复变函数在某点的导数，但在复变函数理论中，更重要的是研究函数在某邻域内的导数及其特性，为此下面介绍解析函数.

二、解析函数的概念

定义 2-2 如果函数 $f(z)$ 在 z_0 及 z_0 的邻域内处处可导，那么称 $f(z)$ 在 z_0 解析；如果 $f(z)$ 在区域 D 内每一点解析，则称 $f(z)$ 在 D 内解析，或说 $f(z)$ 是 D 内的解析函数；如果 $f(z)$ 在 z_0 不解析，则称 z_0 是 $f(z)$ 的奇点.

按定义知，若函数在一点处解析，则一定在该点处可导，但反过来不一定成立，因此，函数在某点可导与解析是不等价的. 但是函数在区域内解析与区域内可导是等价的.

总之，凡是说到函数解析，总是指函数在某个区域上处处有导数. 解析性不是函数在一个孤立点的性质，而是函数在一个区域上的性质.

例 2-5 讨论函数 $w = \dfrac{1}{z}$ 的解析性.

解 因为 $w' = -\dfrac{1}{z^2}$

所以在除 $z=0$ 外的复平面内，$w=\dfrac{1}{z}$ 处处可导，即除 $z=0$ 外在复平面内解析. $z=0$ 是它的奇点.

例 2-6　证明 $f(z)=(\mathrm{Re}\,z)^2$ 在 $z=0$ 点可导，但在该点不解析.

证　因为 $\lim\limits_{z\to 0}\dfrac{f(z)-f(0)}{z-0}=\lim\limits_{z\to 0}\dfrac{(\mathrm{Re}\,z)^2}{z}=0$

所以 $f(z)$ 在 $z=0$ 点可导，且 $f'(0)=0$.

当 $z_0\neq 0$ 时，设 $z_0=x_0+\mathrm{i}y_0$，若沿 x 轴方向，则 $\Delta y=0$，即 $\Delta z=\Delta x$. 这时

$$\lim_{\Delta z\to 0}\frac{f(z_0+\Delta z)-f(z_0)}{\Delta z}=\lim_{\Delta x\to 0}\frac{(x_0+\Delta x)^2-x_0^2}{\Delta x}=2x_0\neq 0$$

若沿平行 y 轴方向，则 $\Delta x=0$，即 $\Delta z=\Delta y\mathrm{i}$，这时

$$\lim_{\Delta z\to 0}\frac{f(z_0+\Delta z)-f(z_0)}{\Delta z}=\lim_{\Delta y\to 0}\frac{x_0^2-x_0^2}{\Delta y\mathrm{i}}=0$$

所以在 z_0 点不可导，故 $z=0$ 不是解析点.

［证毕］

值得注意的是，当 $x_0=0$ 时，前一个极限也为 0，故在 $z_0=y_0\mathrm{i}$ 处可导，即在虚轴上的点处可导.

根据求导法则，不难证明下面的定理：

定理 2-1　(1) 在区域 D 内解析的两个函数的和、差、积、商（除去分母为零的点）在 D 内解析.

(2) 设 $w=f(h)$ 在 G 内解析，$h=g(z)$ 在 D 内解析，且其值域在 G 内，则复合函数 $w=f[g(z)]$ 在 D 内解析.

从这个定理可以推知，所有多项式在复平面内是处处解析的，任何一个有理分式函数 $\dfrac{P(z)}{Q(z)}$ 在不含分母为零的点的区域内是解析的，使分母为零的点是它的奇点.

第二节　函数解析的充要条件

在上一节中，我们已经看到并不是每个复变函数都是解析函数；判别一个函数是否解析，如果只根据解析函数的定义，这往往是困难的. 因此，需要寻找判定函数解析的简便方法.

首先，一个复变函数 $f(z)=u(x,y)+\mathrm{i}v(x,y)$ 相当于两个二元实变函数，而且它在点 $z=x+\mathrm{i}y$ 连续等价于 $u(x,y)$ 和 $v(x,y)$ 作为 x,y 的二元函数在点 (x,y) 连续，因此，$f(z)$ 在点 z 是否可微，自然也与 u,v 的性质有关. 现在要问

$f(z)$ 在点 z 可微是否相当于 u, v 在点(x,y) 可微?例 2-4 的函数 $f(z)=x+2y\mathrm{i}$ 否定了这一结论. 事实上,这个函数的实部 $u=x$ 及虚部 $v=2y$ 在全平面上处处可微,而复变函数 $f(z)=x+2y\mathrm{i}$ 却处处不可求导,那么为使 $f(z)$ 可微,还要对 u, v 添加什么条件呢?下面的定理回答了这个问题.

定理 2-2 函数 $f(z)=u(x,y)+\mathrm{i}v(x,y)$ 在点 $z=x+\mathrm{i}y$ 可微的充要条件是:

(1) 二元函数 $u(x,y), v(x,y)$ 在点(x,y) 可微;

(2) $u(x,y)$ 及 $v(x,y)$ 在点(x,y) 满足柯西-黎曼方程(简称 C-R 方程)

$$\frac{\partial u}{\partial x}=\frac{\partial v}{\partial y},\quad \frac{\partial u}{\partial y}=-\frac{\partial v}{\partial x}$$

证 先证必要性. 设 $f(z)$ 在点 $z=x+\mathrm{i}y$ 可微,记 $f'(z)=a+\mathrm{i}b$,则由式(2-2)有

$$\begin{aligned} f(z+\Delta z)-f(z) &= (a+\mathrm{i}b)\Delta z+\alpha(\Delta z)\Delta z \\ &= (a+\mathrm{i}b)(\Delta x+\mathrm{i}\Delta y)+o(|\Delta z|) \\ &= (a+\mathrm{i}b)(\Delta x+\mathrm{i}\Delta y)+o(\rho) \end{aligned} \tag{2-3}$$

其中 $\Delta z=\Delta x+\mathrm{i}\Delta y$,$\Delta x$ 及 Δy 是实增量,$\rho=|\Delta z|=\sqrt{\Delta x^2+\Delta y^2}$.

式(2-3) 两边分别取实部及虚部,就得到

$$u(x+\Delta x, y+\Delta y)-u(x,y)=a\Delta x-b\Delta y+o(\rho) \tag{2-4}$$

$$v(x+\Delta x, y+\Delta y)-v(x,y)=b\Delta x+a\Delta y+o(\rho) \tag{2-5}$$

这就是说,二元函数 $u(x,y), v(x,y)$ 在点(x,y) 可微,并且

$$\frac{\partial u}{\partial x}=a, \frac{\partial u}{\partial y}=-b, \frac{\partial v}{\partial x}=b, \frac{\partial v}{\partial y}=a$$

从而
$$\frac{\partial u}{\partial x}=\frac{\partial v}{\partial y},\quad \frac{\partial u}{\partial y}=-\frac{\partial v}{\partial x} \tag{2-6}$$

再考虑条件的充分性,容易看出上述推导是可逆的. 事实上,由于式(2-6) 成立,且二元函数 $u(x,y), v(x,y)$ 可微,从而式(2-4) 及式(2-5) 成立,式(2-4) $+\mathrm{i}$ 式(2-5) 即得式(2-3). 这就证得 $f(z)$ 在点 z 有导数 $a+\mathrm{i}b$.

[证毕]

从上面的讨论可见,当定理 2-2 的条件满足时,可按下列公式任一计算 $f'(z)$

$$\begin{aligned} f'(z) &= \frac{\partial u}{\partial x}+\mathrm{i}\frac{\partial v}{\partial x}=\frac{\partial v}{\partial y}+\mathrm{i}\frac{\partial v}{\partial x} \\ &= \frac{\partial u}{\partial x}-\mathrm{i}\frac{\partial u}{\partial y}=\frac{\partial v}{\partial y}-\mathrm{i}\frac{\partial u}{\partial y} \end{aligned} \tag{2-7}$$

从定理 2-2 可以立即得到判断函数在区域 D 内解析的一个充要条件:

定理 2-3　函数 $f(z)=u(x,y)+\mathrm{i}v(x,y)$ 在区域 D 内可微(即在 D 内解析)的充要条件是：

(1) 二元函数 $u(x,y)$ 及 $v(x,y)$ 在 D 内可微；

(2) $u(x,y)$ 及 $v(x,y)$ 在 D 内处处满足 C-R 方程.

例 2-7　用解析函数表示平面静电场.

解　选取一个有代表性的平面作为 z 平面，设 D 是电场中的一个单连通区域，如果 D 内每一点电场强度 $f(z)=u(x,y)+\mathrm{i}v(x,y)$，由场论知识，有

散度为 $\operatorname{div} f=\dfrac{\partial u}{\partial x}+\dfrac{\partial v}{\partial y}=0$，

电场的旋度 $\operatorname{rot} f=\dfrac{\partial u}{\partial x}-\dfrac{\partial v}{\partial y}=0$

由上面第一个等式知，$-v\mathrm{d}x+u\mathrm{d}y$ 是某一个二元函数 $\Psi(x,y)$ 的全微分，即有

$$\frac{\partial \Psi}{\partial x}=-v,\frac{\partial \Psi}{\partial y}=u$$

$\Psi(x,y)$ 称为电场的力函数，其等值线 $\Psi(x,y)=c$ 称为电力线.

由电场的旋度表达式可知，存在二元函数 $\varphi(x,y)$，使得

$$\frac{\partial \varphi}{\partial x}=u,\frac{\partial \varphi}{\partial y}=v$$

$\varphi(x,y)$ 称为电场的势函数，其等值线 $\varphi(x,y)=c$ 称为等势线.

由上面的推导容易得到一个偏微分方程组

$$\frac{\partial \varphi}{\partial x}=\frac{\partial \Psi}{\partial y},\frac{\partial \varphi}{\partial y}=-\frac{\partial \Psi}{\partial x}$$

是 C-R 方程，因此得到一个解析函数

$$w(z)=\varphi(x,y)+\mathrm{i}\Psi(x,y)$$

该函数称为静电场的复势函数，显然，f 的复势不是唯一确定的，可以相差一个常数.

例 2-8　试证 $f(z)=\mathrm{e}^x(\cos y+\mathrm{i}\sin y)$ 在全平面解析，且 $f'(z)=f(z)$.

证　因为 $u=\mathrm{e}^x\cos y$ 及 $v=\mathrm{e}^x\sin y$ 在全平面上都有连续的偏导数，且

$$\frac{\partial u}{\partial x}=\mathrm{e}^x\cos y=\frac{\partial v}{\partial y},\frac{\partial u}{\partial y}=-\mathrm{e}^x\sin y=-\frac{\partial v}{\partial x}$$

即 C-R 方程处处成立. 由定理 2-2，它是全平面上的解析函数.

又由式(2-7)得

$$f'(z)=\frac{\partial u}{\partial x}+\mathrm{i}\frac{\partial v}{\partial x}=\mathrm{e}^x\cos y+\mathrm{i}\mathrm{e}^x\sin y=f(z).$$

[证毕]

读者还记得,实指数函数 $f(x)=\mathrm{e}^x$ 的一个特征性质就是它的变化率等于函数自身,即 $f'(x)=f(x)$. 例 2-8 中所讨论的函数也有这一性质,下一节我们将把这个函数作为复指数函数,并详细研究它.

例 2-9 研究分式线性函数

$$w=\frac{az+b}{cz+d}$$

的解析性,式中 a,b,c,d 为复常数,且 $ad-bc\neq 0$.

解 由导数的运算法则,除了使得分母为零的点 $z=-\dfrac{d}{c}$ 外,这个函数在全平面上处处可微. 因而,除点 $z=-\dfrac{d}{c}$ 外,它在全平面上处处解析,且

$$w'=\frac{a(cz+d)-c(az+b)}{(cz+d)^2}=\frac{ad-bc}{(cz+d)^2}.$$

例 2-10 讨论 $w=|z|^2$ 的可微性和解析性.

解 $w=|z|^2=x^2+y^2$,所以 $u=x^2+y^2$ 及 $v=0$ 都是全平面上的可微函数.

由 $\dfrac{\partial u}{\partial x}=2x,\dfrac{\partial u}{\partial y}=2y,\dfrac{\partial v}{\partial x}=0,\dfrac{\partial v}{\partial y}=0$,可知 C-R 方程只在点 $(0,0)$ 成立,由定理 2-1,这个函数在 $z=0$ 可微,且由式(2-7) 得 $f'(0)=\left(\dfrac{\partial u}{\partial x}+\mathrm{i}\dfrac{\partial v}{\partial x}\right)\Bigg|_{(0,0)}=0$.

对于其他的点 $z\neq 0$,这个函数不可微,所以这个函数在 $z=0$ 不解析,从而,这个函数在复平面上处处不解析.

例 2-11 设 $f(z)=\begin{cases}\dfrac{xy^2(x+\mathrm{i}y)}{x^2+y^4}, & z\neq 0\\ 0, & z=0\end{cases}$,试证:$f(z)$ 在 $(0,0)$ 点满足 C-R 方程,但在 $(0,0)$ 点不可微.

解 令 $f(z)=u(x,y)+\mathrm{i}v(x,y)$,得

$$u(x,y)=\begin{cases}\dfrac{x^2y^2}{x^2+y^4}, & (x,y)\neq(0,0)\\ 0, & (x,y)=(0,0)\end{cases}$$

$$v(x,y)=\begin{cases}\dfrac{xy^3}{x^2+y^4}, & (x,y)\neq(0,0)\\ 0, & (x,y)=(0,0)\end{cases}$$

因为

$$u_x(0,0)=\lim_{x\to 0}\frac{u(x,0)-u(0,0)}{x-0}=0,u_y(0,0)=\lim_{y\to 0}\frac{u(0,y)-u(0,0)}{y-0}=0$$

所以 $u_x(0,0)=v_y(0,0)$，$u_y(0,0)=-v_x(0,0)$，$f(z)$ 在 $(0,0)$ 点满足 C-R 方程.

但 $\dfrac{f(z)-f(0)}{z-0}=\dfrac{xy^2}{x^2+y^4}$，当 (x,y) 沿实轴趋于原点时，极限为零；当沿 $y^2=x$ 趋于原点时，极限为 $\dfrac{1}{2}$，所以 $f(z)$ 在 $(0,0)$ 点不可导，从而在 $(0,0)$ 点不可微.

例 2-12　设 $f(z)=u(x,y)+\mathrm{i}v(x,y)$ 为 $z=x+\mathrm{i}y$ 的解析函数，且已知

$$xu(x,y)-yv(x,y)+x^2-y^2=0$$

求函数 $f(z)$.

解　由已知可知 $zf(z)=(x+\mathrm{i}y)(u+\mathrm{i}v)=xu-yv+\mathrm{i}(xv+yu)$. 为了方便起见，记 $r=xu-yv$，$s=xv+yu$，显然 $zf(z)=r+\mathrm{i}s$ 是 z 的解析函数，则 r,s 可微，且满足 C-R 方程：$\dfrac{\partial r}{\partial x}=\dfrac{\partial s}{\partial y}$，$\dfrac{\partial r}{\partial y}=-\dfrac{\partial s}{\partial x}$，再由 $xu-yv+x^2-y^2=0$ 得 $r=-(x^2-y^2)$. 于是得到方程组

$$\begin{cases}\dfrac{\partial s}{\partial x}=-\dfrac{\partial r}{\partial y}=-2y\\[2mm]\dfrac{\partial s}{\partial y}=\dfrac{\partial r}{\partial xy}=-2x\end{cases}$$

由第一个方程，得到 $s=\int(-2y)\mathrm{d}x+\varphi(y)=-2xy+\varphi(y)$，将其代入第二个方程，得 $-2x+\varphi'(y)=-2x\Rightarrow\varphi'(y)=0$，$\varphi(y)=c$（实常数）. 所以 $s=-2xy+c$，函数 $zf(z)=r+\mathrm{i}s=-(x^2-y^2)-2xy\mathrm{i}+\mathrm{i}c=-z^2+\mathrm{i}c\Rightarrow f(z)=-z+\dfrac{\mathrm{i}c}{z}(z\neq0)$.

将 $u=\mathrm{Re}(f(z))=-x+\dfrac{cy}{x^2+y^2}$，$v=\mathrm{Im}(f(z))=-y+\dfrac{cx}{x^2+y^2}$ 代入所给的等式 $xu(x,y)-yv(x,y)+x^2-y^2=0$，可验证所求的函数 $f(z)=-z+\dfrac{\mathrm{i}c}{z}(z\neq0)$.

第三节　初等函数

在实变函数中，我们常用的函数是初等函数，现在把它们推广到复变函数中来，研究这些初等函数的性质并说明其解析性.

一、指数函数

上一节我们知道，函数 $f(z)=\mathrm{e}^x(\cos y+\mathrm{i}\sin y)$ 有指数函数求导不变的性

质，于是有如下定义.

定义 2-3 复函数 $w=e^x(\cos y+i\sin y)$ 称为 z 的指数函数，记 $w=e^z$，即

$$e^z=e^x(\cos y+i\sin y)$$

当 $x=0$ 时，得欧拉公式

$$e^{iy}=\cos y+i\sin y$$

当 $y=0$ 时，$e^z=e^x$. 可见，复指数函数是实指数函数从实轴上的函数扩展到整个复平面上的函数，所以它具有与实指数函数相类似的性质.

1. 指数函数的性质

(1) 解析性：$w=e^z$ 在复平面内解析，并且

$$\frac{dw}{dz}=\frac{de^z}{dz}=e^z$$

(2) 可加性：对任何复数 z_1 和 z_2，有

$$e^{z_1}\cdot e^{z_2}=e^{z_1+z_2}$$

证 令 $z_1=x_1+iy_1$，$z_2=x_2+iy_2$，有

$$\begin{aligned}e^{z_1}e^{z_2}&=e^{x_1}(\cos y_1+i\sin y_1)e^{x_2}(\cos y_2+i\sin y_2)\\&=e^{x_1+x_2}[\cos(y_1+y_2)+i\sin(y_1+y_2)]\\&=e^{z_1+z_2}\end{aligned}$$

因 $e^z\cdot e^{-z}=e^0=1$，从而

$$e^{-z}=\frac{1}{e^z};\quad \frac{e^{z_1}}{e^{z_2}}=e^{z_1-z_2}.$$

[证毕]

(3) 周期性：$w=e^z$ 以 $2k\pi i$(k 为整数) 为周期，即

$$e^{z+2k\pi i}=e^z$$

证 因为对任意整数 k，有

$$e^{2k\pi i}=\cos 2k\pi+i\sin 2k\pi=1$$

所以

$$e^{z+2k\pi i}=e^z\cdot e^{2k\pi i}=e^z.$$

[证毕]

复指数函数以 $2k\pi i$ 为周期，这一性质是实指数函数所没有的.

(4) 无极限性：e^z 当 z 趋于 ∞ 时没有极限.

证 当 z 沿实轴($z=x$) 正向趋于 ∞ 时，有

$$\lim_{z\to\infty}e^z=\lim_{x\to+\infty}e^x=+\infty$$

而当 z 沿实轴($z=x$) 负向趋于 ∞ 时，有

$$\lim_{z\to\infty}e^z=\lim_{x\to-\infty}e^x=0.$$

所以当 $z \to \infty$ 时，e^z 的极限不存在.

[证毕]

2. 指数函数的模和辐角

因为

$$e^z = e^{z+2k\pi i} = e^x \cdot e^{(y+2k\pi)i}, k = 0, \pm 1, \pm 2, \cdots$$

所以，指数函数的模和辐角分别为

$$|e^z| = e^x, \text{Arg}\, e^z = y + 2k\pi.$$

由于 $e^x \neq 0$，故对任何复数 z，$e^z \neq 0$.

例 2-13　求 $e^{1+\frac{\pi}{3}i}$ 的值.

解　根据指数函数的定义

$$e^{1+\frac{\pi}{3}i} = e\left(\cos\frac{\pi}{3} + i\sin\frac{\pi}{3}\right) = \frac{1}{2}e + \frac{\sqrt{3}}{2}ei.$$

例 2-14　设 $1 + e^z = 0$，求方程的全部解.

解　因为

$$1 + e^z = 1 + e^x(\cos y + i\sin y)$$

令

$$(1 + e^x\cos y) + i(e^x\sin y) = 0$$

由复数相等，得

$$\begin{cases} 1 + e^x\cos y = 0, \\ e^x\sin y = 0. \end{cases}$$

解得 $x = 0, y = \pi + 2k\pi$，即 $z = (2k+1)\pi i$，k 为整数.

二、对数函数

和实变函数一样，复对数函数也定义为复指数函数的反函数.

1. 对数函数的定义

定义 2-4　满足方程

$$e^w = z (z \neq 0)$$

的函数 $w = f(z)$ 称为对数函数，记 $w = \text{Ln}\, z$.

令 $z = |z| e^{i\theta}$，那么

$$e^w = |z| e^{i\theta} = e^{\ln|z|} \cdot e^{i\text{Arg}\, z}$$

由此推得

$$w = \ln|z| + i\text{Arg}\, z \tag{2-8}$$

或

$$\text{Ln}\, z = \ln|z| + i\arg z + i2k\pi (k = 0, \pm 1, \pm 2, \cdots). \tag{2-9}$$

这里由于辐角 $\mathrm{Arg}\,z$ 是多值函数，所以对数函数也是多值函数，但每两值相差 $2\pi i$ 的整数倍，如果规定 $\mathrm{Arg}\,z$ 取主值 $\arg z$，那么 $\mathrm{Ln}\,z$ 为一个单值函数，记作 $\ln z$，

$$\ln z = \ln|z| + i\arg z \tag{2-10}$$

称 $\ln z$ 为对数函数的主值，于是对数函数又可表示为

$$\mathrm{Ln}\,z = \ln z + i2k\pi, k = 0, \pm 1, \pm 2, \cdots$$

对于每一个固定的 k，上式为一个单值函数，称为 $\mathrm{Ln}\,z$ 的一个分支.

例 2-15 计算 $\mathrm{Ln}\,i$ 和 $\mathrm{Ln}(1+i)$ 及它们的主值.

解

$$\begin{aligned}\mathrm{Ln}\,i &= \ln|i| + i\arg i + 2k\pi i \\ &= \ln 1 + \frac{\pi}{2}i + 2k\pi i \\ &= \left(2k + \frac{1}{2}\right)\pi i (k = 0, \pm 1, \pm 2, \cdots)\end{aligned}$$

它的主值为 $\ln i = \frac{\pi}{2}i$

$$\begin{aligned}\mathrm{Ln}(1+i) &= \ln|1+i| + i\arg(1+i) + 2k\pi i \\ &= \ln\sqrt{2} + \frac{\pi}{4}i + 2k\pi i \\ &= \frac{1}{2}\ln 2 + \left(2k + \frac{1}{4}\right)\pi i (k = 0, \pm 1, \pm 2, \cdots)\end{aligned}$$

它的主值为 $\ln(1+i) = \frac{1}{2}\ln 2 + \frac{\pi}{4}i$.

例 2-16 计算 $\ln(-3+4i)$.

解 由式(2-10)，得

$$\begin{aligned}\ln(-3+4i) &= \ln|-3+4i| + i\arg(-3+4i) \\ &= \ln 5 + i\left(\pi - \arctan\frac{4}{3}\right).\end{aligned}$$

例 2-17 用对数解方程 $1 + e^z = 0$.

解 按对数定义，得

$$\begin{aligned}z = \mathrm{Ln}(-1) &= \ln|-1| + i\arg(-1) + 2k\pi i \\ &= \ln 1 + i\pi + 2k\pi i = (2k+1)\pi i (k = 0, \pm 1, \pm 2, \cdots)\end{aligned}$$

此例说明，在复数范围里负数的对数是存在的，这点与实函数对数不同，但当 $z = x > 0$ 时，复对数的主值 $\ln z = \ln x$，便是实对数函数，因此复对数函数是实对数函数的推广.

到现在，我们已经见到三种对数函数，第一种是实对数函数 $\ln x$，对一切正数 x 有意义；第二种是复对数函数 $\mathrm{Ln}\,z$，对一切不为零的复数 z 有意义，且每个 z 对应无穷多值；第三种也是复对数函数 $\ln z$，对一切不为零的复数有意义，但它

是单值函数，是 $\mathrm{Ln}\,z$ 无穷多值中的一个.

2. 对数函数的性质

(1) 运算性质：按照定义和辐角的相应性质，不难证明，复对数函数保持了实对数函数的基本运算性质：

① $\mathrm{Ln}(z_1z_2)=\mathrm{Ln}\,z_1+\mathrm{Ln}\,z_2$；

② $\mathrm{Ln}\,\dfrac{z_1}{z_2}=\mathrm{Ln}\,z_1-\mathrm{Ln}\,z_2$.

证 ① 按照式(2-8)，有

$$\begin{aligned}\mathrm{Ln}(z_1z_2)&=\ln|z_1z_2|+\mathrm{i}\,\mathrm{Arg}(z_1z_2)\\&=\ln|z_1|+\ln|z_2|+\mathrm{i}(\mathrm{Arg}\,z_1+\mathrm{Arg}\,z_2)\\&=\mathrm{Ln}\,z_1+\mathrm{Ln}\,z_2.\end{aligned}$$

$$\begin{aligned}② \ \mathrm{Ln}\,\frac{z_1}{z_2}&=\ln\left|\frac{z_1}{z_2}\right|+\mathrm{i}\,\mathrm{Arg}\,\frac{z_1}{z_2}\\&=\ln|z_1|-\ln|z_2|+\mathrm{i}(\mathrm{Arg}\,z_1-\mathrm{Arg}\,z_2)\\&=\mathrm{Ln}\,z_1-\mathrm{Ln}\,z_2\end{aligned}$$

注意：$n\mathrm{Ln}\,z$ 与 $\mathrm{Ln}(z^n)$、$\dfrac{1}{n}\mathrm{Ln}\,z$ 与 $\mathrm{Ln}\sqrt[n]{z}$ 是不一致的，即它们的实部相等，但虚部可能取的值却不相同. 如 $z=r\mathrm{e}^{\mathrm{i}\theta}$ 时，$2\mathrm{Ln}\,z=2\ln r+\mathrm{i}(2\theta+4k\pi)$，$k=0,\pm1,\pm2,\cdots$

而 $\mathrm{Ln}(z^2)=\ln r^2+\mathrm{i}(2\theta+2m\pi)=2\ln r+\mathrm{i}(2\theta+2m\pi)$，$m=0,\pm1,\pm2,\cdots$

(2) 解析性：就主值 $\ln z$ 而言，在除去原点和负实轴的复平面上是解析的，且

$$\frac{\mathrm{d}\ln z}{\mathrm{d}z}=\frac{1}{z}$$

因为 $\ln z=\ln|z|+\mathrm{i}\arg z$，当 $z=0$ 时，$\ln|z|$ 和 $\arg z$ 均没有意义，并且，当 $x<0$ 时，$\lim\limits_{y\to0^-}\arg z=-\pi$，$\lim\limits_{y\to0^+}\arg z=\pi$，可见，$w=\ln z$ 在负实轴上不连续，因而 $w=\ln z$ 在原点和负实轴上不可导；而 $z=\mathrm{e}^w$ 在区域 $-\pi<\arg z\leqslant\pi$ 上的反函数 $w=\ln z$ 是单值的，由反函数的求导法则，知

$$\frac{\mathrm{d}\ln z}{\mathrm{d}z}=\frac{1}{\dfrac{\mathrm{d}\mathrm{e}^w}{\mathrm{d}w}}=\frac{1}{\mathrm{e}^w}=\frac{1}{z}$$

所以 $\ln z$ 在除去原点及负实轴的平面内解析. 又由于 $\mathrm{Ln}\,z=\ln z+2k\pi\mathrm{i}$($k$ 为整数)，因此 $\mathrm{Ln}\,z$ 的各个分支在除去原点和负实轴的平面内也解析，并且有相同的导数值.

值得注意：$\mathrm{Arg}\sqrt{z}$ 容易误解为

$$\operatorname{Arg}\sqrt{z} = \arg\sqrt{z} + 2k\pi, k = 0, \pm 1, \pm 2, \cdots$$

这个式子是不对的.

例如,求方程 $\cos z = 0$ 的解,应用反三角函数,得

$$\begin{aligned} z &= \operatorname{Arccos} 0 = -\mathrm{i}\operatorname{Ln}(0 + \sqrt{0^2 - 1}) \\ &= -\mathrm{i}\operatorname{Ln}\sqrt{-1} = -\mathrm{i}(\ln\left|\sqrt{-1}\right| + \mathrm{i}\operatorname{Arg}\sqrt{-1}) \\ &= -\mathrm{i}\left(\frac{1}{2}\ln|-1| + \mathrm{i}\arg\sqrt{-1} + \mathrm{i}2k\pi\right) \\ &= \frac{\pi}{2} + 2k\pi, k = 0, \pm 1, \pm 2, \cdots \end{aligned}$$

这个解显然不对.

正确的表示是

$$\operatorname{Arg}\sqrt{z} = \frac{\arg z + 2k\pi}{2}, k = 0, \pm 1, \pm 2, \cdots$$

三、幂函数

定义 2-5 对任意的复常数 α,规定

$$w = z^{\alpha} = \mathrm{e}^{\alpha \operatorname{Ln} z} (z \neq 0)$$

为 z 的幂函数.

还规定:当 $z = 0$,α 为正实数时,$z^{\alpha} = 0$.

由于 $\operatorname{Ln} z$ 是多值函数,所以 z^{α} 也是多值函数.如果 α 为复数,那么 z^{α} 可用定以计算.

例 2-18 求 i^{i} 和 $2^{1+\mathrm{i}}$ 的值.

解 根据定义

$$\begin{aligned} \mathrm{i}^{\mathrm{i}} &= \mathrm{e}^{\mathrm{i}\operatorname{Ln}\mathrm{i}} = \mathrm{e}^{\mathrm{i}(\ln|\mathrm{i}| + \mathrm{i}\arg\mathrm{i} + \mathrm{i}2k\pi)} \\ &= \mathrm{e}^{\mathrm{i}\left(\mathrm{i}\frac{\pi}{2} + \mathrm{i}2k\pi\right)} = \mathrm{e}^{-\left(2k + \frac{1}{2}\right)\pi} \quad (k = 0, \pm 1, \pm 2, \cdots) \\ 2^{1+\mathrm{i}} &= \mathrm{e}^{(1+\mathrm{i})\operatorname{Ln} 2} = \mathrm{e}^{(1+\mathrm{i})(\ln|2| + \mathrm{i}\arg 2 + \mathrm{i}2k\pi)} \\ &= \mathrm{e}^{(1+\mathrm{i})(\ln 2 + 2k\pi\mathrm{i})} \\ &= \mathrm{e}^{(\ln 2 - 2k\pi) + \mathrm{i}(\ln 2 + 2k\pi)} \\ &= 2\mathrm{e}^{-2k\pi}(\cos\ln 2 + \mathrm{i}\sin\ln 2)(k = 0, \pm 1, \pm 2, \cdots) \end{aligned}$$

当 α 取几个特殊的实数值时,得到以下几个常见的公式:

(1) 当 $\alpha = n$(n 为正整数)时,有

$$\begin{aligned} z^n &= \mathrm{e}^{n\operatorname{Ln} z} = \mathrm{e}^{n(\ln|z| + \mathrm{i}\arg z + 2k\pi\mathrm{i})} \\ &= \mathrm{e}^{n\ln|z|} \cdot \mathrm{e}^{\mathrm{i}n\arg z} \\ &= |z|^n(\cos n\arg z + \mathrm{i}\sin n\arg z) \end{aligned}$$

其中 $2k\pi i$ 是 e^z 的周期. 记 $\theta = \arg z$,得

$$z^n = |z|^n(\cos n\theta + i\sin n\theta)$$

是一单值函数.

(2) 当 $\alpha = \frac{1}{n}$(n 为正整数) 时,有

$$\begin{aligned} z^{\frac{1}{n}} &= e^{\frac{1}{n}\mathrm{Ln}\, z} = e^{\frac{1}{n}(\ln|z| + i\arg z + i2k\pi)} \\ &= e^{\frac{1}{n}\ln|z|} \cdot e^{i\frac{1}{n}(\arg z + 2k\pi)} \\ &= |z|^{\frac{1}{n}}\left(\cos\frac{\theta + 2k\pi}{n} + i\sin\frac{\theta + 2k\pi}{n}\right) = \sqrt[n]{z} \end{aligned}$$

当 $k = 0,1,2,\cdots,n-1$ 时,有 n 个不同的值.

(3) 当 $\alpha = -n$(n 为正整数) 时,有

$$\begin{aligned} z^{-n} &= e^{-n\mathrm{Ln}\, z} = e^{-n(\ln|z| + i\arg z + i2k\pi)} \\ &= e^{-n\ln|z|}\, e^{-in\arg z} \\ &= \frac{1}{|z|^n}\,\frac{1}{e^{n\theta i}} = \frac{1}{z^n} \end{aligned}$$

其中 $\theta = \arg z$,$e^{2nk\pi i} = 1$(见本节第一段).

(4) 当 $\alpha = \frac{m}{n}$(m 与 n 为互质的整数,且 $n > 0$) 时,有

$$\begin{aligned} z^{\frac{m}{n}} &= e^{\frac{m}{n}\mathrm{Ln}\, z} = e^{\frac{m}{n}(\ln|z| + i\theta + 2k\pi i)} \\ &= e^{\frac{m}{n}\ln|z|} \cdot e^{i\frac{m}{n}(\theta + 2k\pi)} \\ &= |z|^{\frac{m}{n}}\left[\cos\frac{m}{n}(\theta + 2k\pi) + i\sin\frac{m}{n}(\theta + 2k\pi)\right] \end{aligned}$$

其中 $k = 0,1,2,\cdots,n-1$,有 n 个不同的值.

由于 $\mathrm{Ln}\, z$ 的各个分支在除去原点和负实轴的复平面内是解析的,因而不难知道 $w = z^\alpha$ 的相应分支在除去原点和负实轴的复平面内也是解析的. 并且

$$(z^\alpha)' = (e^{\alpha\mathrm{Ln}\, z})' = e^{\alpha\mathrm{Ln}\, z} \cdot \alpha\,\frac{1}{z} = \alpha z^{\alpha-1}.$$

四、三角函数

前面我们应用指数函数来定义对数函数和幂函数,现在是否又可利用它来定义三角函数呢?我们知道欧拉公式,它把指数函数与三角函数联系起来,即有

$$e^{iy} = \cos y + i\sin y,$$
$$e^{-iy} = \cos y - i\sin y$$

将这两个式子相加和相减,分别得到

$$\cos y = \frac{e^{iy} + e^{-iy}}{2}, \sin y = \frac{e^{iy} - e^{-iy}}{2i}$$

这两个式子表明:正弦和余弦可以用指数函数来表示,把这个三角函数与指数函数的关系推广到复变量中来,于是得到三角函数的定义.

定义 2-6 函数$\dfrac{e^{iz}+e^{-iz}}{2}$和$\dfrac{e^{iz}-e^{-iz}}{2i}$分别称为复变量 z 的余弦函数与正弦函数,记为 $\cos z$ 和 $\sin z$,即

$$\cos z=\frac{e^{iz}+e^{-iz}}{2},\sin z=\frac{e^{iz}-e^{-iz}}{2i}$$

例 2-19 计算 $\cos(1+2i)$ 的值.

解
$$\begin{aligned}\cos(1+2i)&=\frac{e^{i(1+2i)}+e^{-i(1+2i)}}{2}=\frac{e^{-2+i}+e^{2-i}}{2}\\&=\frac{e^{-2}(\cos 1+i\sin 1)+e^{2}(\cos 1-i\sin 1)}{2}\\&=\frac{e^{2}+e^{-2}}{2}\cos 1-i\frac{e^{2}-e^{-2}}{2}\sin 1\\&=\operatorname{ch}2\cos 1-i\operatorname{sh}2\sin 1.\end{aligned}$$

这样定义的正弦和余弦函数具有如下性质:

(1) 对任何复数 z,欧拉公式仍成立

$$e^{iz}=\cos z+i\sin z$$

此式易得,只需将 $\cos z$ 与 $i\sin z$ 相加便得.

(2) $\cos z$ 是偶函数,$\sin z$ 是奇函数,即

$$\cos(-z)=\cos z,\sin(-z)=-\sin z$$

将定义中的 z 改为 $-z$,立即得到.

(3) $\cos z$ 和 $\sin z$ 都以 2π 为周期,即

$$\cos(z+2\pi)=\cos z,\sin(z+2\pi)=\sin z$$

这是因为 e^{z} 以 $2\pi i$ 为周期,所以由定义得

$$\begin{aligned}\cos(z+2\pi)&=\frac{e^{i(z+2\pi)}+e^{-i(z+2\pi)}}{2}\\&=\frac{e^{iz}\cdot e^{2\pi i}+e^{-iz}\cdot e^{-2\pi i}}{2}\\&=\frac{e^{iz}+e^{-iz}}{2}=\cos z\end{aligned}$$

类似可证另一式.

(4) $\cos(z_1+z_2)=\cos z_1\cos z_2-\sin z_1\sin z_2$

$\sin(z_1+z_2)=\sin z_1\cos z_2+\cos z_1\sin z_2$.

证 由欧拉公式,得

$$e^{i(z_1+z_2)}=\cos(z_1+z_2)+i\sin(z_1+z_2)$$

而

$$e^{i(z_1+z_2)} = e^{iz_1} \cdot e^{iz_2} = (\cos z_1 + i\sin z_1)(\cos z_2 + i\sin z_2)$$
$$= (\cos z_1 \cos z_2 - \sin z_1 \sin z_2) + i(\sin z_1 \cos z_2 + \sin z_2 \cos z_1)$$

故

$$\cos(z_1 + z_2) + i\sin(z_1 + z_2)$$
$$= (\cos z_1 \cos z_2 - \sin z_1 \sin z_2) + i(\sin z_1 \cos z_2 + \sin z_2 \cos z_1)$$

用 $-z_1$，$-z_2$ 分别代 z_1，z_2 得

$$\cos(z_1 + z_2) - i\sin(z_1 + z_2)$$
$$= (\cos z_1 \cos z_2 - \sin z_1 \sin z_2) - i(\sin z_1 \cos z_2 + \sin z_2 \cos z_1)$$

上两式相加和相减，分别得到

$$\cos(z_1 + z_2) = \cos z_1 \cos z_2 - \sin z_1 \sin z_2$$
$$\sin(z_1 + z_2) = \sin z_1 \cos z_2 + \cos z_1 \sin z_2.$$

[证毕]

这就证明了三角函数的两个恒等公式，在第一式中，令 $z_1 = z$，$z_2 = -z$，又可得到正弦和余弦两者之间关系的恒等式表示如下.

(5) $\cos^2 z + \sin^2 z = 1$

请注意，在复数域内，下面不等式不再成立，并且 $\sin z$ 和 $\cos z$ 都是无界的.

$$|\cos z| \leqslant 1, \ |\sin z| \leqslant 1$$

例如，取 $z = iy(y > 0)$，则

$$\cos iy = \frac{e^{i(iy)} + e^{-i(iy)}}{2} = \frac{e^{-y} + e^{y}}{2} > 1$$

而且当 y 充分大时，$\cos iy$ 就可大于预先任给的正数，这就是说 $\cos z$ 是无界的，类似可验证 $\sin z$.

(6) 解析性：$\cos z$，$\sin z$ 在复平面上均为解析函数，且

$$(\cos z)' = -\sin z, (\sin z)' = \cos z.$$

证　$$(\cos z)' = \left(\frac{e^{iz} + e^{-iz}}{2}\right)' = \frac{1}{2}(ie^{iz} - ie^{-iz})$$
$$= -\frac{e^{iz} - e^{-iz}}{2i} = -\sin z$$

同理可证另一个.

[证毕]

当 z 为纯虚数 $-iy$ 时，由定义，得

$$\cos iy = \frac{e^{-y} + e^{y}}{2} = \text{ch}\, y$$

$$\sin \mathrm{i}y = \frac{\mathrm{e}^{-y} - \mathrm{e}^{y}}{2\mathrm{i}} = \mathrm{i}\,\mathrm{sh}\, y$$

这两个是常用的公式.

其他复三角函数的定义如下：

$$\tan z = \frac{\sin z}{\cos z}, \cot z = \frac{\cos z}{\sin z},$$

$$\sec z = \frac{1}{\cos z}, \csc z = \frac{1}{\sin z}.$$

分别称为复变量 z 的正切、余切、正割和余割函数.

这四个函数都在 z 平面上使分母不为零的点处解析，且

$$(\tan z)' = \sec^2 z, (\cot z)' = -\csc^2 z,$$

$$(\sec z)' = \sec z \tan z, (\csc z)' = -\csc z \cot z$$

正切和余切的周期为 π，正割和余割的周期为 2π.

例如，就函数 $\tan z$ 来说，它在 $z \neq \left(n + \frac{1}{2}\right)\pi (n = 0, \pm 1, \pm 2, \cdots)$ 的各点处解析，且有 $\tan(z+\pi) = \tan z$，因为

$$\tan(z+\pi) = \frac{\sin(z+\pi)}{\cos(z+\pi)} = \frac{-\sin z}{-\cos z} = \tan z$$

五、反三角函数

反三角函数是三角函数的反函数，故作如下定义.

定义 2-7 设 $z = \cos w$，则称 w 为复变量 z 的反余弦函数，记为

$$w = \mathrm{Arccos}\, z$$

它的计算公式为

$$\mathrm{Arccos}\, z = -\mathrm{i}\,\mathrm{Ln}(z + \sqrt{z^2 - 1}) \tag{2-11}$$

证 因为

$$z = \cos w = \frac{\mathrm{e}^{\mathrm{i}w} + \mathrm{e}^{-\mathrm{i}w}}{2}$$

两边乘以 $2\mathrm{e}^{\mathrm{i}w}$，得

$$(\mathrm{e}^{\mathrm{i}w})^2 - 2z\mathrm{e}^{\mathrm{i}w} + 1 = 0$$

这是 $\mathrm{e}^{\mathrm{i}w}$ 的二次方程，它的根为

$$\mathrm{e}^{\mathrm{i}w} = z + \sqrt{z^2 - 1}$$

其中 $\sqrt{z^2 - 1}$ 包含正负两个值，按对数定义，得

$$\mathrm{i}w = \mathrm{Ln}(z + \sqrt{z^2 - 1})$$

两端乘以 $-\mathrm{i}$，得

$$w=-\mathrm{i}\,\mathrm{Ln}(z+\sqrt{z^2-1})$$

即

$$\mathrm{Arccos}\,z=-\mathrm{i}\,\mathrm{Ln}(z+\sqrt{z^2-1}).$$

[证毕]

由此可见,反余弦函数是多值函数.

用同样方法可以定义反正弦函数、反正切函数和反余切函数,并可推得它们的计算公式:

$$\mathrm{Arcsin}\,z=-\mathrm{i}\,\mathrm{Ln}(\mathrm{i}z+\sqrt{1-z^2})$$

$$\mathrm{Arctan}\,z=-\frac{\mathrm{i}}{2}\mathrm{Ln}\frac{1+\mathrm{i}z}{1-\mathrm{i}z}$$

$$\mathrm{Arccot}\,z=\frac{\mathrm{i}}{2}\mathrm{Ln}\frac{z-\mathrm{i}}{z+\mathrm{i}}.$$

它们均为多值函数.

反三角函数可用来解三角方程.

例 2-20　解方程 $\cos z=0$.

解　由反余弦函数定义及计算公式(2-11),得

$$\begin{aligned}z&=\mathrm{Arccos}\,0=-\mathrm{i}\,\mathrm{Ln}(0+\sqrt{0^2-1})\\&=-\mathrm{i}(\ln|\sqrt{-1}|+\mathrm{i}\,\mathrm{Arg}\sqrt{-1})\\&=-\mathrm{i}\left(\ln|\mathrm{i}|+\mathrm{i}\frac{\pi+2k\pi}{2}\right)\\&=k\pi+\frac{1}{2}\pi(k=0,\pm1,\pm2,\cdots)\end{aligned}$$

六、双曲函数和反双曲函数

实函数里,双曲函数是用指数函数表示的,将它们推广到复数中,便得如下定义.

定义 2-8　设

$$\mathrm{ch}\,z=\frac{\mathrm{e}^z+\mathrm{e}^{-z}}{2},\mathrm{sh}\,z=\frac{\mathrm{e}^z-\mathrm{e}^{-z}}{2}$$

则分别称为双曲余弦函数和双曲正弦函数,当 z 为实数 x 时,它们就是实函数中的双曲函数.

由于 e^z 和 e^{-z} 均以 $2\pi\mathrm{i}$ 为基本周期,故双曲正弦函数和双曲余弦函数也以 $2\pi\mathrm{i}$ 为基本周期.

$\mathrm{ch}\,z$ 为偶函数,$\mathrm{sh}\,z$ 为奇函数.而且均在复平面内解析,且

$$(\mathrm{sh}\,z)'=\mathrm{ch}\,z,(\mathrm{ch}\,z)'=\mathrm{sh}\,z$$

类似正切函数和余切函数的定义，我们可以分别定义双曲正切函数和双曲余切函数为

$$\operatorname{th} z=\frac{e^{z}-e^{-z}}{e^{z}+e^{-z}},\operatorname{cth} z=\frac{e^{z}+e^{-z}}{e^{z}-e^{-z}}$$

双曲函数与三角函数之间有如下关系：

$$\operatorname{sh} z=-\mathrm{i}\sin \mathrm{i}z,\operatorname{ch} z=\cos \mathrm{i}z,$$

$$\operatorname{th} z=-\mathrm{i}\tan \mathrm{i}z,\operatorname{cth} z=\mathrm{i}\cot \mathrm{i}z.$$

反双曲函数的定义及其计算公式，完全类似于定义和推导反三角函数的方法，所得的各反双曲函数的表达式为：

反双曲正弦 $\operatorname{Arcsh} z=\operatorname{Ln}(z+\sqrt{z^{2}+1})$，

反双曲余弦 $\operatorname{Arcch} z=\operatorname{Ln}(z+\sqrt{z^{2}-1})$，

反双曲正切 $\operatorname{Arcth} z=\dfrac{1}{2}\operatorname{Ln}\dfrac{1+z}{1-z}$.

第四节　解析函数与调和函数的关系

定义 2-9　设二元实变量函数 $u(x,y)$ 在区域 D 内具有连续的二阶偏导数，并且满足拉普拉斯方程：$\dfrac{\partial^{2} u}{\partial x^{2}}+\dfrac{\partial^{2} u}{\partial y^{2}}=0$，则称 $u(x,y)$ 为 D 内的调和函数.

例 2-21　试验证 $u(x,y)=x^{2}-y^{2}, v(x,y)=\dfrac{y}{x^{2}+y^{2}}$ 都是调和函数.

解　因 $\dfrac{\partial u}{\partial x}=2x,\dfrac{\partial^{2} u}{\partial x^{2}}=2,\dfrac{\partial u}{\partial y}=-2y,\dfrac{\partial^{2} u}{\partial y^{2}}=-2$，则

$$\frac{\partial^{2} u}{\partial x^{2}}+\frac{\partial^{2} u}{\partial y^{2}}=2+(-2)=0$$

故 $u(x,y)=x^{2}-y^{2}$ 是调和函数. 又

$$\frac{\partial v}{\partial x}=\frac{-2xy}{(x^{2}+y^{2})^{2}},\frac{\partial^{2} v}{\partial x^{2}}=\frac{-2y^{3}+6x^{2}y}{(x^{2}+y^{2})^{2}}$$

$$\frac{\partial v}{\partial y}=\frac{x^{2}+y^{2}-2y^{2}}{(x^{2}+y^{2})^{2}}=\frac{x^{2}-y^{2}}{(x^{2}+y^{2})^{2}},\frac{\partial^{2} v}{\partial y^{2}}=\frac{2y^{3}-6x^{2}y}{(x^{2}+y^{2})^{2}}$$

则 $\dfrac{\partial^{2} v}{\partial x^{2}}+\dfrac{\partial^{2} v}{\partial y^{2}}=0$，故 $v(x,y)=\dfrac{y}{x^{2}+y^{2}}$ 是调和函数.

定理 2-4　若函数 $f(z)=u(x,y)+\mathrm{i}v(x,y)$ 在区域 D 内解析，则函数 $u(x,y)$ 和 $v(x,y)$ 都是 D 内的调和函数.

证　已知函数 $f(z)=u(x,y)+\mathrm{i}v(x,y)$ 在区域 D 内解析，则由 C-R 方程

$$\frac{\partial u}{\partial x}=\frac{\partial v}{\partial y} \qquad \frac{\partial u}{\partial y}=-\frac{\partial v}{\partial x}$$

从而有

$$\frac{\partial^2 u}{\partial x^2}=\frac{\partial^2 v}{\partial y\partial x} \qquad \frac{\partial^2 u}{\partial y^2}=-\frac{\partial^2 v}{\partial x\partial y}$$

由解析函数的高阶导数定理知，$u(x,y)$ 和 $v(x,y)$ 具有任意阶的连续导数，则

$$\frac{\partial^2 v}{\partial x\partial y}=\frac{\partial^2 v}{\partial y\partial x}$$

故在 D 内有 $\frac{\partial^2 u}{\partial x^2}+\frac{\partial^2 u}{\partial y^2}=0$. 同理有 $\frac{\partial^2 v}{\partial x^2}+\frac{\partial^2 v}{\partial y^2}=0$. 所以函数 $u(x,y)$ 和 $v(x,y)$ 都是 D 内的调和函数.

[证毕]

定义 2-10　如果两个调和函数 $u(x,y)$ 和 $v(x,y)$ 使得 $u(x,y)+\mathrm{i}v(x,y)$ 是解析函数，则 $v(x,y)$ 称为 $u(x,y)$ 的共轭调和函数.

上面定理说明：D 内解析函数的虚部是实部的共轭调和函数. 即 $f(z)=u(x,y)+\mathrm{i}v(x,y)$ 在 D 内解析 $\Rightarrow$ 在 D 内 $v(x,y)$ 为 $u(x,y)$ 的共轭调和函数.

由解析函数的概念得：

在 D 内满足C-R方程：$\frac{\partial u}{\partial x}=\frac{\partial v}{\partial y},\frac{\partial u}{\partial y}=-\frac{\partial v}{\partial x}$ 的两个调和函数 $u(x,y)$ 和 $v(x,y)$，$v(x,y)$ 必为 $u(x,y)$ 的共轭调和函数.

现在研究相反的问题：若 $u(x,y)$ 和 $v(x,y)$ 是区域 D 内任意的两个调和函数，则 $u(x,y)+\mathrm{i}v(x,y)$ 是否一定为区域 D 内的解析函数呢？

让我们一起看一个例子：$u(x,y)=x+y,v(x,y)=x+y$，显然都是调和函数，但 $f(z)=u(x,y)+\mathrm{i}v(x,y)=x+y+\mathrm{i}(x+y)$ 在复平面上却处处不解析.

要想使 $u(x,y)+\mathrm{i}v(x,y)$ 在区域 D 内解析，$u(x,y)$ 和 $v(x,y)$ 还必须满足C-R 方程，即 $v(x,y)$ 必须为 $u(x,y)$ 的共轭调和函数. 由此，已知一个解析函数的实部 $u(x,y)$ 或虚部 $v(x,y)$，利用 C-R 方程可求得它的虚部 $v(x,y)$ 或实部 $u(x,y)$，从而构成解析函数 $u(x,y)+\mathrm{i}v(x,y)$.

例 2-22　已知解析函数 $f(z)$ 的实部 $u(x,y)=x^2-y^2$，求其虚部 $v(x,y)$.

解　因 $f(z)$ 为解析函数，故 $\frac{\partial u}{\partial x}=2x=\frac{\partial v}{\partial y},\frac{\partial u}{\partial y}=-2y=-\frac{\partial v}{\partial x}$.

于是可设 $v(x,y)=2xy+g(x)$，而 $\frac{\partial v}{\partial x}=2y+g'(x)=2y$，因此有 $g(x)=c$（c 为实数），则 $v(x,y)=2xy+c$.

定理 2-5　设函数 $u(x,y)$ 是单连通区域 D 内的调和函数，则存在解析函数 $f(z)$，使得在 D 内有 $u(x,y)=\mathrm{Re}\,f(z)$.

证 设 $g(z)=\frac{\partial u}{\partial x}-\mathrm{i}\frac{\partial u}{\partial y}$. 由于 $u(x,y)$ 调和，$g(z)$ 在 D 内满足 C-R 方程

$$\frac{\partial}{\partial x}\left(\frac{\partial u}{\partial x}\right)=\frac{\partial}{\partial y}\left(-\frac{\partial u}{\partial y}\right),$$

$$\frac{\partial}{\partial y}\left(\frac{\partial u}{\partial x}\right)=-\frac{\partial}{\partial x}\left(-\frac{\partial u}{\partial y}\right),$$

并且这些偏导数连续，因此 $g(z)$ 解析. 于是在单连通区域 D 内 $g(z)$ 有一个原函数 $G(z)=\varphi(x,y)+\mathrm{i}\psi(x,y)$. 由于 $G'(z)=g(z)$，故

$$\frac{\partial\varphi}{\partial x}-\mathrm{i}\frac{\partial\psi}{\partial y}=\frac{\partial u}{\partial x}-\mathrm{i}\frac{\partial u}{\partial y},$$

即 $\varphi(x,y)$ 和 $u(x,y)$ 在 D 内有相同的一阶偏导数，因而 $\varphi(x,y)-u(x,y)$ 在 D 内是常数. 故 $f(z)=G(z)+c$ 就是定理中所求的解析函数.

[证毕]

上述定理说明单连通区域内的调和函数一定存在共轭调和函数.

下面举例说明如何由已知调和函数构造它的共轭调和函数.

例 2-23 构造一个实部为 $u(x,y)=x^2-y^2+xy$ 的解析函数.

解 由于

$$\frac{\partial^2 u}{\partial x^2}+\frac{\partial^2 u}{\partial y^2}=2-2=0,$$

所以 $u(x,y)$ 在整个复平面上调和. 下面求函数 $v(x,y)$，使得 $u(x,y)$ 和 $v(x,y)$ 满足 C-R 方程. 由于

$$\frac{\partial v}{\partial y}=\frac{\partial u}{\partial x}=2x+y$$

将上式两边对 y 积分，得到

$$v(x,y)=2xy+\frac{y^2}{2}+\psi(x)$$

将其代入下式

$$\frac{\partial v}{\partial x}=-\frac{\partial u}{\partial y}=2y-x$$

得到

$$\frac{\partial v}{\partial x}=2y+\psi'(x)=2y-x$$

从而得到 $\psi'(x)=-x$. 故 $\psi(x)=-\frac{x^2}{2}+c$（c 为任意常数）. 因此 $u(x,y)$ 的共轭调和函数为

$$v(x,y)=2xy+\frac{y^2}{2}-\frac{x^2}{2}+c$$

而相应的解析函数为

$$f(z)=x^2-y^2+xy+\mathrm{i}\left(2xy+\frac{y^2}{2}-\frac{x^2}{2}+c\right)$$

$$=(x^2+2\mathrm{i}xy-y^2)-\frac{\mathrm{i}}{2}(x^2+2\mathrm{i}xy-y^2)+\mathrm{i}c$$

$$=\frac{z^2}{2}\cdot(2-\mathrm{i})+\mathrm{i}c$$

例 2-24　设 $v(x,y)=\mathrm{e}^{px}\sin y$，求 p 的值使 $v(x,y)$ 为调和函数，并求解析函数 $f(z)=u(x,y)+\mathrm{i}v(x,y)$.

解　要使 $v(x,y)$ 成为调和函数，则有 $\frac{\partial^2 v}{\partial x^2}+\frac{\partial^2 v}{\partial y^2}=0$. 即

$$p^2\mathrm{e}^{px}\sin y-\mathrm{e}^{px}\sin y=0$$

所以 $p=\pm 1$ 时，$v(x,y)$ 为调和函数.

要使 $f(z)$ 为解析函数，必须满足 C-R 方程

$$\frac{\partial u}{\partial x}=\frac{\partial v}{\partial y},\frac{\partial u}{\partial y}=-\frac{\partial v}{\partial x}$$

即 $\frac{\partial u}{\partial x}=\mathrm{e}^{px}\cos y,\frac{\partial u}{\partial y}=-p\mathrm{e}^{px}\sin y$

$$u(x,y)=\int\frac{\partial u}{\partial x}\mathrm{d}x=\int\mathrm{e}^{px}\cos y\mathrm{d}x=\frac{1}{p}e^{px}\cos y+\psi(y)$$

$$\frac{\partial u}{\partial y}=-\frac{1}{p}\mathrm{e}^{px}\sin y+\psi'(y)=-p\mathrm{e}^{px}\sin y$$

所以

$$\psi'(y)=\left(\frac{1}{p}-p\right)\mathrm{e}^{px}\sin y$$

$$\psi(y)=\left(p-\frac{1}{p}\right)\mathrm{e}^{px}\cos y+c$$

即 $u(x,y)=p\mathrm{e}^{px}\cos y+c$，故

$$f(z)=\begin{cases}\mathrm{e}^{x}(\cos y+\mathrm{i}\sin y)+c=\mathrm{e}^{z}+c, & p=1\\ -\mathrm{e}^{-x}(\cos y-\mathrm{i}\sin y)+c=-\mathrm{e}^{-z}+c, & p=-1\end{cases}$$

小　　结

本章的重点是要正确理解复变函数的导数与解析函数、调和函数等基本概念，掌握判断复变函数可导与解析的方法、调和函数与解析函数的关系. 对于复变量初等函数，要熟悉它们的定义和主要性质，特别是在复数范围内，实变初等

函数的哪些性质不再成立，显现出哪些在实数范围内所没有的性质.

1. 复变函数导数与解析函数的概念以及可导与解析的判别方法.

(1) 复变函数的导数定义与一元实变函数的导数定义在形式上相同，因而它们的一些求导公式与求导法则也一样. 然而，在正文中已经指出，定义中式(2-1)中极限存在的要求是与 Δz 趋于零的方式无关. 这表明复变函数在一点可导的条件要比实变函数可导的条件严得多，因此复变可导函数有不少特有的性质.

(2) 解析函数是复变函数的主要研究对象. 虽然函数在一个区域内解析与在一个区域内可导是等价的，但是，在一点解析比它在一点可导的要求要高得多，因此，解析函数有许多一般的一元实变函数所没有的很好的性质：解析函数的各阶导数仍为解析函数，解析函数的虚部为实部的共轭调和函数以及解析函数可以展开为幂级数等. 所有这些性质，使得解析函数在实际问题中有广泛的应用.

(3) 复变函数连续、可导(可微) 与解析之间有如下关系：设 $w = f(z)$ 定义在区域 D 内，$z_0 \in D$，则

$f(z)$ 在 D 内解析 $\Leftrightarrow f(z)$ 在 D 内可导；

$f(z)$ 在 D 内解析 $\Rightarrow f(z)$ 在 z_0 解析；反之不成立；

$f(z)$ 在 D 内可导 $\Rightarrow f(z)$ 在 z_0 可导；反之不成立；

$f(z)$ 在 z_0 解析 $\Rightarrow f(z)$ 在 z_0 连续；反之不成立；

$f(z)$ 在 z_0 可导 $\Rightarrow f(z)$ 在 z_0 连续；反之不成立.

(4) 函数可导与解析的判别方法：

方法 1　利用可导与解析的定义.

根据定义，要判断一个复变函数在点 z_0 是否解析，只要判定它在 z_0 及其某邻域内是否可导；要判断该函数在区域 D 内是否解析，只要判定它在 D 内是否可导，因此，判定解析的问题归结为判定可导的问题. 而函数的可导性可以利用导数的定义来验证，也可以用求导公式与求导法则来判定. 例如，设 $f(z) = (z^3 + 2z - 1)^5 + \dfrac{1}{z^2}$，根据求导公式和法则我们有

$$f'(z) = 5(3z^2 + 2)(z^3 + 2z - 1)^4 - \frac{2}{z^3}.$$

因此，该函数在复平面内除 $z = 0$ 外处处可导，处处解析，$z = 0$ 是奇点.

方法 2　利用可导与解析的充要条件，即本章定理 2-2 和定理 2-3.

定理 2-2 与定理 2-3 把复变函数 $f(z) = u + \mathrm{i}v$ 的可导与解析的问题转化为两个二元实变函数 u 与 v 来研究，即要求 u 与 v 可微并且满足柯西-黎曼方程：

$$\frac{\partial u}{\partial x}=\frac{\partial v}{\partial y},\frac{\partial v}{\partial x}=-\frac{\partial u}{\partial y}\text{(简称 C-R 方程)}.$$

这是可导与解析的充要条件，只要其中有一个条件不满足，则 $f(z)$ 既不可导也不解析，因此，它是判断函数是否可导或解析的常用而简洁的方法. 在应用中常常利用定理的两个推论：

① 若 u 与 v 的一阶偏导数在点 z_0（区域 D）存在、连续并且满足 C-R 方程，则 $f(z)$ 在点 z_0 可导（区域 D 内解析），并且有求导公式：

$$f'(z)=\frac{\partial u}{\partial x}+\mathrm{i}\frac{\partial v}{\partial x}=\frac{1}{\mathrm{i}}\frac{\partial u}{\partial y}+\frac{\partial v}{\partial y}$$

② 若 u 与 v 的一阶偏导数不存在，或者虽存在但不满足 C-R 方程，则 $f(z)$ 不可导，因而也不解析.

2. 复变初等函数是一元实变初等函数在复数范围内的自然推广，它既保持了后者的某些基本性质，又有一些与后者不同的特性.

(1) 指数函数 $e^z=e^x(\cos y+\mathrm{i}\sin y)$ 在 z 平面上处处解析，并且 $(e^z)'=e^z$. 它保持了实指数函数 e^x 的某些基本性质，如加法定理等；具有以 $2\pi\mathrm{i}$ 为周期的周期性是它与实指数函数不同的特性.

(2) 对数函数 $\mathrm{Ln}\, z=\ln|z|+\mathrm{i}\mathrm{Arg}\, z$ 是具有无穷多个分支的多值函数. 在除去原点和负实轴的 z 平面内处处解析，并且 $(\mathrm{Ln}\, z)'=\frac{1}{z}$. 它保持了实对数函数 $\ln x$ 的某些运算性质，例如

$$\mathrm{Ln}(z_1z_2)=\mathrm{Ln}\, z_1+\mathrm{Ln}\, z_2,\mathrm{Ln}\frac{z_1}{z_2}=\mathrm{Ln}\, z_1-\mathrm{Ln}\, z_2$$

等. 但是有些则不成立，例如

$$\mathrm{Ln}\, z^n=n\mathrm{Ln}\, z\text{(}n>1\text{ 为正整数)},$$

并且“负数无对数”的论断也不再有效.

(3) 复数的乘幂定义为 $a^b=e^{b\mathrm{Ln}\, a}(a\neq 0)$. 当 a 为一复变数 $z\neq 0$ 时，它就是 z 的一般幂函数 $z^b=e^{b\mathrm{Ln}\, z}$. 除整幂函数 z^n 是单值的外，其余都是多值函数. 在沿原点和负实轴割开的复平面内它是解析函数，并且 $(z^b)'=bz^{b-1}$. 整幂函数 z^n 与根式函数 $z^{\frac{1}{n}}=\sqrt[n]{z}$ 都是它的特例.

(4) 三角正弦函数与三角余弦函数

$$\sin z=\frac{e^{\mathrm{i}z}-e^{-\mathrm{i}z}}{2\mathrm{i}},\cos z=\frac{e^{\mathrm{i}z}+e^{-\mathrm{i}z}}{2}$$

在 z 平面上处处解析，并且 $(\sin z)'=\cos z$，$(\cos z)'=-\sin z$. 它保持了对应的实变函数的周期性、奇偶性，一些三角恒等式仍然成立. 但不再具有有界性，即不等式 $|\sin z|\leqslant 1$ 与 $|\cos z|\leqslant 1$ 不成立.

关于双曲正弦函数与双曲余弦函数可以做类似的小结,应注意它也是以 $2\pi i$ 为周期的周期函数.

反三角函数与反双曲函数是用对数函数来表示的,因而都是多值函数.

3. 解析函数与调和函数的关系

(1) 设二元实变量函数 $u(x,y)$ 在区域 D 内具有连续的二阶偏导数,并且满足拉普拉斯方程:$\dfrac{\partial^2 u}{\partial x^2}+\dfrac{\partial^2 u}{\partial y^2}=0$,则称 $u(x,y)$ 为 D 内的调和函数.

(2) 如果两个调和函数 $u(x,y)$ 和 $v(x,y)$ 使得 $u(x,y)+\mathrm{i}v(x,y)$ 是解析函数,则 $v(x,y)$ 称为 $u(x,y)$ 的共轭调和函数.

(3) D 内解析函数的实部和虚部都是其解析区域内的调和函数.

(4) D 内解析函数的虚部是实部的共轭调和函数.

(5) 单连通区域内的调和函数一定存在共轭调和函数.

第二章习题

1. 用导数定义,求下列函数的导数:

(1) $f(z)=z^3$; (2) $f(z)=\dfrac{1}{z}$.

2. 下列函数在何处可导,何处不可导:

(1) $f(z)=z\mathrm{Re}\,z$; (2) $f(z)=x^3-3xy^2+\mathrm{i}(3x^2y-y^3)$.

3. 证明下列函数在 z 平面处处不可导:

(1) $f(z)=|z|$; (2) $f(z)=x+y$;

(3) $f(z)=\dfrac{1}{\bar{z}}$.

4. 指出下列函数的解析性区域及奇点,并求出其导数:

(1) $f(z)=(z+4)^3$; (2) $f(z)=2z^3+3\mathrm{i}z$;

(3) $f(z)=\dfrac{1}{z^2+1}$.

5. 下列函数何处解析,何处不解析:

(1) $f(z)=2x^2+3y^2\mathrm{i}$; (2) $f(z)=\sin x\,\mathrm{ch}\,y+\mathrm{i}\cos x\,\mathrm{sh}\,y$.

6. 利用 C-R 方程,证明下列函数在全平面上解析,并求出其导数:

(1) $\mathrm{e}^x(x\cos y-y\sin y)+\mathrm{i}\mathrm{e}^x(y\cos y+x\sin y)$;

(2) $\cos x\,\mathrm{ch}\,y-\mathrm{i}\sin x\,\mathrm{sh}\,y$.

7. 若 $f(z)$ 及 $g(z)$ 在 z_0 解析,且

$$f(z_0)=g(z_0)=0,g'(z_0)\neq 0.$$

试证：$\lim\limits_{z \to z_0} \dfrac{f(z)}{g(z)} = \dfrac{f'(z_0)}{g'(z_0)}$.

8. 如果 $u(x,y)$，$v(x,y)$ 可导(指偏导数存在)，那么 $f(z)=u+\mathrm{i}v$ 是否也可导？为什么？

9. 设函数 $f(z)$ 在区域 D 内解析，证明：如果在 D 内 $f'(z)=0$，那么 $f(z)$ 在 D 内为常数.

10. 设函数 $f(z)$ 在区域 D 内解析，证明：如果 $f(z)$ 满足下列条件之一，那么它在 D 内为常数.

(1) $\operatorname{Re} f(z)$ 或 $\operatorname{Im} f(z)$ 在 D 内为常数；

(2) $\overline{f(z)}$ 在 D 内解析；

(3) $\arg f(z)$ 在 D 内是一常数；

(4) $au+bv=c$(a,b,c 是不全为零的实常数).

11. 如果 $f(z)=u+\mathrm{i}v$ 是区域 D 内的解析函数，证明：

$$\left(\frac{\partial^2}{\partial x^2}+\frac{\partial^2}{\partial y^2}\right)|f'(z)|^2 = 4|f'(z)|^2$$

12. 证明 C-R 方程的极坐标形式是

$$\frac{\partial u}{\partial r}=\frac{1}{r}\cdot\frac{\partial v}{\partial \theta},\quad \frac{\partial u}{\partial \theta}=-r\frac{\partial v}{\partial r}.$$

13. 求出下列函数的解析区域，并求出微商：

(1) $\dfrac{1}{z^2-3z+2}$；　　(2) $\dfrac{1}{z^3+a}(a>0)$.

14. 求下列各式的值：

(1) $\mathrm{e}^{2+\mathrm{i}\pi}$；　　(2) $\operatorname{Ln}(-\mathrm{i})$；

(3) $\operatorname{Ln}(1+\mathrm{i})$；　　(4) $\operatorname{Ln}(-3+2\mathrm{i})$；

(5) $2^{1-\mathrm{i}}$；　　(6) $(1-\mathrm{i})^{1+\mathrm{i}}$.

15. 试利用 C-R 方程，证明下列函数在复平面上解析：z^2，e^z，$\sin z$，$\cos z$；而下列函数不解析：$\bar{z}^2$，$\mathrm{e}^{\bar{z}}$，$\sin\bar{z}$，$\cos\bar{z}$.

16. 下列关系是否正确？

(1) $\overline{\mathrm{e}^z}=\mathrm{e}^{\bar{z}}$；　　(2) $\overline{\mathrm{e}^{\mathrm{i}z}}=\mathrm{e}^{\mathrm{i}\bar{z}}$；

(3) $\overline{\sin z}=\sin\bar{z}$；　　(4) $\overline{\cos z}=\cos\bar{z}$.

17. 解下列方程：

(1) $\mathrm{e}^z=1+\sqrt{3}\mathrm{i}$；　　(2) $\operatorname{ch} z=0$；

(3) $\sin z=0$；　　(4) $\sin z+\cos z=0$.

18. 证明：

(1) $\sin z=\sin x\operatorname{ch} y+\mathrm{i}\cos x\operatorname{sh} y$；

(2) $\sin\left(\frac{\pi}{2}-z\right)=\cos z, \sin(z+2\pi)=\sin z$;

(3) $\sin^2 z+\cos^2 z=1$;

(4) $\sin 2z=2\sin z\cos z$.

19. 求 $\sin(1+\mathrm{i})$ 和 $\cos \mathrm{i}$ 的值.

20. 证明:

(1) $\mathrm{ch}^2 z-\mathrm{sh}^2 z=1$;

(2) $\mathrm{ch}\, 2z=\mathrm{sh}^2 z+\mathrm{ch}^2 z$;

(3) $\mathrm{th}(z+\pi\mathrm{i})=\mathrm{th}\, z$;

(4) $\mathrm{sh}(z_1+z_2)=\mathrm{sh}\, z_1 \mathrm{ch}\, z_2+\mathrm{ch}\, z_1 \mathrm{sh}\, z_2$.

21. 证明:sh z 的反函数是 $\mathrm{Arcsh}\, z=\ln(z+\sqrt{z^2+1})$.

22. 构造一个实部为 $u(x,y)=x^3-3xy^2+y$ 的解析函数.

第二章测试题

一、选择题

1. 函数 $f(z)=3|z|^2$ 在点 $z=0$ 处是(　　).

A. 解析的　　B. 可导的

C. 不可导的　　D. 既不解析的又不可导的

2. 设 $f(z)=x^2+\mathrm{i}y^2$,则 $f'(1+\mathrm{i})=$(　　).

A. 2　　B. 2i

C. $1+\mathrm{i}$　　D. $2+2\mathrm{i}$

3. i^{i} 的主值为(　　).

A. 0　　B. 1

C. $\mathrm{e}^{\frac{\pi}{2}}$　　D. $\mathrm{e}^{-\frac{\pi}{2}}$

4. 下列数中,为实数的是(　　).

A. $(1-\mathrm{i})^3$　　B. $\cos \mathrm{i}$

C. $\mathrm{Ln}\, \mathrm{i}$　　D. $\mathrm{e}^{3-\frac{\pi}{2}\mathrm{i}}$

5. 设 α 是复数,则(　　).

A. z^α 在复平面内处处解析　　B. z^α 的模为 $|z|^{|\alpha|}$

C. z^α 一般是多值函数　　D. z^α 辐角为 z 的辐角的 $|\alpha|$ 倍

二、填空题

1. 设 $f(0)=2, f'(0)=2+\mathrm{i}$,则 $\lim\limits_{z\to 0}\frac{f(z)-2}{z}=$ ________.

2. 函数 $f(z)=\dfrac{2z^5-z+3}{3z^2+1}$ 的解析区域为________，在该区域上的导函数为________.

3. 导函数 $f'(z)=\dfrac{\partial u}{\partial x}+\mathrm{i}\dfrac{\partial v}{\partial y}$ 在区域 D 内解析的充要条件为________.

4. 复数 1^{i} 的模为________.

5. $\mathrm{Ln}(3+4\mathrm{i})=$ ________，主值为________.

三、计算题

1. 讨论下列函数的可导性：

(1) $f(z)=\mathrm{Im}\,z$；

(2) $f(z)=|z|^2$；

(3) $f(z)=\dfrac{z^2}{z^2+1}$；

(4) $f(z)=\dfrac{x+y}{x^2+y^2}+\mathrm{i}\dfrac{x-y}{x^2+y^2}$.

2. 求下列函数的导数：

(1) $(z-1)^n$；

(2) $\dfrac{z^2}{z^2+1}$；

(3) $f(z)=z^{2\mathrm{i}}$.

3. 计算下列各式的值：

(1) $|\mathrm{e}^{\mathrm{i}-2z}|$；

(2) $|\mathrm{e}^{z^2}|$；

(3) z^{i}；

(4) 2^{i}；

(5) $\mathrm{Ln}(1+\mathrm{i})$；

(6) $\ln(\mathrm{e}^{\mathrm{i}})$；

(7) $\sin(1+\mathrm{i})$；

(8) $\tan(3-\mathrm{i})$；

(9) $\cos\mathrm{i}$.

4. 解方程：$\sin z+\mathrm{i}\cos z=4\mathrm{i}$.

第二章习题答案

第二章测试题答案

第三章　复变函数的积分

复变函数的积分(以下简称复积分)是对解析函数进行研究的一个重要工具.解析函数的许多重要性质都是由解析函数的积分表示得到的,也就是说可以用积分的方法对解析函数的性质进行研究,这是复变函数理论在研究方法上与微积分理论的一个不同之处,是其研究方法的一个重要特点.复变函数积分的应用还是比较多的,傅立叶变换信号的变换具体的复变函数积分应用大致有:快速傅立叶变换(离散傅氏变换、快速傅氏变换),离散信号的 Z 变换,线性时不变系统的数学描述,相关函数与能量谱密度,平面场的复势(用复变函数表示平面向量场、平面流速场的复势、静电场的复势),辐角原理(对数留数、辐角原理、儒歇定理).

案例一　回路中电流模型

在 RLC 电路中串接直流电源 E(见图 3-1),求回路中电流 $i(t)$.

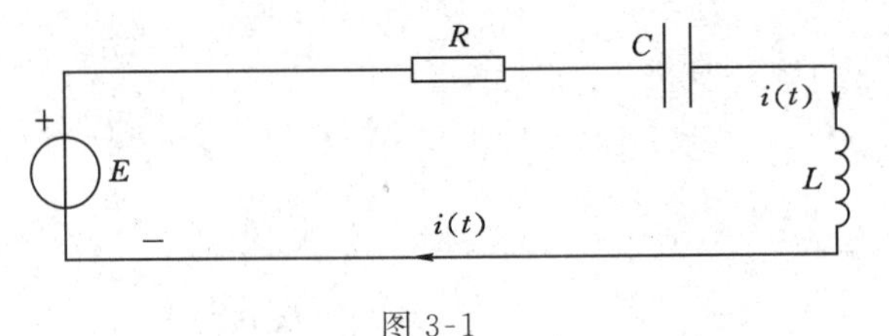

图 3-1

案例二　杆中温度变化模型

一根长为 l 的均匀细杆,初温为零,一端维持常温 u_0,另一端绝热,求杆中温度的变化.

案例三　机械系统传递函数

试证明图 3-2(a) 所示电气网络与图 3-2(b) 所示的机械系统具有相同的传递函数.

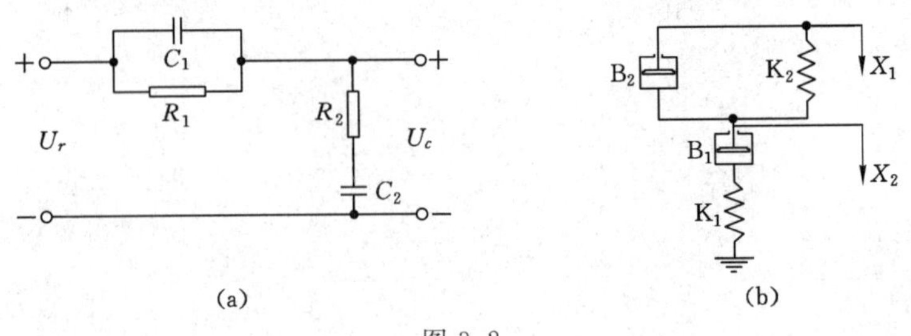

图 3-2

案例四　系统状态方程

$$\begin{bmatrix}\dot{x}_1\\ \dot{x}_2\end{bmatrix}=\begin{bmatrix}0 & 1\\ -2 & -3\end{bmatrix}\begin{bmatrix}x_1\\ x_2\end{bmatrix}+\begin{bmatrix}0\\ 1\end{bmatrix}u$$

且 $x(0)=[x_1(0)\quad x_2(0)]^{\mathrm{T}}$，试求在 $u(t)=1(t)$ 作用下状态方程的解.

案例五　系统状态方程

$$\begin{bmatrix}\dot{x}_1\\ \dot{x}_2\end{bmatrix}=\begin{bmatrix}0 & 1\\ 0 & -2\end{bmatrix}\begin{bmatrix}x_1\\ x_2\end{bmatrix}+\begin{bmatrix}1 & 0\\ 0 & 1\end{bmatrix}\begin{bmatrix}u_1\\ u_2\end{bmatrix}$$

试求系统的传递矩阵.

案例六　辐角原理应用

在控制系统的稳定性判定时常常应用辐角原理，需要选择辅助函数和闭合曲线，在研究辅助函数 $F(s)$ 相角的变化情况时会用到复积分.

设复变量 s 沿闭合曲线 A 顺时针运动一周，研究 $F(s)$ 相角的变化情况：

$$\delta\,\underline{/F(s)}=\oint_{\Gamma}\underline{/F(s)}\,\mathrm{d}s$$

第一节　复变函数积分的概念

一、积分的定义

由于复平面的二维性，复积分的积分路径不再仅仅是实轴上的线段，而是平面上的一段曲线. 因此，复积分主要是考虑复平面上曲线的积分，且所考虑的曲线均为简单光滑或逐段光滑的有向曲线. 对于闭曲线 C，通常规定，逆时针方向为曲线正向记为 C，顺时针方向为曲线的负向记为 C^-. 若曲线 C 与区域 D 有关，则当观察者沿曲线前进时，若区域 D 位于观察者的左侧，则此方向称为曲线 C 关于区域 D 的正向，反之为负向. 若 C 不是封闭的，则通过指明起始点来确定方向，通常规定起点到终点的方向为正向 C，反之为负向 C^-. 若曲线 C 的方程为

$$z=z(t)=x(t)+\mathrm{i}y(t)(\alpha\leqslant t\leqslant\beta)$$

t 为实参数，则规定 t 增加的方向为正向，反之为负向.

定义 3-1　设 C 为一条起点为 A 终点为 B 的光滑有向曲线，复变函数 $W=f(z)$ 在 C 上有定义. 从 A 到 B 依次取点：$A=z_0,z_1,\cdots,z_k,\cdots,z_{n-1},z_n=B$（见图 3-3），从而将 C 划分为 n 个小弧段. 在每个弧段 $\overset{\frown}{z_{k-1}z_k}$ 上任取一点 ξ_k，取和式

$$S_n=\sum_{k=1}^{n}f(\xi_k)\Delta z_k$$

其中，$\Delta z_k=z_k-z_{k-1}$. 记 ΔS_k 为弧段 $z_{k-1}z_k$ 的长度，令 $\delta=\max\limits_{1\leqslant k\leqslant n}\{\Delta S_k\}$. 当分点无

限增多而 $\delta \to 0$ 时,若无论对 C 的分法和分点 ξ_k 的取法如何,S_n 有唯一的极限,则称函数 $W=f(z)$ 沿曲线 C 可积分,而极限值称为函数 $f(z)$ 沿曲线 C 的积分,记

$$\int_C f(z)\mathrm{d}z = \lim_{n\to\infty} S_n = \lim_{n\to\infty}\sum_{k=1}^{n} f(\xi_k)\Delta z_k \tag{3-1}$$

C 称为积分路径,$f(z)$ 称为被积函数.

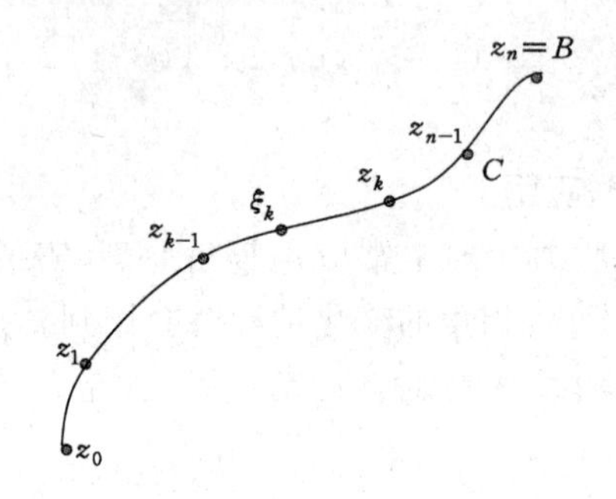

图 3-3

若 C 为闭曲线,则沿此闭曲线的积分记为 $\oint_C f(z)\mathrm{d}z$.

例 3-1 设 C 为一光滑曲线,起点为 A,终点为 B,求 $\int_C \mathrm{d}z$.

解 由积分定义

$$\int_C \mathrm{d}z = \lim_{n\to\infty}\sum_{k=1}^{n}\Delta z_k = \lim_{n\to\infty}(B-A) = B-A$$

若 C 为闭曲线,则 $\oint_C \mathrm{d}z = B-A=0$.

二、复积分性质

由复积分定义,可推出复积分的一些简单性质.这些性质与微积分中的定积分性质类似.

(1) $\int_{C^-} f(z)\mathrm{d}z = -\int_C f(z)\mathrm{d}z$ (3-2)

(2) $\int_C [f(z)\pm g(z)]\mathrm{d}z = \int_C f(z)\mathrm{d}z \pm \int_C g(z)\mathrm{d}z$ (3-3)

(3) $\int_C kf(z)\mathrm{d}z = k\int_C f(z)\mathrm{d}z$ (3-4)

(4) $\int_C f(z)\mathrm{d}z = \int_{C_1} f(z)\mathrm{d}z + \int_{C_2} f(z)\mathrm{d}z$ (3-5)

其中 C 为 C_1 和 C_2 两条曲线所构成.

(5) 设曲线 C 的长度为 L，$f(z)$ 沿曲线 C 可积且 $|f(z)|\leqslant M$，则有

$$\left|\int_C f(z)\mathrm{d}z\right|\leqslant\int_C |f(z)|\,\mathrm{d}s\leqslant ML \tag{3-6}$$

这里只证性质(5).

证　$$\left|\sum_{k=1}^{n} f(\xi_k)(z_k-z_{k-1})\right|\leqslant\sum_{k=1}^{n}|f(\xi_k)|\Delta s_k\leqslant ML$$

取极限即得证.

三、复积分的存在条件与计算方法

若 $f(z)=u(x,y)+\mathrm{i}v(x,y)$ 为曲线 C 上的连续函数，则 $u(x,y)$ 和 $v(x,y)$ 为 C 上的二元连续实函数. 令 $\zeta_k=\xi_k+\mathrm{i}\eta_k$，则

$$\begin{aligned}S_n&=\sum_{k=1}^{n}[u(\xi_k,\eta_k)+\mathrm{i}v(\xi_k,\eta_k)](\Delta x_k+\mathrm{i}\Delta y_k)\\&=\sum_{k=1}^{n}[u(\xi_k,\eta_k)\Delta x_k-v(\xi_k,\eta_k)\Delta y_k]+\\&\quad\mathrm{i}\sum_{k=1}^{n}[u(\xi_k,\eta_k)\Delta y_k+v(\xi_k,\eta_k)\Delta x_k]\end{aligned}$$

由二元实函数曲线积分的存在条件知式(3-1)存在且

$$\int_C f(z)\mathrm{d}z=\int_C u(x,y)\mathrm{d}x-v(x,y)\mathrm{d}y+\mathrm{i}\int_C v(x,y)\mathrm{d}x+u(x,y)\mathrm{d}y$$

于是得到如下定理.

定理 3-1　设 C 为复平面上的逐段光滑曲线. $f(z)=u(x,y)+\mathrm{i}v(x,y)$ 在曲线 C 上连续，则 $f(z)$ 在曲线 C 上可积分，且

$$\int_C f(z)\mathrm{d}z=\int_C u(x,y)\mathrm{d}x-v(x,y)\mathrm{d}y+\mathrm{i}\int_C v(x,y)\mathrm{d}x+u(x,y)\mathrm{d}y \tag{3-7}$$

式(3-7)提供了复积分的一种计算方法，即把它化为实函数的线积分来计算.

若将曲线 C 的方程用参数方程来表示，则可得到计算复积分的参数方程法.

若曲线 C 的参数方程为 $z=z(t)=x(t)+\mathrm{i}y(t)\,(\alpha\leqslant t\leqslant\beta)$，则式(3-7)可改写如下：

$$\begin{aligned}\int_C f(z)\mathrm{d}z&=\int_\alpha^\beta\{u[x(t),y(t)]+\mathrm{i}v[x(t),y(t)]\}[x'(t)+\mathrm{i}y'(t)]\mathrm{d}t\\&=\int_\alpha^\beta f[z(t)]z'(t)\mathrm{d}t\end{aligned} \tag{3-8}$$

例 3-2　计算 $\int_C \mathrm{Re}\,z\mathrm{d}z$，其中 C 是：

(1) 连接点 0 到点 $1+\mathrm{i}$ 的直线段；

(2) 从点 0 到 1 的直线段 C_1 和从 1 到 $1+\mathrm{i}$ 的直线段 C_2 所连成的折线；

(3) 半圆 $|z|=1, 0\leqslant \arg z\leqslant \pi$(始点为 1).

解 (1) C 的参数方程可写为

$$x=t, y=t(0\leqslant t\leqslant 1)$$

写成复数形式为 $z(t)=(1+\mathrm{i})t, z'(t)=1+\mathrm{i}$,则

$$\begin{aligned}\int_C \operatorname{Re} z\mathrm{d}z &= \int_0^1 \operatorname{Re}[(1+\mathrm{i})t](1+\mathrm{i})\mathrm{d}t\\ &=(1+\mathrm{i})\int_0^1 t\mathrm{d}t=(1+\mathrm{i})/2.\end{aligned}$$

(2) C_1 的参数方程可写为

$$x=t, y=0(0\leqslant t\leqslant 1)$$

写成复数形式为 $z(t)=t, z'(t)=1$,则

$$\int_{C_1} \operatorname{Re} z\mathrm{d}z=\int_0^1 t\mathrm{d}t=1/2$$

C_2 的参数方程可写为

$$x=1, y=t(0\leqslant t\leqslant 1)$$

写成复数形式为 $z(t)=1+\mathrm{i}t, z'(t)=\mathrm{i}$,则

$$\int_C \operatorname{Re} z\mathrm{d}z=\int_{C_1} \operatorname{Re} z\mathrm{d}z+\int_{C_2} \operatorname{Re} z\mathrm{d}z=\frac{1}{2}+\mathrm{i}.$$

(3) C 的参数方程可写为

$$z(\theta)=\mathrm{e}^{\mathrm{i}\theta}(0\leqslant\theta\leqslant\pi)$$

则

$$\begin{aligned}\int_C \operatorname{Re} z\mathrm{d}z &= \int_0^\pi \cos\theta\mathrm{i}\mathrm{e}^{\mathrm{i}\theta}\mathrm{d}\theta=\mathrm{i}\int_0^\pi \frac{\mathrm{e}^{\mathrm{i}2\theta}+1}{2}\mathrm{d}\theta\\ &=\frac{\mathrm{i}}{2}\left[\int_0^\pi \mathrm{e}^{\mathrm{i}2\theta}\mathrm{d}\theta+\int_0^\pi \mathrm{d}\theta\right]=\frac{\pi\mathrm{i}}{2}.\end{aligned}$$

例 3-3 计算 $\oint_C \frac{\mathrm{d}z}{(z-a)^n}$,其中 n 为整数,C 是以 a 为中心、R 为半径的圆周,积分路径取逆时针方向.

解 C 的参数方程可写为

$$z(\theta)=a+R\mathrm{e}^{\mathrm{i}\theta}(0\leqslant\theta\leqslant 2\pi)$$

$$z'(\theta)=\mathrm{i}R\mathrm{e}^{\mathrm{i}\theta}$$

则

$$\begin{aligned}\oint_C \frac{\mathrm{d}z}{(z-a)^n} &= \frac{\mathrm{i}}{R^{n-1}}\int_0^{2\pi} \mathrm{e}^{\mathrm{i}(1-n)\theta}\mathrm{d}\theta\\ &=\frac{\mathrm{i}}{R^{n-1}}\int_0^{2\pi}[\cos(n-1)\theta-\mathrm{i}\sin(n-1)\theta]\mathrm{d}\theta\end{aligned}$$

$$=\begin{cases}2\pi i & n=1\\ 0 & n\neq 1\end{cases}$$

例 3-4　计算$\oint_C \frac{dz}{z-z_0}$,其中C是以z_0为中心、r为半径的圆周逆时针方向旋转两周所得的曲线.

解　设C_r表示沿逆时针方向旋转一周的曲线,即$C=C_r+C_r$,则由例 3-3 的结论有

$$\oint_C \frac{dz}{z-z_0}=\oint_{C_r}\frac{dz}{z-z_0}+\oint_{C_r}\frac{dz}{z-z_0}=2\pi i+2\pi i=4\pi i.$$

第二节　柯西积分定理

一、柯西积分定理

复积分在起点与终点相同而路径不同时,积分值有时与积分路径有关,有时与积分路径无关.那么究竟什么样的函数,其积分值仅由起点和终点决定,即与积分路径无关呢?下面的柯西积分定理回答了这一问题.

定理 3-2(柯西积分定理)　设函数$f(z)$在单连通区域D内解析,曲线C为D内任一闭曲线,则

$$\oint_C f(z)dz=0 \tag{3-9}$$

证　由函数$f(z)$在区域D内解析,$f(z)$在区域D内连续.从而$u(x,y)$和$v(x,y)$具有一阶连续偏导数,且满足 C-R 方程

$$\frac{\partial u}{\partial x}=\frac{\partial v}{\partial y},\frac{\partial u}{\partial y}=-\frac{\partial v}{\partial x}$$

由格林公式有

$$\oint_C u dx-v dy=-\iint_G\left(\frac{\partial u}{\partial y}+\frac{\partial v}{\partial x}\right)dxdy=0$$

$$\oint_C v dx+u dy=\iint_G\left(\frac{\partial u}{\partial x}-\frac{\partial v}{\partial y}\right)dxdy=0.$$

其中G为C所围之区域.

柯西积分定理是关于解析函数的基本定理,以后很多结果都是建立在这个基本定理之上的,而且在实际计算中也十分有用.

例 3-5　计算$\int_C(2z^2+8z+1)dz$,其中C是连接点$(0,0)$和$(2\pi a,0)$的摆线:

$$\begin{cases} x = a(\theta - \sin\theta) \\ y = a(1 - \cos\theta) \end{cases}$$

解　由图 3-4 可知，直线段 L 与曲线 C 构成闭曲线. 而 $f(z) = (2z^2 + 8z + 1)$ 在全平面上解析. 则由柯西定理

$$\int_{C^- + L} (2z^2 + 8z + 1)\mathrm{d}z = \int_{C^-} (2z^2 + 8z + 1)\mathrm{d}z + \int_L (2z^2 + 8z + 1)\mathrm{d}z = 0$$

即

$$\int_C (2z^2 + 8z + 1)\mathrm{d}z = \int_L (2z^2 + 8z + 1)\mathrm{d}z$$

这样沿曲线的积分就转化为沿直线 L 的积分. 从而使得积分的计算得以简化.

$$\begin{aligned} \int_L (2z^2 + 8z + 1)\mathrm{d}z &= \int_0^{2\pi a} (2x^2 + 8x + 1)\mathrm{d}x \\ &= 2\pi a\left(\frac{8}{3}\pi^2 a^2 + 8\pi a + 1\right) \end{aligned}$$

故

$$\int_C (2z^2 + 8z + 1)\mathrm{d}z = 2\pi a\left(\frac{8}{3}\pi^2 a^2 + 8\pi a + 1\right).$$

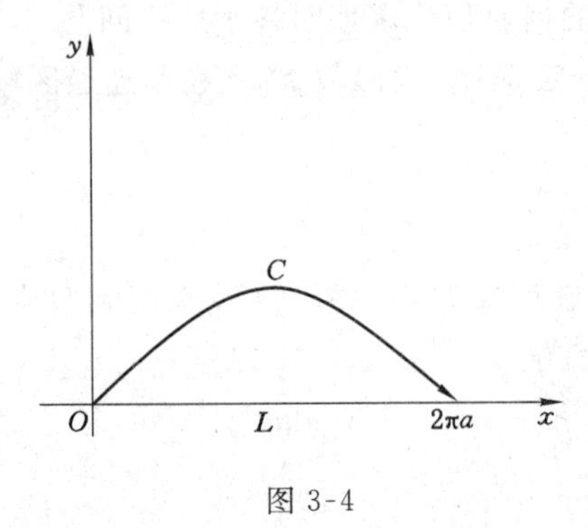

图 3-4

二、复合闭路定理

下面我们来研究柯西积分定理在多连通区域中的情形：设 $f(z)$ 在多连通区域 D 内解析，曲线 C 为 D 内任一简单闭曲线，若 C 完全包含于 D 内，则 $f(z)$ 在 C 上及其内部解析，从而 $\oint_C f(z)\mathrm{d}z = 0$. 若 C 不完全包含于 D 内，则 $f(z)$ 沿曲线 C 的积分就不一定为零. 此时，在 C 的内部做简单闭曲线 $C_1, C_2, \cdots, C_n$，通过它们将不属于区域 D 的部分包围起来，且使之互不相交，互不包含，则以 $C, C_1, C_2, \cdots, C_n$ 为边界的区域全包含于 D. 取 C 的正向，$C_1, C_2, \cdots, C_n$ 的负向，构成复合闭路 $\Gamma = C + C_1^- + C_2^- + \cdots + C_n^-$，则有如下定理.

定理 3-3(复合闭路定理)　设函数 $f(z)$ 在复合闭路 Γ 上以及以 Γ 为界的区域 G 内解析,则

$$(1)\ \oint_{\Gamma} f(z)\mathrm{d}z = 0 \tag{3-10}$$

$$(2)\ \int_{C} f(z)\mathrm{d}z = \int_{C_1} f(z)\mathrm{d}z + \int_{C_2} f(z)\mathrm{d}z + \cdots + \int_{C_n} f(z)\mathrm{d}z \tag{3-11}$$

证　取 n 条互不相交且除了端点外全含于 D 的辅助线 $\gamma_1,\gamma_2,\cdots,\gamma_n$,分别把 C 和 $C_1,C_2,\cdots,C_n$ 依次连接起来,则以 $\Omega = C+\gamma_1+C_1^-+\gamma_1^-+\cdots C_2^-+\cdots+\gamma_n+C_n^-+\gamma_n^-$ 为边界的区域 D' 为单连通区域.故由柯西积分定理(见图 3-5)得

$$\oint_{\Omega} f(z)\mathrm{d}z = 0$$

由于沿 $\gamma_1,\gamma_2,\cdots,\gamma_n$,的积分恰好正负方向各取一次,故

$$\oint_{\Gamma} f(z)\mathrm{d}z = 0$$

即

$$\int_{C} f(z)\mathrm{d}z = \int_{C_1} f(z)\mathrm{d}z + \int_{C_2} f(z)\mathrm{d}z + \cdots + \int_{C_n} f(z)\mathrm{d}z.$$

［证毕］

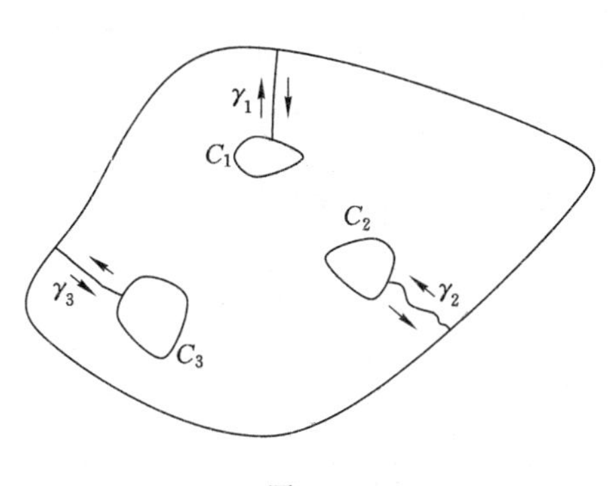

图 3-5

例 3-6　计算 $\int_{C}(z-a)^n\mathrm{d}z$,其中 C 是包含 a 的任意简单闭曲线,n 为整数.

解　以 a 为中心作圆周 C_1,使 C_1 含于 C 的内部(见图 3-6),由复合闭路定理得

$$\int_{C}(z-a)^n\mathrm{d}z = \int_{C_1}(z-a)^n\mathrm{d}z$$

由例 3-3 的结果可知

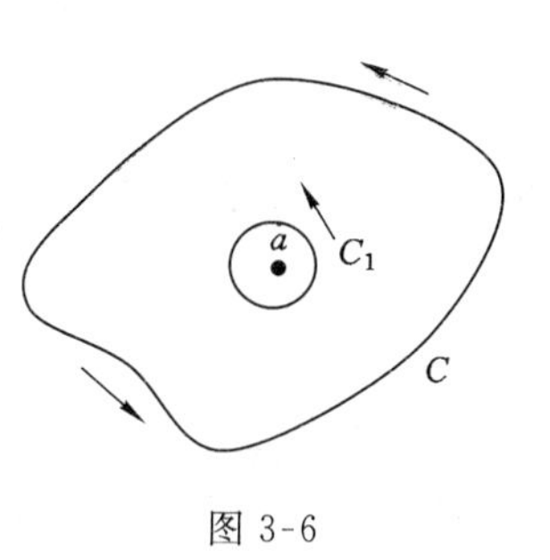

图 3-6

$$\int_C (z-a)^n \mathrm{d}z == \begin{cases} 2\pi i & n=1 \\ 0 & n\neq 1 \end{cases}$$

例 3-7 计算$\oint_\Gamma \frac{1}{z^2-z/2}\mathrm{d}z$，其中$\Gamma$是包含$z=0$和$z=1/2$的任意闭路.

解 分别以$z=0$和$z=1/2$为中心、足够小的整数r为半径做圆周C_1和C_2，使其互不相交亦互不包含，且均含于Γ的内部，则由复合闭路定理得

$$\oint_\Gamma \frac{1}{z^2-z/2}\mathrm{d}z = \oint_{C_1} \frac{1}{z^2-z/2}\mathrm{d}z + \oint_{C_2} \frac{1}{z^2-z/2}\mathrm{d}z = 0$$

三、不定积分

由柯西积分定理可推出如下重要结论.

定理 3-4 设函数$f(z)$在单连通区域D内解析，而曲线C_1，C_2是D内连接点z_0和z任意逐段光滑曲线，则

$$\int_{C_1} f(z)\mathrm{d}z = \int_{C_2} f(z)\mathrm{d}z \tag{3-12}$$

由定理 3-4 说明，单连通区域上的解析函数的积分由其起点和终点决定，而与积分路径无关.

现若令点z_0固定不动，而z在D内变化，则

$$F(z) = \int_{z_0}^{z} f(\xi)\mathrm{d}\xi \tag{3-13}$$

与路径无关，故$F(z)$就是关于z的一个单值函数.

定理 3-5 设函数$f(z)$在单连通区域D内解析，则$F(z)=\int_{z_0}^{z} f(\xi)\mathrm{d}\xi$亦在区域$D$内解析，且有

$$F'(z) = f(z) \tag{3-14}$$

证 有

$$F(z+\Delta z) - F(z) = \int_{z}^{z+\Delta z} f(\xi)\mathrm{d}\xi$$

由积分与路径的无关性，不妨设这个积分沿由z到$z+\Delta z$的直线进行，于是

$$\frac{F(z+\Delta z)-F(z)}{\Delta z} - f(z) = \frac{1}{\Delta z}\int_{z}^{z+\Delta z} f(\xi)\mathrm{d}\xi - \frac{f(z)}{\Delta z}\int_{z}^{z+\Delta z}\mathrm{d}\xi$$

$$= \frac{1}{\Delta z}\int_{z}^{z+\Delta z}[f(\xi)-f(z)]\mathrm{d}\xi$$

由$f(z)$的连续性，对$\forall \varepsilon>0$，可取$\delta>0$使当$|\xi-z|<\delta$时，有

$$|f(\xi)-f(z)|<\varepsilon$$

现若取$0\leqslant|\Delta z|\leqslant\delta$，则有

$$\left|\frac{F(z+\Delta z)-F(z)}{\Delta z}-f(z)\right|=\frac{1}{|\Delta z|}\left|\int_{z}^{z+\Delta z}[f(\xi)-f(z)]\mathrm{d}\xi\right|<\varepsilon.$$

[证毕]

由定理 3-5 可得与实函数类似的定义，即式(3-14) 中的 $F(z)$ 称为 $f(z)$ 的一个原函数，而 $F(z)+C$ 称为 $f(z)$ 的不定积分. 利用原函数，可推得与牛顿 - 莱布尼兹公式相似的关于解析函数的积分计算公式.

定理 3-6　设函数 $f(z)$ 在单连通区域 D 内解析，且 $F(z)$ 为 $f(z)$ 的一个原函数，则

$$\int_{z_0}^{z} f(\xi)\mathrm{d}\xi = F(z) - F(z_0) \tag{3-15}$$

证　因为 $\int_{z_0}^{z} f(\xi)\mathrm{d}\xi$ 也是 $f(z)$ 的一个原函数，所以有

$$\int_{z_0}^{z} f(\xi)\mathrm{d}\xi = F(z) + C$$

当 $z=z_0$ 时，由柯西定理可得

$$C = -F(z_0)$$

即

$$\int_{z_0}^{z} f(\xi)\mathrm{d}\xi = F(z) - F(z_0).$$

[证毕]

由定理 3-6 的结果可见，复变函数的积分可用于微积分类似的方法来计算.

例 3-8　计算 $\int_0^{\mathrm{i}} z\cos z\mathrm{d}z$.

解　函数 $z\cos z$ 在全平面上解析，求得其一个原函数为 $z\sin z+\cos z$，由式(3-15) 得

$$\int_0^{\mathrm{i}} z\cos z\mathrm{d}z = z\sin z + \cos z\Big|_0^{\mathrm{i}} = \mathrm{i}\sin\mathrm{i} + \cos\mathrm{i} - 1 = \mathrm{e}^{-1} - 1.$$

第三节　柯西积分公式

柯西积分定理最重要的结果就是柯西积分公式，该公式说明，若 $f(z)$ 在区域 D 内解析，在 $\overline{D}$ 上连续，则它在边界上的值决定了 D 内任一点的值. 它是解析函数的基本公式，可以用它来研究解析函数的各种整体和局部性质.

一、柯西积分公式

定理 3-7(柯西积分公式)　设函数 $f(z)$ 在闭路 C 上及其所围成的内部 D 内是解析的，而 z 为 D 内任意一点，则

$$f(z)=\frac{1}{2\pi i}\oint_C\frac{f(\xi)}{\xi-z}d\xi \tag{3-16}$$

证　以 z 为中心、充分小的正数 ρ 为半径做圆周 C_ρ：$|z-\xi|=\rho$. 使 C_ρ 及其内部全部含于 D 内，由复合闭路定理知

$$\oint_C\frac{f(\xi)}{\xi-z}d\xi=\oint_{C_\rho}\frac{f(\xi)}{\xi-z}d\xi$$

因此，这里只需证

$$\lim_{\rho\to 0}\frac{1}{2\pi i}\oint_C\frac{f(\xi)}{\xi-z}d\xi=f(z)$$

即可.

因为 $f(\xi)$ 在 $\xi=z$ 处解析，所以 $f(\xi)$ 在 $\xi=z$ 处亦连续，则对 $\forall\varepsilon>0$，$\exists\delta>0$ 使当 $|\xi-z|<\delta$ 时，有 $|f(\xi)-f(z)|<\varepsilon$ 成立.

故当 $\rho<\delta$ 时，C_ρ 上的点 ξ 均满足 $|\xi-z|=\rho<\delta$，因此上式成立.

$$\begin{aligned}\left|\frac{1}{2\pi i}\oint_{C_\rho}\frac{f(\xi)}{\xi-z}d\xi-f(z)\right|&=\left|\frac{1}{2\pi i}\oint_{C_\rho}\frac{f(\xi)}{\xi-z}d\xi-\frac{1}{2\pi i}\oint_{C_\rho}\frac{f(z)}{\xi-z}d\xi\right|\\&\leqslant\frac{1}{2\pi}\oint_{C_\rho}\frac{|f(\xi)-f(z)|}{|\xi-z|}|d\xi|\\&<\frac{1}{2\pi}\cdot\varepsilon\cdot\frac{1}{\rho}\cdot 2\pi\rho=\varepsilon.\end{aligned}$$

[证毕]

例 3-9　计算 $\oint_{|z|=2}\frac{\sin z}{z^2-1}dz$.

解　因为 $\frac{1}{z^2-1}=\frac{1}{2}\left(\frac{1}{z-1}-\frac{1}{z+1}\right)$，所以由柯西积分公式得

$$\begin{aligned}\oint_{|z|=2}\frac{\sin z}{z^2-1}dz&=\frac{1}{2}\oint_{|z|=2}\frac{\sin z}{z-1}dz-\frac{1}{2}\oint_{|z|=2}\frac{\sin z}{z+1}dz\\&=\frac{1}{2}\cdot 2\pi i\cdot\sin z\big|_{z=1}-\frac{1}{2}\cdot 2\pi i\cdot\sin z\big|_{z=-1}\\&=2\pi i\sin 1.\end{aligned}$$

例 3-10　计算 $\oint_{|z|=2}\frac{z}{(9-z^2)(z+i)}dz$.

解　由柯西积分公式

$$\oint_{|z|=2}\frac{z}{(9-z^2)(z+i)}dz=\oint_{|z|=2}\frac{\frac{z}{(9-z^2)}}{[z-(-i)]}dz=2\pi i\cdot\frac{z}{9-z^2}\bigg|_{z=-i}=\frac{\pi}{5}.$$

例 3-11　计算 $\oint_C\frac{e^z}{z(z-2i)}dz$，其中 C 是以点 $3i$ 为中心、半径为 2 的圆周.

解　函数 $f(z)=\dfrac{e^z}{z}$ 在这个圆周内部解析.故由柯西积分公式

$$\oint_C \frac{e^z}{z(z-2i)}dz=\oint_C \frac{f(z)}{(z-2i)}dz=2\pi i f(2i)$$
$$=2\pi i\frac{e^{2i}}{2i}=\pi(\cos 2+i\sin 2).$$

例 3-12　计算$\oint_C \dfrac{1}{1+z^2}dz$,其中 C 为:

(1) $|z-i|=\dfrac{1}{2}$;　(2) $|z+i|=\dfrac{1}{2}$;　(3) $|z|=2$.(均按正向).

解　(1) $C_1:|z-i|=\dfrac{1}{2}$ 由柯西积分公式

$$\frac{1}{2\pi i}\oint_{C_1}\frac{1}{1+z^2}dz=\frac{1}{2\pi i}\oint_{C_1}\frac{\frac{1}{z+i}}{z-i}dz=\frac{1}{z+i}\Big|_{z=i}=\frac{1}{2i}$$

故

$$\oint_{C_1}\frac{1}{1+z^2}dz=\pi.$$

(2) $C_2:|z+i|=\dfrac{1}{2}$ 由柯西积分公式

$$\frac{1}{2\pi i}\oint_{C_2}\frac{1}{1+z^2}dz=\frac{1}{2\pi i}\oint_{C_2}\frac{\frac{1}{z-i}}{z+i}dz=\frac{1}{z-i}\Big|_{z=-i}=-\frac{1}{2i}$$

故

$$\oint_{C_2}\frac{1}{1+z^2}dz=-\pi.$$

(3) $C_3:|z|=2$ 由复合闭路定理

$$\frac{1}{2\pi i}\oint_{C_3}\frac{1}{1+z^2}dz=\oint_{C_1}\frac{1}{1+z^2}dz+\oint_{C_2}\frac{1}{1+z^2}dz=0.$$

例 3-13　利用$\oint_{|z|=1}\dfrac{e^z}{z}dz$ 计算实积分 $\int_0^{2\pi}e^{\cos\theta}\sin(\sin\theta)d\theta$ 和 $\int_0^{2\pi}e^{\cos\theta}\cos(\sin\theta)d\theta$.

解　由柯西积分公式知

$$\oint_{|z|=1}\frac{e^z}{z}dz=2\pi i e^z|_{z=0}=2\pi i$$

令 $z=e^{i\theta}(0\leqslant\theta\leqslant 2\pi)$,则有

$$\oint_{|z|=1}\frac{e^z}{z}dz=\int_0^{2\pi}\frac{e^{e^{i\theta}}}{e^{i\theta}}ie^{i\theta}d\theta=\int_0^{2\pi}ie^{\cos\theta+i\sin\theta}d\theta$$

$$= \int_0^{2\pi} e^{\cos\theta}\sin(\sin\theta)d\theta + i\int_0^{2\pi} e^{\cos\theta}\cos(\sin\theta)d\theta$$

故

$$\int_0^{2\pi} e^{\cos\theta}\sin(\sin\theta)d\theta = 0, \int_0^{2\pi} e^{\cos\theta}\cos(\sin\theta)d\theta = 2\pi.$$

二、高阶导数公式

利用柯西积分公式,可进一步证明解析函数的一个非常重要的结论:解析函数在其解析区域内有任意阶的导数,且这些导数值可通过函数在边界上的值表示出来.

定理 3-8(高阶导数公式) 设函数 $f(z)$ 在闭路 C 上及其所围成的单连通内部 D 内是解析的,则在 D 内任意一点 z,$f(z)$ 有任意阶导数,并且在 D 内有下列公式成立.

$$f^{(n)}(z) = \frac{n!}{2\pi i}\oint_C \frac{f(\xi)}{(\xi - z)^{n+1}}d\xi (n = 1,2,\cdots) \tag{3-17}$$

证 先证 $n = 1$ 的时候公式成立.

由柯西积分公式

$$\frac{f(z+\Delta z) - f(z)}{\Delta z} = \frac{1}{\Delta z}\cdot\frac{1}{2\pi i}\oint_C\left[\frac{f(\xi)}{\xi - (z+\Delta z)} - \frac{f(\xi)}{\xi - z}\right]d\xi$$

$$= \frac{1}{2\pi i}\oint_C \frac{f(\xi)}{[\xi - (z+\Delta z)](\xi - z)}d\xi$$

从而

$$\frac{f(z+\Delta z) - f(z)}{\Delta z} - \frac{1}{2\pi i}\oint_C \frac{f(\xi)}{(\xi - z)^2}d\xi$$

$$= \frac{1}{2\pi i}\oint_C\left\{\frac{f(\xi)}{[\xi - (z+\Delta z)](\xi - z)} - \frac{f(\xi)}{(\xi - z)^2}\right\}d\xi$$

$$= \frac{1}{2\pi i}\oint_C \frac{f(\xi)\Delta z}{[\xi - (z+\Delta z)](\xi - z)^2}d\xi$$

由于 $f(\xi)$ 在 $\overline{D}$ 上连续,即 $\exists M > 0$,使 $|f(\xi)| < M$. 又设正数 d 为 z 到 C 的距离,则有 $|z - \xi| \geqslant d(\xi \in C)$,取 $|\Delta z|$ 充分小,使 $|\Delta z| < \frac{d}{2}$,则 $z + \Delta z \in D$,从而对 C 上任意一点 ξ,有

$$|\xi - (z+\Delta z)| = |(\xi - z) - \Delta z| \geqslant d - \frac{d}{2} = \frac{d}{2}$$

于是

$$\left|\frac{f(z+\Delta z) - f(z)}{\Delta z} - \frac{1}{2\pi i}\oint_C \frac{f(\xi)}{(\xi - z)^2}d\xi\right|$$

$$= \left|\frac{1}{2\pi i}\oint_C \left\{\frac{f(\xi)}{[\xi-(z+\Delta z)](\xi-z)} - \frac{f(\xi)}{(\xi-z)^2}\right\} d\xi\right|$$

$$\leqslant \frac{1}{2\pi}\cdot M|\Delta z|\oint_C \frac{|d\xi|}{|\xi-(z+\Delta z)||(\xi-z)^2|}$$

$$< \frac{1}{2\pi}\cdot M|\Delta z|\frac{2}{d^3}L = \frac{ML}{\pi d^3}|\Delta z|$$

其中 L 为曲线 C 的长度.从而当 $\Delta z \to 0$ 时,有

$$\left|\frac{f(z+\Delta z)-f(z)}{\Delta z} - \frac{1}{2\pi i}\oint_C \frac{f(\xi)}{(\xi-z)^2}d\xi\right| \to 0$$

即得

$$f'(z) = \frac{1}{2\pi i}\oint_C \frac{f(\xi)}{(\xi-z)^2}d\xi.$$

其次,设 $n=k(k>1)$ 时式(3-17)成立.由 $n=1$ 时类似的证法,可证当 $n=k+1$ 时式(3-17)成立.故由归纳法知式(3-17)对任意自然数 n 均成立.

例 3-14　计算下列积分.

(1) $\oint_C \frac{\cos z}{(z-i)^3}dz$,其中 C:$|z-i|=1$;

(2) $\oint_C \frac{1}{z^3(z+1)(z-2)}dz$,其中 C:$|z|=r, r\neq 1,2$.

解　(1) 因为 $\cos z$ 在 $|z-i|\leqslant 1$ 上解析,由式(3-17)得

$$\oint_C \frac{\cos z}{(z-i)^3}dz = \frac{2\pi i}{2!}\cos'' z\Big|_{z=i} = -\pi i\cos z\Big|_{z=i} = -\pi i\,\mathrm{ch}\,1.$$

(2) 当 $0<r<1$ 时,$\frac{1}{(z+1)(z-2)}$ 在 $|z|\leqslant r$ 上解析,故由高阶导数公式得

$$\oint_C \frac{1}{z^3(z+1)(z-2)}dz = \frac{2\pi i}{2!}\left[\frac{1}{(z+1)(z-2)}\right]''\Bigg|_{z=0} = -\frac{3}{4}\pi i$$

当 $1<r<2$ 时,圆周 $|z|=r$ 内有 $z=0$ 和 $z=-1$ 两个奇点,在 C 内分别以 $z=0$ 和 $z=-1$ 为中心,做小圆 C_1 和 C_2,使其互不相交.

则

$$\oint_C \frac{1}{z^3(z+1)(z-2)}dz = \oint_{C_1} \frac{1}{z^3(z+1)(z-2)}dz + \oint_{C_2} \frac{1}{z^3(z+1)(z-2)}dz$$

$$= -\frac{3\pi i}{4} + 2\pi i\frac{1}{z^3(z-2)}\Bigg|_{z=-1} = -\frac{3\pi i}{4} + \frac{2\pi i}{3} = -\frac{\pi i}{12}$$

当 $r>2$ 时,在 C 内分别以 $z=0$, $z=-1$ 和 $z=2$ 为中心,做三个小圆 C_1, C_2 和 C_3,使其互不相交.则

$$\oint_C \frac{1}{z^3(z+1)(z-2)}\mathrm{d}z$$

$$=\oint_{C_1} \frac{1}{z^3(z+1)(z-2)}\mathrm{d}z+\oint_{C_2} \frac{1}{z^3(z+1)(z-2)}\mathrm{d}z+\oint_{C_3} \frac{1}{z^3(z+1)(z-2)}\mathrm{d}z$$

$$=-\frac{\pi \mathrm{i}}{12}+2\pi \mathrm{i}\frac{1}{z^3(z+1)}\bigg|_{z=2}=0.$$

小　　结

1. 复积分是定积分在复数域中的推广，两者的定义在形式上是类似的，只不过是把被积函数由实函数换成了复函数，积分路径由实轴上的区间即直线段换成了平面上的一条光滑曲线，即

$$\int_C f(z)\mathrm{d}z=\lim_{n\to\infty}\sum_{k=1}^{n} f(\xi_k)\Delta z_k$$

而复积分的计算最终也要转化为微积分中的定积分和线积分的计算. 即

若 $f(z)=u(x,y)+\mathrm{i}v(x,y)$，则

$$\int_C f(z)\mathrm{d}z=\int_C u(x,y)\mathrm{d}x-v(x,y)\mathrm{d}y+\mathrm{i}\int_C v(x,y)\mathrm{d}x+u(x,y)\mathrm{d}y$$

若曲线 C 的参数方程为 $z=z(t)=x(t)+\mathrm{i}y(t)(\alpha\leqslant t\leqslant\beta)$，则

$$\int_C f(z)\mathrm{d}z=\int_\alpha^\beta f[z(t)]z'(t)\mathrm{d}t$$

在利用上式计算积分时，下面的结果经常会用到

$$\oint_C \frac{\mathrm{d}z}{(z-a)^n}=\begin{cases}2\pi\mathrm{i} & n=1\\ 0 & n\neq 1\end{cases}$$

2. 柯西积分公式

$$f(z)=\frac{1}{2\pi\mathrm{i}}\oint_C \frac{f(\xi)}{\xi-z}\mathrm{d}\xi$$

与柯西高阶导数公式

$$f^{(n)}(z)=\frac{n!}{2\pi\mathrm{i}}\oint_C \frac{f(\xi)}{(\xi-z)^{n+1}}\mathrm{d}\xi(n=1,2,\cdots)$$

这两个公式是复变函数中十分重要的公式，是用来计算复积分比较简便的重要工具.

我们在计算复积分的时候，通常要结合柯西积分定理和复合闭路定理，将被积函数进行适当的变形，使之满足柯西积分公式或高阶导数公式的条件，从而利用公式计算出结果.

第三章习题

1. 沿下列路径计算积分$\int_0^{3+\mathrm{i}} z^2 \mathrm{d}z$：

(1) 自圆点到 $3+\mathrm{i}$ 直线段；

(2) 自圆点沿实轴到 3，再由 3 铅直向上到 $3+\mathrm{i}$；

(3) 自圆点沿虚轴到 i，再由 i 沿水平方向向右到 $3+\mathrm{i}$.

2. 分别沿 $y=x$ 和 $y=x^2$ 计算$\int_0^{1+\mathrm{i}} (x^2+\mathrm{i}y)\mathrm{d}z$ 的值.

3. 计算$\oint_C \frac{\bar{z}}{|z|}\mathrm{d}z$，其中 C 为正向圆周.

(1) $|z|=2$；　　(2) $|z|=4$.

4. 沿曲线正向计算下列积分：

(1) $\oint_C \frac{\mathrm{e}^z}{z-2}\mathrm{d}z, C: |z-2|=1$；

(2) $\oint_C \frac{\mathrm{e}^{\mathrm{i}z}}{z^2+1}\mathrm{d}z, C: |z-2\mathrm{i}|=\frac{3}{2}$；

(3) $\oint_C \frac{1}{(z^2-1)(z^3-1)}\mathrm{d}z, C: |z|=r<1$；

(4) $\oint_C z^3\cos z\mathrm{d}z$，$C$：包含 $z=0$ 的闭曲线；

(5) $\oint_C \frac{1}{(z^2+1)(z^2+4)}\mathrm{d}z, C: |z|=\frac{3}{2}$；

(6) $\oint_C \frac{\sin z}{z}\mathrm{d}z, C: |z|=1$；

(7) $\oint_C \frac{\sin z}{\left(z-\frac{\pi}{2}\right)^2}\mathrm{d}z, C: |z|=2$；

(8) $\oint_C \frac{\mathrm{e}^z}{z^5}\mathrm{d}z, C: |z|=1$.

5. 计算下列积分：

(1) $\oint_C \left(\frac{4}{z+1}+\frac{3}{z+2\mathrm{i}}\right)\mathrm{d}z, C: |z|=4$ 取正向；

(2) $\oint_C \frac{2\mathrm{i}}{z^2+1}\mathrm{d}z, C: |z-1|=6$ 取正向；

(3) $\oint_{C_1+C_2} \frac{\cos z}{z^3}\mathrm{d}z, C_1: |z|=2$ 取正向，$C_2: |z|=3$ 取负向；

(4) $\oint_C \frac{1}{z-\mathrm{i}}\mathrm{d}z$，$C$：以$\frac{1}{2}$，$-\frac{1}{2}$，$\frac{6}{5}\mathrm{i}$，$-\frac{6}{5}\mathrm{i}$为顶点的正向菱形；

(5) $\oint_C \frac{\mathrm{e}^z}{(z-a)^3}\mathrm{d}z$，$C$：$|z|=1$取正向，$a$为$|a|\neq 1$任意复数.

6. 直接计算下列积分的结果，并说明理由.

(1) $\oint_{|z|=1} \frac{3z+5}{z^2+2z+4}\mathrm{d}z$；　　(2) $\oint_{|z|=2} \mathrm{e}^z(z^2+1)\mathrm{d}z$；

(3) $\oint_{|z|=1} \frac{\mathrm{e}^z}{\cos z}\mathrm{d}z$；　　(4) $\oint_{|z|=\frac{1}{2}} \frac{1}{(z^2-1)(z^3-1)}\mathrm{d}z$.

7. 设$f(z)$在D内解析，C是D上一条闭曲线.

证明：对任意不在C上的点$z_0\in D$有

$$\oint_C \frac{f'(z)}{z-z_0}\mathrm{d}z=\oint_C \frac{f(z)}{(z-z_0)^2}\mathrm{d}z.$$

8. 设C是不经过a和$-a$的正向简单闭曲线，a为不等于零的任意复数，试就a不同位置计算积分$\oint_C \frac{z}{z^2-a^2}\mathrm{d}z$.

9. 如果$f(z)$在单位圆盘上及其内部解析，那么证明：

$$f(r\mathrm{e}^{\mathrm{i}\varphi})=\frac{1}{2\pi}\int_0^{2\pi}\frac{f(\mathrm{e}^{\mathrm{i}\theta})}{1-r\mathrm{e}^{\mathrm{i}(\varphi-\theta)}}\mathrm{d}\theta(r<1).$$

10. 设C_1与C_2为两条互不相交且互不包含的正向简单闭曲线，证明：

$$\frac{1}{2\pi\mathrm{i}}\left[\oint_{C_1}\frac{z^2}{z-z_0}\mathrm{d}z+\oint_{C_2}\frac{\sin z}{z-z_0}\mathrm{d}z\right]=\begin{cases}z_0^2 & z_0\text{ 在 }C_1\text{ 内}\\ \sin z_0 & z_0\text{ 在 }C_2\text{ 内}\end{cases}$$

第三章测试题

一、选择题

1. 设C为从原点沿$y^2=x$至$1+\mathrm{i}$的弧段，则$\int_C (x+\mathrm{i}y^2)\mathrm{d}z=($　　$)$.

A. $\frac{1}{6}-\frac{5}{6}\mathrm{i}$　　B. $-\frac{1}{6}+\frac{5}{6}\mathrm{i}$

C. $-\frac{1}{6}-\frac{5}{6}\mathrm{i}$　　D. $\frac{1}{6}+\frac{5}{6}\mathrm{i}$

2. 设C为不经过1与-1的正向简单闭曲线，则$\oint_C \frac{z}{(z-1)(z+1)}\mathrm{d}z$为(　　).

A. $\frac{\pi\mathrm{i}}{2}$　　B. $-\frac{\pi\mathrm{i}}{2}$

C. 0　　　　　　　　　　D. 以上选项均有可能

3. 设 C 为正向圆周 $|z|=\frac{1}{2}$,则$\oint_C \frac{z^3\cos\frac{1}{z-2}}{(1-z)^2}dz=($　　$)$.

A. $2\pi i(3\cos 1-\sin 1)$　　　　B. 0

C. $6\pi i\cos 1$　　　　D. $-2\pi i\sin 1$

4. 设 C 为正向圆周 $x^2+y^2-2x=0$,则$\oint_C \frac{\sin\left(\frac{\pi}{4}z\right)}{z^2-1}dz=($　　$)$.

A. $\frac{\sqrt{2}}{2}\pi i$　　　　B. $\sqrt{2}\pi i$

C. 0　　　　D. $-\frac{\sqrt{2}}{2}\pi i$

5. 下列命题中,正确的是(　　).

A. 设 v_1,v_2 在区域 D 内均为 u 的共轭调和函数,则必有 $v_1=v_2$.

B. 解析函数的实部是虚部的共轭调和函数.

C. 若 $f(z)=u+iv$ 在区域 D 内解析,则$\frac{\partial u}{\partial x}$为 D 内调和函数.

D. 以调和函数为实部与虚部的函数是解析函数.

二、计算题

1. 设 C 为从原点 $z=0$ 到 $z=1+i$ 的直线段,求$\int_C 2\bar{z}dz$ 的值.

2. 求下列积分的值:

(1) $\oint_C \frac{e^z}{z-2}dz$,其中 C:$|z-2|=1$ 的正向;

(2) $\oint_C \frac{e^{iz}dz}{z^2+1}$,其中 C:$|z-2i|=\frac{3}{2}$ 的正向;

(3) $\oint_C \frac{\cos z}{(1-z)^2}dz$,其中 C:$|z|=2$ 的正向;

(4) $\oint_C \frac{dz}{(z^2-1)(z^3-1)}$,其中 C:$|z|=r<1$ 的正向;

(5) $\oint_C \frac{z^3}{(1-z)^2}dz$,其中 C:$|z|=\frac{1}{2}$ 的正向;

(6) 求$\oint_{C_1+C_2} \frac{\sin z}{z^2}dz$,其中 C_1:$|z|=1$ 的负向,C_2:$|z|=3$;

(7) $\oint_{|z|=R} \frac{6z}{z^2-1}dz$,其中 $R>0,R\neq 1$;

(8) $\int_C z\mathrm{e}^z \mathrm{d}z$,其中 C:从 $z=0$ 到 $z=1+\frac{\pi}{2}\mathrm{i}$ 的直线段;

(9) $\int_0^1 z\sin z\mathrm{d}z$;

(10) $\int_1^{\mathrm{i}} \frac{1+\tan z}{\cos^2 z}\mathrm{d}z$.

3. 设 $\varphi(x,y)=xy$,求其共轭调和函数 $\psi(x,y)$.

4. 若 $u=\mathrm{e}^{-x}\cos y$,求解析函数 $f(z)=u+\mathrm{i}v$.

第三章习题答案

第三章测试题答案

第四章　级　数

本章首先介绍复数项级数与复变函数项级数(重点是幂级数)的一般概念和基本性质,这些内容都是实数范围内相应内容在复数范围内的直接推广,通过学习不难理解这些内容. 然后,从柯西积分公式分别给出在圆域内解析的级数表示 —— 泰勒(Taylor)展开式以及环域内解析的函数的级数表示 —— 洛朗(Laurent)展开式. 这两类展开式都是研究解析函数的重要工具,也是学习下一章留数的必要基础. 复级数在物理学实验、小波信号处理、灵敏度分析中的应用如图 4-1、图 4-2、图 4-3 所示。

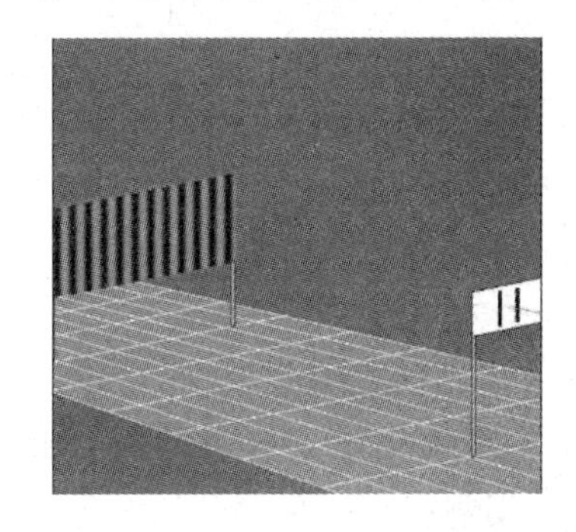

图 4-1　杨氏双缝干涉实验

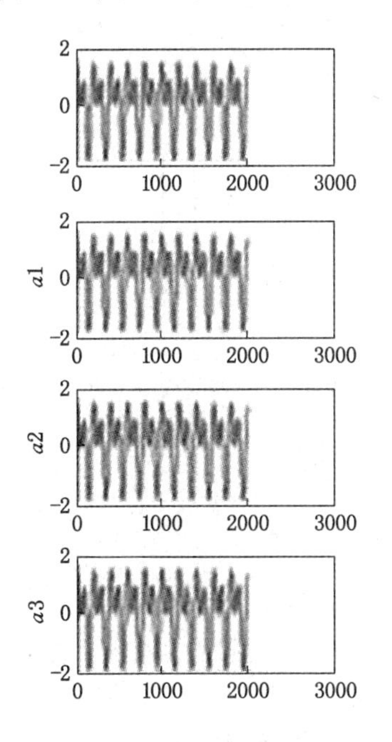

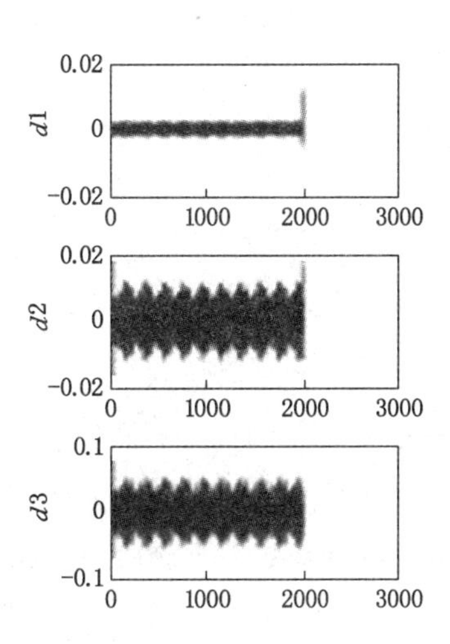

图 4-2　将尺度进行离散化

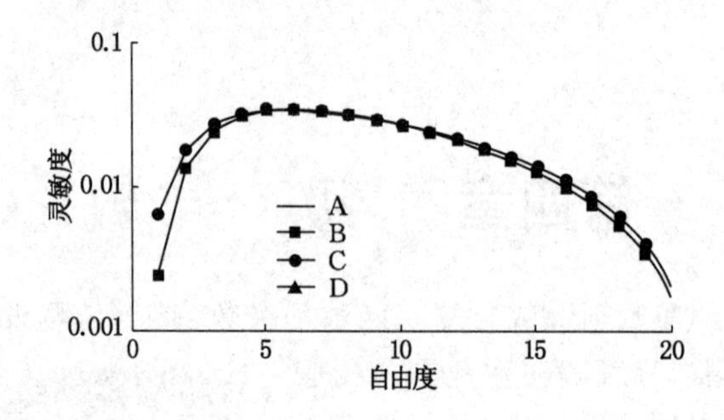

图 4-3　级数灵敏分析拟合

案例一

设继电特性为

$$y(x)=\begin{cases}-M, & x<0\\ M, & x>0\end{cases}$$

试计算该非线性特性的描述函数(图 4-4).

案例二

设某非线性原件的特性为

$$y(x)=\frac{1}{2}x+\frac{1}{4}x^3$$

试计算其描述函数(图 4-5).

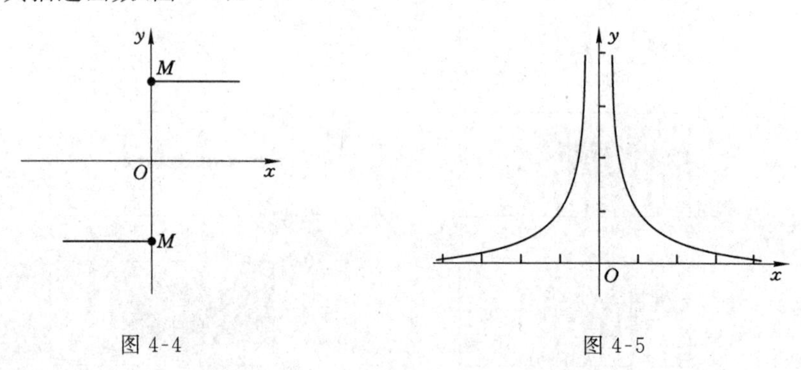

图 4-4　　图 4-5

案例三

建立晶闸管触发和整流装置传递函数时,如图 4-6 所示.

用单位阶跃函数表示滞后,则晶闸管触发与整流装置的输入 - 输出关系为

$$U_{d0}=K_sU_c\times 1(t-T_s)$$

利用拉普拉斯变换的位移定理,则晶闸管装置的传递函数为

$$W_s(s)=\frac{U_{d0}(s)}{U_c(s)}=K_s e^{-T_s s}$$

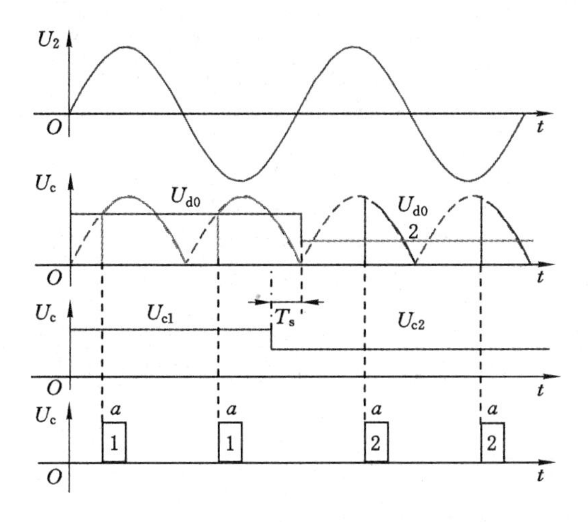

图 4-6

所得公式按泰勒级数展开，可得

$$W_s(s)=K_s e^{-T_s s}=\frac{K_s}{e^{T_s s}}=\frac{K_s}{1+T_s+\frac{1}{2!}T_s^2 s^2+\frac{1}{3!}T_s^3 s^3+\cdots}$$

第一节　复　级　数

一、复数序列的极限

设$\{z_n\}(n=1,2,\cdots)$为一个复数列，其中$z_n=x_n+\mathrm{i}y_n$，又设$z_0=x_0+\mathrm{i}y_0$为一确定的复数. 如果对任意给定的$\varepsilon>0$，存在正整数N，使得$n>N$时，总有$|z_n-z|<\varepsilon$成立，则称复数列$\{z_n\}$收敛于复数z_0，或称$\{z_n\}$以z_0为极限，记作

$$\lim_{n\to\infty}z_n=z \text{ 或 } z_n=z_0$$

定理 4-1　设$z_0=x_0+\mathrm{i}y_0$，$z_n=x_n+\mathrm{i}y_n(n=1,2,\cdots)$，则$\lim\limits_{n\to\infty}z_n=z_0$的充要条件是$\lim\limits_{n\to\infty}x_n=x_0$，$\lim\limits_{n\to\infty}y_n=y_0$.

证　由$\lim\limits_{n\to\infty}z_n=z_0$，对任意给定的$\varepsilon>0$，有正整数$N$，当$n>N$时，$|z_n-z_0|<\varepsilon$，从而有$|x_n-x_0|\leqslant|z_n-z_0|<\varepsilon$，$|y_n-y_0|\leqslant|z_n-z_0|<\varepsilon$，即

$$\lim_{n\to\infty}x_n=x_0,\ \lim_{n\to\infty}y_n=y_0.$$

反之，由于$\lim\limits_{n\to\infty}x_n=x_0$，$\lim\limits_{n\to\infty}y_n=y_0$，对任意给定的$\varepsilon>0$，有正数$N$，当$n>N$时，有

$$|x_n - x_0| < \frac{\varepsilon}{2}, |y_n - y_0| < \frac{\varepsilon}{2},$$

于是

$$|z_n - z_0| \leqslant |x_n - x_0| + |y_n - y_0| < \frac{\varepsilon}{2} + \frac{\varepsilon}{2} = \varepsilon,$$

即

$$\lim_{n\to\infty} z_n = z_0.$$

[证毕]

关于实数列相应项之和、差、积、商所成序列的极限的结果,不难推广到复数序列.

二、复数项级数

设$\{z_n\}(n = 1,2,\cdots)$为一个复数列,表达式

$$\sum_{n=1}^{\infty} z_n = z_1 + z_2 + \cdots + z_n + \cdots \tag{4-1}$$

称为复数项无穷级数.如果它的部分和数列

$$S_n = z_1 + z_2 + \cdots + z_n (n = 1,2,\cdots)$$

有极限$\lim\limits_{n\to\infty} S_n = S$,($S$为有限复数),则称级数(4-1)是收敛的,$S$称为级数的和;如果序列$\{S_n\}$不收敛,则称级数(4-1)是发散的.

我们不难得到如下结果(证明从略):

定理 4-2 设$z_n = x_n + \mathrm{i}y_n (n = 1,2,\cdots)$,则级数(4-1)收敛的充要条件是级数$\sum\limits_{n=1}^{\infty} x_n$和$\sum\limits_{n=1}^{\infty} y_n$都收敛.

有了定理 4-2,就可将复数项级数的收敛与发散的问题转化为实数项级数的收敛与发散的问题.而级数$\sum\limits_{n=1}^{\infty} x_n$和$\sum\limits_{n=1}^{\infty} y_n$收敛的必要条件是

$$\lim_{n\to\infty} x_n = x_0 \text{ 和} \lim_{n\to\infty} y_n = y_0$$

于是,又可得到:

定理 4-3 级数(4-1)收敛的必要条件是

$$\lim_{n\to\infty} z_n = 0$$

定理 4-4 级数$\sum\limits_{n=1}^{\infty} |z_n|$收敛,则$\sum\limits_{n=1}^{\infty} z_n$也收敛.

证 由于

$$\sum_{n=1}^{\infty} |z_n| = \sum_{n=1}^{\infty} \sqrt{x_n^2 + y_n^2}$$

而

$$|x_n| \leqslant \sqrt{x_n^2+y_n^2}, |y_n| \leqslant \sqrt{x_n^2+y_n^2}$$

根据实数项级数的比较准则，可知级数 $\sum_{n=1}^{\infty}|x_n|$ 和 $\sum_{n=1}^{\infty}|y_n|$ 都收敛，因而 $\sum_{n=1}^{\infty}x_n$ 和 $\sum_{n=1}^{\infty}y_n$ 也收敛. 由定理 4-2 可知，$\sum_{n=1}^{\infty}z_n$ 是收敛的.

[证毕]

例 4-1　下列数列是否收敛?如果收敛，求出其极限.

(1) $a_n = \left(1+\frac{1}{n}\right)e^{i\frac{\pi}{n}}$；　　(2) $a_n = n\cos in$.

解　(1) 因 $a_n = \left(1+\frac{1}{n}\right)e^{i\frac{\pi}{n}} = \left(1+\frac{1}{n}\right)\left(\cos\frac{\pi}{n}+i\sin\frac{\pi}{n}\right)$，故

$$a_n = \left(1+\frac{1}{n}\right)\cos\frac{\pi}{n}, b_n = \left(1+\frac{1}{n}\right)\sin\frac{\pi}{n}.$$

而

$$\lim_{n\to\infty}a_n = 1, \lim_{n\to\infty}b_n = 0.$$

所以数列 $a_n = \left(1+\frac{1}{n}\right)e^{i\frac{\pi}{n}}$ 收敛，且有 $\lim_{n\to\infty}a_n = 1$.

(2) 由于 $a_n = n\cos in = n\operatorname{ch} n$，因此，当 $n\to\infty$ 时，$a_n\to\infty$. 所以 a_n 发散.

例 4-2　下列级数是否收敛?是否绝对收敛?

(1) $\sum_{n=1}^{\infty}\frac{1}{n}\left(1+\frac{i}{n}\right)$；　　(2) $\sum_{n=0}^{\infty}\frac{(8i)^n}{n!}$；　　(3) $\sum_{n=1}^{\infty}\left[\frac{(-1)^n}{n}+\frac{1}{2^n}i\right]$.

解　(1) 因 $\sum_{n=1}^{\infty}a_n = \sum_{n=1}^{\infty}\frac{1}{n}$ 发散；$\sum_{n=1}^{\infty}b_n = \sum_{n=1}^{\infty}\frac{1}{n^2}$ 收敛. 故原级数发散.

(2) 因 $\left|\frac{(8i)^n}{n!}\right| = \frac{(8)^n}{n!}$，由正项级数的比值审敛法知 $\sum_{n=1}^{\infty}\frac{8^n}{n!}$ 收敛，故原级数收敛，且绝对收敛.

(3) 因 $\sum_{n=1}^{\infty}\frac{(-1)^n}{n}$ 收敛；$\sum_{n=1}^{\infty}\frac{1}{2^n}$ 也收敛，故原级数收敛. 但因 $\sum_{n=1}^{\infty}\frac{(-1)^n}{n}$ 为条件收敛，所以原级数非绝对收敛.

第二节　幂　级　数

一、幂级数概念

设 $\{f_n(z)\}(n=1,2,\cdots)$ 为一复变函数序列，其中各项在区域 D 内有定义，表达式

$$\sum_{n=1}^{\infty} f_n(z) = f_1(z) + f_2(z) + \cdots + f_n(z) + \cdots \tag{4-2}$$

称为复变函数项级数，记作 $\sum_{n=1}^{\infty} f_n(z)$. 该级数最前面 n 项的和

$$S_n(z) = f_1(z) + f_2(z) + \cdots f_n(z)$$

称为该级数的部分和.

如果对于 D 内的某一点 z_0，极限 $\lim_{n\to\infty} S_n(z_0) = S(z_0)$ 存在，那么称复变函数项级数(4-2) 在 z_0 收敛，而 $S(z_0)$ 称为它的和. 如果级数在 D 内处处收敛，那么它的和一定是 z 的一个函数 $S(z)$：

$$S(z) = f_1(z) + f_2(z) + \cdots + f_n(z) + \cdots$$

$S(z)$ 称为级数 $\sum_{n=1}^{\infty} f_n(z)$ 的和函数.

当 $f_n(z) = c_{n-1}(z-a)^{n-1}$ 或 $f_n(z) = c_{n-1}z^{n-1}$ 时，就得到函数项级数的特殊情形.

$$\sum_{n=0}^{\infty} c_n (z-a)^n = c_0 + c_1(z-a) + c_2(z-a)^2 + \cdots + c_n(z-a)^n + \cdots \tag{4-3}$$

或

$$\sum_{n=0}^{\infty} c_n z^n = c_0 + c_1 z + c_2 z^2 + \cdots + c_n z^n \cdots \tag{4-4}$$

这种级数称为幂级数.

如果令 $z-a=\zeta$，那么式(4-3) 就成为 $\sum_{n=0}^{\infty} c^n \zeta^n$，这是式(4-4) 的形式. 为了方便，今后常就式(4-4) 来讨论.

同高等数学中的实变幂级数一样，复变幂级数也有所谓幂级数的收敛定理，即阿贝尔定理.

定理 4-5(阿贝尔 Abel 定理) 如果级数 $\sum_{n=0}^{\infty} c_n z^n$ 在 $z = z_0(\neq 0)$ 收敛，那么对满足 $|z|<|z_0|$ 的 z，级数必绝对收敛，如果在 $z = z_0(\neq 0)$ 发散，那么对满足 $|z|>|z_0|$ 的 z，级数必发散.

证 由于级数 $\sum_{n=0}^{\infty} c_n z^n$ 收敛，根据收敛定理的必要条件，有 $\lim_{n\to\infty} c_n z_0^n = 0$，因而存在正数 M，使对所有的 n 有

$$|c_n z^n| < M$$

如果 $|z|<|z_0|$，那么 $|z|/|z_0| = q < 1$，而

$$|c_n z_0^n| = |c_n z_0^n| \left|\frac{z}{z_0}\right|^n < Mq^n$$

由于 $\sum_{n=0}^{\infty} Mq^n$ 为公比小于 1 的等比级数，故收敛，从而根据正项级数的比较审敛法知

$$\sum_{n=0}^{\infty} |c_n z^n| = |c_0| + |c_1 z| + |c_2 z^2| + \cdots + |c_n z^n| + \cdots \qquad (4\text{-}5)$$

收敛，从而级数 $\sum_{n=0}^{\infty} c_n z^n$ 是绝对收敛的.

另一部分的证明，由读者自已来完成.

［证毕］

二、收敛圆域与收敛半径

利用阿贝尔定理，可以定出幂级数的收敛范围. 对一个幂级数来说，它的收敛情况不外乎下述三种：

(1) 对所有的正实数都是收敛的. 这时，根据阿贝尔定理可知级数在复平面内处处绝对收敛.

(2) 对所有的正实数除 $z = 0$ 外都是发散的. 这时，级数在复平面内除原点外处处发散.

(3) 既存在使级数收敛的正实数，也存在使级数发散的正实数. 设 $z = \alpha$(正实数) 时，级数 $z = \beta$(正实数) 时，级数发散，那么在以原点为中心、α 为半径的圆周 C_α 内，级数绝对收敛；在以原点为中心、β 为半径的圆周 C_β 外，级数发散. 显然 $\alpha < \beta$. 否则，级数将在 α 处发散.

当 α 由小逐渐变大时，C_α 必定逐渐接近一个以原点为中心、R 为半径的圆周 C_R. 在 C_R 的内部级数都是绝对收敛，外部级数都是发散. 这个分界圆周 C_R 称为幂级数的收敛圆(见图 4-7). 收敛圆的半径 R 称为收敛半径. 所以幂级数(4-4) 的收敛范围是以原点为中心的圆域. 对幂级数(4-3) 来说，它的收敛范围是以 $z = a$ 为中心的圆域. 在收敛圆的圆周上是收敛还是发散，不能做出一般的结论，要对具体级数进行具体分析.

例 4-3　求幂级数

$$\sum_{n=0}^{\infty} z^n = 1 + z + z^2 + \cdots + z^n + \cdots$$

的收敛范围与和函数.

解　级数的部分和为

$$S_n = 1 + z + z^2 + \cdots + z^{n-1} = \frac{1 - z^n}{1 - z} \quad (z \neq 1)$$

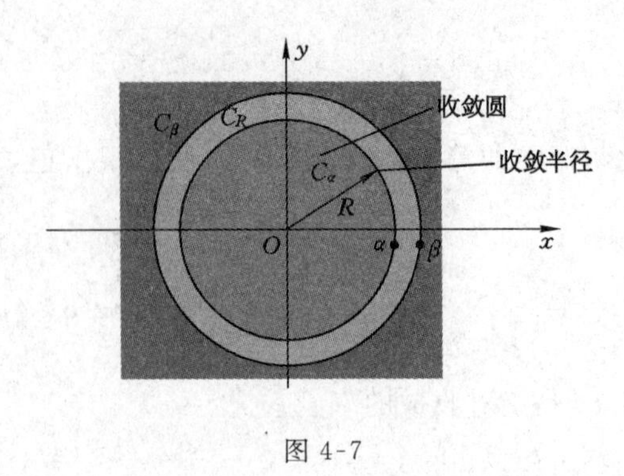

图 4-7

当 $|z|<1$ 时，由于 $\lim\limits_{n\to\infty}z^n=0$，从而有 $\lim\limits_{n\to\infty}S_n=\dfrac{1}{1-z}$，即 $|z|<1$ 时，级数 $\sum\limits_{n=0}^{\infty}z^n$ 收敛，和函数为 $\dfrac{1}{1-z}$；当 $|z|\geqslant 1$ 时，由于 $n\to\infty$ 时，级数的一般项 z^n 不趋近于 0，故级数发散. 由阿贝尔定理知级数的收敛范围为一圆域 $|z|<1$，在此圆域内，级数不仅收敛，而且绝对收敛，收敛半径为 1，并有

$$\frac{1}{1-z}=1+z+z^2+\cdots+z^n+\cdots.$$

三、收敛半径的求法

关于幂级数(4-4) 的收敛半径的求法，我们有以下定理.

定理 4-6(比值法)　如果 $\lim\limits_{n\to\infty}\dfrac{|c_{n+1}|}{|c_n|}=\lambda$，收敛半径 $R=\dfrac{1}{\lambda}$.

证　由于 $\lim\limits_{n\to\infty}\dfrac{|c_{n+1}||z|^{n+1}}{|c_n||z|^n}=\lim\limits_{n\to\infty}\dfrac{|c_{n+1}|}{|c_n|}|z|=\lambda|z|$

故知当 $|z|<\dfrac{1}{\lambda}$ 时，$\sum\limits_{n=0}^{\infty}|c_n||z|^n$ 收敛. 根据定理 4-4，级数 $\sum\limits_{n=0}^{\infty}c_nz^n$ 在圆 $|z|=\dfrac{1}{\lambda}$ 内收敛.

再证 $|z|>\dfrac{1}{\lambda}$ 时，级数 $\sum\limits_{n=0}^{\infty}c_nz^n$ 发散. 假设在圆 $|z|=\dfrac{1}{\lambda}$ 外有一点 z_0 时，使级数 $\sum\limits_{n=0}^{\infty}c_nz^n$ 收敛. 在圆外再取一点 z_1，使 $|z_1|<|z_0|$，那么根据阿贝尔定理，级数 $\sum\limits_{n=0}^{\infty}|c_n||z|^n$ 必收敛，然而 $|z_1|>\dfrac{1}{\lambda}$，所以

$$\lim_{n\to\infty}\frac{|c_{n+1}||z_1|^{n+1}}{|c_n||z_1|^n}=\lambda|z_1|>1$$

这跟$\sum_{n=0}^{\infty}|c_n||z_1|^n$收敛相矛盾，即在圆周$|z|=\frac{1}{\lambda}$外有一点$z_0$，使级数$\sum_{n=0}^{\infty}c_nz_0^n$收敛的假定不能成立．因而$\sum_{n=0}^{\infty}c_nz^n$在圆$|z|=\frac{1}{\lambda}$外发散．以上的结果表明了收敛半径$R=\frac{1}{\lambda}$.

[证毕]

我们必须注意，定理中的极限是假定存在的而且不为零．如果$\lambda=0$，那么对任何z，级数$\sum_{n=0}^{\infty}|c_n||z|^n$收敛，从而级数$\sum_{n=0}^{\infty}c_nz^n$在复平面内处处收敛，即$R=\infty$．如果$\lambda=\infty$，那么对于复平面内除$z=0$以外的一切$z$，级数$\sum_{n=0}^{\infty}|c_n||z|^n$都不收敛．因此$\sum_{n=0}^{\infty}c_nz^n$也不能收敛，即$R=0$．否则，根据阿贝尔定理将有$z\neq0$使得级数$\sum_{n=0}^{\infty}|c_n||z|^n$收敛.

定理 4-7(根值法)　如果$\lim\limits_{n\to\infty}\sqrt[n]{|c_n|}=\mu\neq0$，那么收敛半径$R=\frac{1}{\mu}$.

证明从略.

例 4-4　求下列幂级数的收敛半径：

(1) $\sum_{n=0}^{\infty}\frac{z^n}{n^3}$(并讨论在收敛圆周上的情形)；

(2) $\sum_{n=0}^{\infty}\frac{(z-1)^n}{n}$(并讨论$z=0,2$时的情形)；

(3) $\sum_{n=0}^{\infty}(\cos in)z^n$.

解　(1) 因为$\lim\limits_{n\to\infty}\left|\frac{c_{n+1}}{c_c}\right|=\lim\limits_{n\to\infty}\left(\frac{n}{n+1}\right)^3=1$,

或
$$\lim_{n\to\infty}\sqrt[n]{|c_n|}=\lim_{n\to\infty}\sqrt[n]{\frac{1}{n^3}}=\lim_{n\to\infty}\frac{1}{\sqrt[n]{n^3}}=1,$$

所以收敛半径$R=1$，也就是原级数在圆$|z|=1$内收敛，在圆外发散．在圆周$|z|=1$上级数$\sum_{n=0}^{\infty}\left|\frac{z^n}{n^3}\right|=\sum_{n=0}^{\infty}\frac{1}{n^3}$是收敛的，因为这是一个$p$级数，$p=3>1$．所以原级数在收敛圆上是处处收敛的.

(2) $\lim\limits_{n\to\infty}\left|\frac{c_{n+1}}{c_c}\right|=\lim\limits_{n\to\infty}\frac{n}{n+1}=1$，即$R=1$．用根值审敛法也得同样的结果.

在收敛圆 $|z-1|=1$ 上，当 $z=0$ 时，原级数成为$\lim\limits_{n\to\infty}(-1)^n\cdot\dfrac{1}{n}$，它是交错级数，根据莱布尼茨准则，级数收敛；当 $z=2$ 是，原级数成为$\lim\limits_{n\to\infty}\dfrac{1}{n}$，它是调和级数，所以发散. 这个例子表明，在收敛圆周上既有级数的收敛点，也有级数的发散点.

(3) 因为 $c_n=\cos in=\operatorname{ch} n=\dfrac{1}{2}(e^n+e^{-n})$，所以

$$\lim_{n\to\infty}\left|\frac{c_{n+1}}{c_c}\right|=\lim_{n\to\infty}\frac{e^{n+1}+e^{-n-1}}{e^n+e^{-n}}=e$$

故收敛半径 $R=\dfrac{1}{e}$.

四、幂级数的运算和性质

像实变幂级数一样，复变幂级数也能进行有理运算. 具体说来，设

$$f(z)=\sum_{n=0}^{\infty}a_nz^n, R=r_1, g(z)=\sum_{n=0}^{\infty}b_nz^n, R=r_2,$$

那么在以原点为中心，r_1,r_2 中较小的一个为半径的圆内，这两个幂级数可以像多项式那样进行相加、相减、相乘. 所得到幂级数的和函数分别就是 $f(z)$ 与 $g(z)$ 的和、差与积. 在各种情形，所得到幂级数的收敛半径大于或等于 r_1 与 r_2 中较小的一个. 也就是

$$f(z)\pm g(z)=\sum_{n=0}^{\infty}a_nz^n\pm\sum_{n=0}^{\infty}b_nz^n=\sum_{n=0}^{\infty}(a_n\pm b_n)z^n, \ |z|<R,$$

$$f(z)g(z)=\left(\sum_{n=0}^{\infty}a_nz^n\right)\left(\sum_{n=0}^{\infty}b_nz^n\right)$$

$$=\sum_{n=0}^{\infty}(a_nb_0+a_{n-1}b_1+a_{n-2}b_2+\cdots+a_0b_n)z^n, \ |z|<R,$$

这里 $R=\min(r_1,r_2)$. 为了说明两个幂级数经过运算后所得的幂级数的收敛半径确实可以大于 r_1 与 r_2 中较小的一个，下面举一个例子.

例 4-5 设有幂级数 $\sum\limits_{n=0}^{\infty}z^n$ 与 $\sum\limits_{n=0}^{\infty}\dfrac{1}{1+a^n}z^n(0<a<1)$，求 $\sum\limits_{n=0}^{\infty}z^n-\sum\limits_{n=0}^{\infty}\dfrac{1}{1+a^n}z^n=\sum\limits_{n=0}^{\infty}\dfrac{a^n}{1+a^n}z^n$ 的收敛半径.

解 容易验证，$\sum\limits_{n=0}^{\infty}z^n$ 与 $\sum\limits_{n=0}^{\infty}\dfrac{1}{1+a^n}z^n$ 的收敛半径都等于 1，但级数 $\sum\limits_{n=0}^{\infty}\dfrac{a^n}{1+a^n}z^n$ 的收敛半径

$$R=\lim_{n\to\infty}\left|\frac{a^n}{1+a^n}\Big/\frac{a^{n+1}}{1+a^{n+1}}\right|=\lim_{n\to\infty}\frac{1+a^{n+1}}{a(1+a^n)}=\frac{1}{a}>1.$$

这就是说，$\sum_{n=0}^{\infty}\frac{1}{1+a^n}z^n$ 自身的收敛圆域大于 $\sum_{n=0}^{\infty}z^n$ 与 $\sum_{n=0}^{\infty}\frac{1}{1+a^n}z^n$ 的公共收敛圆域 $|z|<1$，但应该注意，使等式

$$\sum_{n=0}^{\infty}z^n-\sum_{n=0}^{\infty}\frac{1}{1+a^n}z^n=\sum_{n=0}^{\infty}\frac{a^n}{1+a^n}z^n$$

成立的收敛圆域仍然为 $|z|<1$，不能扩大.

更为重要的是所谓代换（复合）运算，就是：如果当 $|z|<r$ 时，$f(z)=\sum_{n=0}^{\infty}a_nz^n$，又设在 $|z|<R$ 内 $g(z)$ 解析且满足 $|g(z)|<r$，那么当 $|z|<R$ 时，$f[g(z)]^n=\sum_{n=0}^{\infty}a_n[g(z)]^n$. 这个代换运算，在把函数展开成幂级数时，有着广泛的应用.

例 4-6　把函数 $\frac{1}{z-b}$ 表示成形如 $\sum_{n=0}^{\infty}c_n(z-a)^n$ 的幂级数，其中 a 与 b 是不相等的复常数.

解　把函数 $\frac{1}{z-b}$ 写成如下的形式：

$$\frac{1}{z-b}=\frac{1}{(z-a)-(b-a)}=-\frac{1}{b-a}\cdot\frac{1}{1-\frac{z-a}{b-a}}$$

由例 4-3 知道，当 $\left|\frac{z-a}{b-a}\right|<1$ 时，有

$$\frac{1}{1-\frac{z-a}{b-a}}=1+\left(\frac{z-a}{b-a}\right)+\left(\frac{z-a}{b-a}\right)^2+\cdots+\left(\frac{z-a}{b-a}\right)^n+\cdots$$

从而得到

$$\frac{1}{z-b}=-\frac{1}{b-a}-\frac{1}{(b-a)^2}(z-a)-\frac{1}{(b-a)^3}(z-a)^2-\cdots$$

设 $|b-a|=R$，那么当 $|z-a|<R$ 时，上式右端的级数收敛，且其和为 $\frac{1}{z-b}$. 因为 $z=b$ 时，上式右端的级数发散，故由阿贝尔定理可知，当 $|z-a|>|b-a|=R$ 时，级数发散，即上式右端的级数收敛半径为 $R=|b-a|$.

细察本题的解题步骤，不难看出：首先要把函数作代数变形，使其分母中出现量 $z-a$，因为我们要展开成 $z-a$ 的幂级数. 再把它按照展开式为已知的函数

$\frac{1}{1-z}$ 的形式写成$\frac{1}{1-g(z)}$，其中 $g(z)=\frac{z-a}{b-a}$. 然后把$\frac{1}{1-z}$展开式中的 z 换成 $g(z)$.

以后，把函数展开成幂级数时，常用例 4-6 中的方法，希望读者注意.

复变幂级数也像实变幂级数一样，在其收敛圆内具有下列性质(证明从略)：

定理 4-8 设幂级数 $\sum_{n=0}^{\infty} c_n (z-z_0)^n$ 的收敛半径为 R，那么

(1) 它的和函数 $f(z)$，即

$$f(z)=\sum_{n=0}^{\infty} c_n (z-a)^n$$

是收敛圆：$|z-a|<R$ 内的解析函数.

(2) $f(z)$ 在收敛圆内的导数可将其幂级数逐项求导得到，即

$$f'(z)=\sum_{n=1}^{\infty} nc_n (z-a)^{n-1}$$

(3) $f(z)$ 在收敛圆内可以逐项积分，即

$$\int_C f(z)\mathrm{d}z=\sum_{n=0}^{\infty} c_n\int_C (z-a)^n \mathrm{d}z, C\in |z-a|<R$$

或

$$\int_a^z f(\zeta)\mathrm{d}\zeta=\sum_{n=0}^{\infty}\frac{c_n}{n+1}(z-a)^{n+1}.$$

第三节　泰勒级数

在上一节中，我们知道一个幂级数的和函数在它的收敛圆的内部是一个解析函数. 本节我们来研究与此相反的问题，就是：任何一个解析函数是否能用幂级数来表达. 对此问题，我们有如下定理.

定理 4-9 设 $f(z)$ 在区域 D 内有解析，z_0 为 D 内的一点，d 为 z_0 到 D 的边界上各点的最短距离，则当 $|z-z_0|<d$ 时，$f(z)$ 可展为幂级数

$$f(z)=\sum_{n=0}^{\infty} c_n (z-z_0)^n.$$

$$c_n=\frac{1}{n!}f^{(n)}(z_0), n=0,1,2\cdots$$

证 以 z_0 为心，$r(r<d)$ 为半径作正向圆周 K：$|\xi-z_0|=r$. 显然 K 及其内部含于 D. 设 z 为 K 内任一点(见图 4-8). 由柯西积分公式，有：

$$f(z)=\frac{1}{2\pi \mathrm{i}}\oint_K \frac{f(\xi)}{\xi-z}\mathrm{d}\xi. \tag{4-6}$$

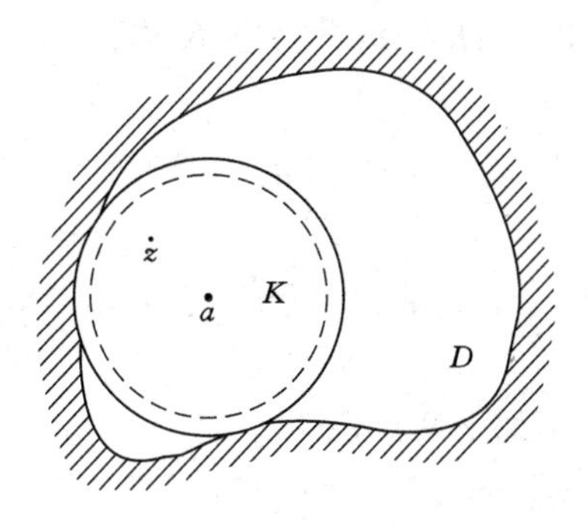

图 4-8

由于$\left|\dfrac{z-z_0}{\xi-z_0}\right|<1$，根据例 4-6，有展开式

$$\frac{1}{\xi-z}=\frac{1}{(\xi-z_0)-(z-z_0)}=\frac{1}{\xi-z_0}\frac{1}{1-\dfrac{z-z_0}{\xi-z_0}}$$

$$=\frac{1}{\xi-z}\sum_{n=0}^{\infty}\left(\frac{z-z_0}{\xi-z_0}\right)^n$$

$$=\sum_{n=0}^{\infty}\frac{(z-z_0)^n}{(\xi-z_0)^{n+1}}$$

将上式代入式(4-6)，并把它写成

$$f(z)'=\sum_{n=0}^{N-1}\left[\frac{1}{2\pi\mathrm{i}}\oint_K\frac{f(\xi)\mathrm{d}\xi}{(\xi-z_0)^{n+1}}\right](z-z_0)^n+\frac{1}{2\pi\mathrm{i}}\oint_K\left[\sum_{n=N}^{\infty}\frac{f(\xi)}{(\xi-z_0)^{n+1}}(z-z_0)^n\right]\mathrm{d}\xi.$$

由解析函数的高阶导数公式，上式可写成

$$f(z)=\sum_{n=0}^{N-1}\frac{f^{(n)}(z_0)}{n!}(z-z_0)^n+R_n(z)\tag{4-7}$$

其中

$$R_N=\frac{1}{2\pi\mathrm{i}}\oint_K\left[\sum_{n=N}^{\infty}\frac{f(\xi)}{(\xi-z_0)^{n+1}}(z-z_0)^n\right]\mathrm{d}\xi.\tag{4-8}$$

下证$\lim\limits_{N\to\infty}R_N(z)=0$. 若令

$$\left|\frac{z-z_0}{\xi-z_0}\right|=\frac{|z-z_0|}{r}=q$$

则 q 与积分变量 ξ 无关，且 $0\leqslant q<1$，有

$$|R_N(z)|\leqslant\frac{1}{2\pi}\oint_K\left[\sum_{n=\infty}^{\infty}\frac{|f(\xi)|}{|\xi-z_0|}\cdot\left|\frac{z-z_0}{\xi-z_0}\right|^n\right]\mathrm{d}s$$

$$\leqslant\frac{1}{2\pi}\sum_{n=N}^{\infty}\frac{M}{r}q^n\cdot2\pi r=M\sum_{n=N}^{\infty}q^n=\frac{Mq^N}{1-q}$$

因为$\lim\limits_{N\to\infty}q^N=0$,所以$\lim\limits_{N\to\infty}R_N(z)=0$在$K$内成立.于是由式(4-7)便有

$$f(z)=\sum_{n=0}^{\infty}\frac{f^{(n)}(z_0)}{n!}(z-z_0)^n \tag{4-9}$$

[证毕]

式(4-9)称为$f(z)$在z_0的泰勒展开式,它右端的级数称为$f(z)$在z_0的泰勒级数.

关于定理4-9,我们作如下两点说明.

(1) 若$f(z)$在z_0解析,α为$f(z)$在D内距离z_0最近的一个奇点或者是D的边界中距离z_0最近的一个边界点,则$f(z)$在z_0的泰勒展开式的圆域的半径为$R=|\alpha-z_0|$.

(2) 将定理4-9与定理4-8相结合,就得到一个重要的结论:函数在一点解析的充要条件是它在该点的邻域内可以展开为幂级数.这个性质从级数的角度深刻地反映了解析函数的本质.

利用泰勒级数可以把函数展开成幂级数,但这样的展开式是否唯一呢?回答是肯定的.

假设$f(z)$在z_0处用另外的方法展开为幂级数:

$$f(z)=a_0+a_1(z-z_0)+a_2(z-z_0)^2+\cdots+a_n(z-z_0)^n+\cdots$$

则首先有$f(z_0)=a_0$;再将上式两边求一阶导数后,令$z=z_0$,得到$f'(z_0)=a_1$;依此类推,可以得到$f'(z_0)=2!a_2,\cdots,f^{(n)}(z_0)=n!a_n,\cdots$ 于是有

$$a_n=\frac{1}{n!}f^{(n)}(z_0)(n=0,1,2,3,\cdots).$$

可见,解析函数展开成幂级数的结果就是泰勒级数,因而是唯一的.

把一个解析函数展开成一个幂级数,我们可以采取两种方法:其一是依据定理4-9,直接按公式$c_n=\frac{1}{n!}f^n(z_0)(n=0,1,2,\cdots)$来计算展开系数,称这种方法为直接展开法;其二是依据唯一性,借助于一些已知函数的展开式和幂级数的性质来间接求得函数的泰勒展开式,这种方法称之为间接展开法.

例4-7 用直接展开法将$f(z)=e^z$在$z=0$处展开为泰勒级数.

解 由e^z的各阶导数等于e^z,且$e^z|_{z=0}=1$,则$c_n=\frac{f^{(n)}(0)}{n!}=\frac{1}{n!}$,故所求的展开式为

$$e^z=1+\frac{z}{1!}+\frac{z^2}{2!}+\cdots+\frac{z^n}{n!}+\cdots$$

因为e^z在复平面内处处解析,故右端幂级数的收敛半径为$R=+\infty$.将范围加以考虑之后,可将泰勒展开式更完整地写成

$$e^z = 1 + \frac{z}{1!} + \frac{z^2}{2!} + \cdots + \frac{z^n}{n!} + \cdots (|z| < +\infty)$$

用直接法可以得到 $\sin z$ 和 $\cos z$ 在 $z=0$ 的泰勒展开式：

$$\sin z = \sum_{n=0}^{\infty} (-1)^n \frac{z^{2n+1}}{(2n+1)!} (|z| < +\infty)$$

$$\cos z = \sum_{n=0}^{\infty} (-1)^n \frac{z^{2n}}{(2n)!} (|z| < +\infty).$$

例 4-8　将函数 $\frac{1}{(1+z)^2}$ 展开成 z 的幂级数.

解　由于 $\frac{1}{(1+z)^2}$ 在单位圆周 $|z|=1$ 上有一个奇点 $z=-1$，而在 $|z|<1$ 内处处解析，所以它在 $|z|<1$ 内可以展开成 z 的幂级数. 由例 4-3，知

$$\frac{1}{1-z} = 1 + z + z^2 + \cdots + z^n + \cdots, \ |z| < 1$$

从而

$$\frac{1}{1+z} = 1 - z + z^2 - \cdots + (-1)^n z^n + \cdots, \ |z| < 1$$

对上式两边逐项求导，得

$$-\frac{1}{(1+z)^2} = -1 + 2z - \cdots + (-1)^n n z^{n-1} + \cdots, \ |z| < 1$$

于是所求的展开式为

$$\frac{1}{(1+z)^2} = 1 - 2z + \cdots + (-1)^{n-1} n z^{n-1} + \cdots = \sum_{n=1}^{\infty} (-1)^{n-1} n z^{n-1}, \ |z| < 1.$$

例 4-9　求对数函数的主值 $\ln(1+z)$ 在 $z=0$ 处的泰勒展开式.

解　$\ln(1+z)$ 在从 $z=-1$ 向左沿实轴剪开的平面内是解析的，而 $z=-1$ 是它距 $z=0$ 最近的奇点，所以它在 $|z|<1$ 内可以展开成 z 的幂级数.

因为 $[\ln(1+z)]' = \frac{1}{1+z}$，而

$$\frac{1}{1+z} = 1 - z + z^2 - \cdots + (-1)^n z^n + \cdots, \ |z| < 1$$

将上式两端积分，得

$$\ln(1+z) = z - \frac{z^2}{2} + \frac{z^3}{3} - \cdots + \frac{(-1)^n z^{n+1}}{n+1} + \cdots, \ |z| < 1$$

或

$$\ln(1+z) = \sum_{n=0}^{\infty} (-1)^n \frac{z^{n+1}}{n+1}, \ |z| < 1.$$

例 4-10 求幂级数$(1-z)^{\alpha}$(α 为复数)的主值支:

$$f(z)=\mathrm{e}^{\alpha\ln(1+z)}, f(0)=1$$

在 $z=0$ 处的泰勒展开式.

解 显然 $f(z)$ 可在 $|z|<1$ 内展开成 z 的幂级数,我们用直接法求解.

设

$$\varphi(z)=\ln(1+z), 1+z=\mathrm{e}^{\varphi(z)}$$

则 $f(z)=\mathrm{e}^{\alpha\varphi(z)}$,求导得

$$f'(z)=\mathrm{e}^{\alpha\varphi(z)}\alpha\varphi'(z)=\alpha\frac{1}{1+z}\mathrm{e}^{\alpha\varphi(z)}=\frac{\alpha}{\mathrm{e}^{\varphi(z)}}\mathrm{e}^{\alpha\varphi(z)},$$

即

$$f'(z)=\alpha\mathrm{e}^{(\alpha-1)\varphi(z)}$$

继续求导得

$$f''(z)=\alpha(\alpha-1)\mathrm{e}^{(\alpha-2)\varphi(z)}\cdots$$

$$f^{(n)}(z)=\alpha(z-1)\cdots(\alpha-n+1)\mathrm{e}^{(\alpha-n)\varphi(z)},\cdots$$

令 $z=0$ 得

$$f(0)=1, f'(0)=\alpha, f''(0)=\alpha(\alpha-1),\cdots$$

$$f^{(n)}(0)=\alpha(\alpha-1)\cdots(\alpha-n+1),\cdots$$

于是所求的展开式为

$$(1+z)^{\alpha}=1+\alpha z+\frac{\alpha(\alpha-1)}{2!}z^2+\frac{\alpha(\alpha-1)(\alpha-2)}{3!}z^3+\cdots+$$

$$\frac{\alpha(\alpha-1)\cdots(\alpha-n+1)}{n!}z^n+\cdots, |z|<1$$

第四节 洛朗级数

在上一节中,我们已经看到,一个在以 z_0 为中心的圆域内解析的函数 $f(z)$,可以在该圆域内展开成 $z-z_0$ 的幂级数.如果 $f(z)$ 在 z_0 处不解析,那么在 z_0 的邻域内不能用 $z-z_0$ 的幂级数来表示.但是这种情况在实际问题中却经常遇到.因此,这一节中将讨论在以 z_0 为中心的圆环域内的解析函数的级数表示方法,并以此为工具为下一章研究解析函数在孤立奇点邻域内的性质,以及定义留数和计算留数奠定必要的基础.

首先让我们探讨具有以下形式的级数:

$$\sum_{n=-\infty}^{\infty}c_n(z-z_0)^n=\cdots+c_{-n}(z-z_0)^n+\cdots+c_{-1}(z-z_0)^{-1}\cdots+c_0+$$

$$c_1(z-z_0)+\cdots+c_n(z-z_0)^n+\cdots \tag{4-10}$$

其中 z_0 及 $c_n(n=1,2,\cdots)$ 都是常数.

把级数(4-10)分成两部分来考虑,即

正幂项(包括常数项)部分:

$$\sum_{n=0}^{\infty} c_n (z-z_0)^n = c_0 + c_1(z-z_0) + \cdots + c_n (z-z_0)^n + \cdots \quad (4\text{-}11)$$

与负幂项部分

$$\sum_{n=1}^{\infty} c_{-n} (z-z_0)^{-n} = c_{-1} (z-z_0)^{-1} + \cdots + c_{-n} (z-z_0)^{-n} + \cdots, \quad (4\text{-}12)$$

级数(4-11)是一个通常的幂级数,它的收敛范围是一个圆域.设它的收敛半径为 R_2,那么当 $|z-z_0|<R_2$ 时,级数收敛,当 $|z-z_0|>R_2$ 时,级数发散.

级数(4-12)是一个新型的函数.如果令 $\xi=(z-z_0)^{-1}$,那么就得到

$$\sum_{n=1}^{\infty} c_{-n} (z-z_0)^{-n} = \sum_{n=1}^{\infty} c_{-n}\xi^n = c_{-1}\xi + c_{-2}\xi^2 + \cdots + c_{-n}\xi^n + \cdots. \quad (4\text{-}13)$$

对变数 ξ 来说,级数(4-13)是一个通常的幂级数.设它的半径为 R.那么当 $|\xi|<R$ 时,级数收敛;当 $|\xi|>R$ 时,级数发散.因此,如果我们要判断级数(4-13)的收敛范围,只需要把 ξ 用 $(z-z_0)^{-1}$ 代回去就可以了.如果令 $\dfrac{1}{R}=R_1$,那么当且仅当 $|\xi|<R$ 时,$|z-z_0|>R_1$;当且仅当 $|\xi|>R$ 时,$|z-z_0|<R_1$.由此可知,级数(4-12)当 $|z-z_0|>R_1$ 时收敛;当 $|z-z_0|<R_1$ 时发散.

由于级数(4-10)中的正幂项与负幂项分别在常数项 c_0 的两边,各无尽头,因此没有首项.所以对它的收敛性我们无法像前面讨论的幂级数那样用前 n 项的部分和极限来定义.对这种具有正、负幂项的双边幂级数,它的敛散性我们作如下的规定;当且仅当级数(4-11)与(4-13)都收敛时,级数(4-10)才收敛.并把级数(4-10)看作级数(4-11)与(4-12)的和.因此,当 $R_1>R_2$ 时,级数(4-11)与(4-12)没有公共的收敛范围.所以级数(4-10)处处发散;当 $R_1<R_2$ 时,级数(4-11)与(4-12)的公共收敛范围是环形域 $R_1<|z-z_0|<R_2$.所以级数(4-10)在圆环域内收敛,在圆环域外发散.在圆环的边界 $|z-z_0|=R_1$ 及 $|z-z_0|=R_2$ 可能有些点收敛,有些点发散.这就是说,级数(4-10)的收敛域是环形域:$R_1<|z-z_0|<R_2$,在特殊情形,圆形域的内半径 R_1 可能等于零,外半径 R_2 可能是无穷大,例如级数

$$\sum_{n=1}^{\infty} \frac{a^n}{z^n} + \sum_{n=0}^{\infty} \frac{z^n}{b^n}(a\text{ 与 }b\text{ 为复常数})$$

中的前面部分由负幂项组成的级数 $\sum\limits_{n=1}^{\infty} \dfrac{a^n}{z^n} = \sum\limits_{n=1}^{\infty} \left(\dfrac{a}{z}\right)^n$,当 $\left|\dfrac{a}{z}\right|<1$ 即 $|z|>|a|$ 时收敛;而后面部分由正幂项组成的级数 $\sum\limits_{n=0}^{\infty} \dfrac{z^n}{b^n} = \sum\limits_{n=0}^{\infty} \left(\dfrac{z}{b}\right)^n$,当 $\left|\dfrac{z}{b}\right|<1$ 即

$|z|<|b|$ 时收敛. 在 $|a|<|b|$ 的情形,原级数中正、负幂项各自组成的级数的公共收敛范围为圆环域 $|a|<|z|<|b|$,即原级数在此圆环域内收敛. 在 $|a|>|b|$ 的情形,原级数中的两个级数没有公共收敛点,所以原级数处处发散.

幂级数在收敛圆内所具有的许多性质,级数(4-10) 在收敛圆域内也具有. 例如,可以证明,级数(4-10) 在收敛圆环域内及其函数是解析的,而且可以逐项求积和逐项求导.

现在我们要反过来问,在圆环域内解析函数是否一定能展开成级数?先看下例.

函数 $f(z)=\dfrac{1}{z(1-z)}$ 在 $z=0$ 及 $z=1$ 都不解析,但在圆环域 $0<|z|<1$ 及 $0<|z-1|<1$ 内都是处处解析的. 先研究在圆环域:$0<|z|<1$ 内的情形. 我们有

$$f(z)=\frac{1}{z(1-z)}=\frac{1}{z}+\frac{1}{1-z}$$

由例 4-3,当 $|z|<1$ 时有

$$\frac{1}{1-z}=1+z+z^2+\cdots+z^n+\cdots$$

所以
$$f(z)=\frac{1}{z(1-z)}=z^{-1}+1+z+z^2+\cdots+z^n+\cdots$$

由此可见,$f(z)$ 在 $0<|z|<1$ 内是可以展开为级数的.

其次,在圆环域内:$0<|z-1|<1$ 内也是可以展开为级数:

$$\begin{aligned}f(z)&=\frac{1}{z(1-z)}=\frac{1}{1-z}\left[\frac{1}{1-(1-z)}\right]\\&=\frac{1}{1-z}[1+(1-z)+(1-z)^2+\cdots(1-z)^n+\cdots]\\&=(1-z)^{-1}+1+(1-z)+(1-z)^2+\cdots(1-z)^{n-1}+\cdots.\end{aligned}$$

从以上的讨论来看,函数是可以展开为级数的,只是该级数含有负幂的项. 据此推想来,在圆环域 $R_1<|z-z_0|<R_2$ 内处处解析的函数 $f(z)$,可能展开成形如(4-10) 的级数,事实上确是这样,我们有

定理 4-10 设 $f(z)$ 在圆环域 $R_1<|z-z_0|<R_2$ 内处处解析,那么

$$f(z)=\sum_{n=-\infty}^{\infty}c_n(z-z_0)^n$$

其中

$$c_n=\frac{1}{2\pi\mathrm{i}}\oint_C\frac{f(\zeta)}{(\zeta-z_0)^{n+1}}\mathrm{d}\zeta(n=0,\pm1,\pm2,\cdots)$$

这里 C 为在圆形环域内绕 z_0 的任何一条正向简单闭曲线.

证　设 z 为圆形域内的任一点,在圆形域内作以 z_0 为中心的正向圆周 K_1 与 K_2 的半径 R 大于 K_1 的半径 r,且使 z 在 K_1 与 K_2 之间. 于是由柯西积分公式得

$$f(z)=\frac{1}{2\pi i}\oint_{K_2}\frac{f(\zeta)}{\zeta-z}d\zeta+\frac{1}{2\pi i}\oint_{K_1}\frac{f(\zeta)}{\zeta-z}d\zeta.$$

对于上式第一积分来说,积分变量 ζ 取在圆周 K_2 上,点 z 在 K_2 的内部,所以 $\left|\frac{z-z_0}{\zeta-z_0}\right|<1$. 又由于 $|f(\zeta)|$ 在 K_2 上连续,因此存在一个常数 M. 根据泰勒公式展开式的证明,可以推得

$$\frac{1}{2\pi i}\oint_{K_2}\frac{f(\zeta)}{\zeta-z}d\zeta=\sum_{n=0}^{\infty}\left[\frac{1}{2\pi i}\oint_{K_2}\frac{f(\zeta)}{(\zeta-z)^{n+1}}d\zeta\right](z-z_0)^n.$$

应当指出,在这里不对 $\frac{1}{2\pi i}\oint_{K_2}\frac{f(\zeta)}{(\zeta-z)^{n+1}}d\zeta$ 应用高阶导数公式,它并不等于 $\frac{f^{(n)}(z_0)}{n!}$,因为这时函数 $f(z)$ 在 K_2 内不是处处解析的.

再来考虑第二个积分 $\frac{1}{2\pi i}\oint_{K_1}\frac{f(\zeta)}{\zeta-z}d\zeta$. 由于积分变量 ζ 取在 K_1 上,点 z 在 K_1 的外部,所以 $\left|\frac{\zeta-z_0}{z-z_0}\right|<1$. 因此就有

$$\frac{1}{\zeta-z}=-\frac{1}{z-z_0}\cdot\frac{1}{1-\frac{\zeta-z_0}{z-z_0}}=-\sum_{n=1}^{\infty}\frac{(\zeta-z_0)^{n-1}}{(\zeta-z_0)^n}$$

$$=-\sum_{n=1}^{\infty}\frac{1}{(\zeta-z_0)^{-n+1}}(z-z_0)^{-n}$$

所以

$$-\frac{1}{2\pi i}\oint_{K_1}\frac{f(\zeta)}{\zeta-z}d\zeta=\sum_{n=1}^{N-1}\left[\frac{1}{2\pi i}\oint_{K_1}\frac{f(\zeta)}{(\zeta-z)^{-n+1}}d\zeta\right](z-z_0)^{-n}+R_N(z)$$

其中

$$R_N(z)=\frac{1}{2\pi i}\oint_{K_1}\left[\sum_{n=N}^{\infty}\frac{(\zeta-z_0)^{n-1}f(\zeta)}{(z-z_0)^n}\right]d\zeta.$$

现在我们要证明 $\lim\limits_{N\to\infty}R_N(z)=0$ 在 K_1 外部成立. 令

$$q=\left|\frac{\zeta-z_0}{z-z_0}\right|=\left|\frac{r}{z-z_0}\right|$$

显然 q 是与积分变量 ζ 无关的量,而且 $0<q<1$,因为 z 在 K_1 的外部由于 $|f(\zeta)|$ 在 K_1 上连续,因此存在一个正数 M_1 使得 $|f(\zeta)|\leqslant M_1$. 于是有

$$R_N(z)\leqslant\frac{1}{2\pi}\oint_{K_1}\left[\sum_{n=N}^{\infty}\frac{|f(\zeta)|}{|\zeta-z_0|}\left|\frac{\zeta-z_0}{z-z_0}\right|^n\right]ds$$

$$\leqslant \frac{1}{2\pi} \cdot \sum_{n=N}^{\infty} \frac{M_1}{r} q^n \cdot 2\pi r = \frac{M_1 q^N}{1-q}.$$

因为$\lim\limits_{N\to\infty} q^N = 0$,所以$\lim\limits_{N\to\infty} R_N(z) = 0$,从而有

$$-\frac{1}{2\pi \mathrm{i}} \oint_{K_1} \frac{f(\zeta)}{\zeta - z} \mathrm{d}\zeta = \sum_{n=1}^{\infty} \left[\frac{1}{2\pi \mathrm{i}} \oint_{K_1} \frac{f(\zeta)}{(\zeta - z_0)^{-n+1}} \mathrm{d}\zeta \right] (z - z_0)^{-n}.$$

综上所述,我们有

$$f(z) = \sum_{n=0}^{\infty} c_n (z - z_0)^n + \sum_{n=1}^{\infty} c_{-n} (z - z_0)^{-n}$$

$$= \sum_{n=-\infty}^{\infty} c_n (z - z_0)^n. \tag{4-14}$$

其中

$$c_n = \frac{1}{2\pi \mathrm{i}} \oint_{K_2} \frac{f(\zeta)}{(\zeta - z_0)^{n+1}} \mathrm{d}\zeta (n = 0, 1, 2, \cdots) \tag{4-15}$$

$$c_{-n} = \frac{1}{2\pi \mathrm{i}} \oint_{K_1} \frac{f(\zeta)}{(\zeta - z_0)^{-n+1}} \mathrm{d}\zeta (n = 1, 2, \cdots) \tag{4-16}$$

级数(4-14) 的系数由式(4-15) 与式(4-16) 表示出. 如果在圆环域内取绕 z_0 的任何一条正向简单的闭曲线 C,那么根据闭路变形原理,这两个式子可用一个式子来表示:

$$c_n = \frac{1}{2\pi \mathrm{i}} \oint_C \frac{f(\zeta)}{(\zeta - z_0)^{n+1}} \mathrm{d}\zeta (n = 0, \pm 1, \pm 2, \cdots) \tag{4-17}$$

[证毕]

式(4-14) 称为函数 $f(z)$ 在以 z_0 为中心的圆环域:$R_1 < | z - z_0 | < R_2$ 内的洛朗(Laurent) 展开式,它右端的级数称为 $f(z)$ 在此圆环域内的洛朗级数. 级数正整数次幂部分和负整数次幂部分分别称洛朗级数的解析部分和主要部分. 在许多应用中,往往需要把在某点 z_0 不解析但在 z_0 的去心邻域内解析的函数 $f(z)$ 展开成级数,那么就利用洛朗级数来展开.

另外,一个在某一圆环域内解析的函数展开为正、负幂项的级数是唯一的,这个级数就是 $f(z)$ 的洛朗级数. 事实上,假定 $f(z)$ 在圆环域 $R_1 < | z - z_0 | < R_2$ 内不论用何种方法已展开成了由正、负幂项组成的级数:$f(z) = \sum\limits_{n=-\infty}^{\infty} a_n (z - z_0)^n$. 以 $(\zeta - z_0)^{-p-1}$ 去乘上式两边,这里 p 为任一整数,并沿 C 积分,得

$$\oint_C \frac{f(\zeta)}{(\zeta - z_0)^{p+1}} \mathrm{d}\zeta = \sum_{n=-\infty}^{\infty} a_n \oint (\zeta - z_0)^{n-p-1} \mathrm{d}\zeta = 2\pi \mathrm{i} a_p,$$

从而 $a_p = \dfrac{1}{2\pi \mathrm{i}} \oint_C \dfrac{f(\zeta)}{(\zeta - z_0)^{p+1}} \mathrm{d}\zeta$,$(p = 0, \pm 1, \pm 2 \cdots)$ 这就是式(4-17).

上面的定理给出了将一个在圆环域内解析的函数展开成洛朗级数的一般方法. 但是这个方法在用式(4-17) 来计算系数 c_n 时，往往是很麻烦的. 例如要把函数 $f(z)=\dfrac{e^z}{z^2}$ 在以 $z=0$ 为中心的圆环域 $0<|z|<+\infty$ 内展开成洛朗级数时，如果用式(4-17) 计算 c_n，那么就有

$$c_n=\frac{1}{2\pi i}\oint_C\frac{e^\zeta}{\zeta^{n+3}}d\zeta$$

其中 C 为圆环域内的任意一条简单闭曲线.

当 $n+3\leqslant 0$，即 $n\leqslant -3$ 时，由于 $e^z z^{-n-3}$ 在圆环域内解析，故由柯西 - 古萨基本定理知，$c_n=0$，即 $c_{-3}=0,c_{-4}=0,\cdots$. 当 $n\geqslant -2$ 时，由高阶导数公式可知

$$c_n=\frac{1}{2\pi i}\oint_C\frac{e^\zeta}{\zeta^{n+3}}d\zeta=\frac{e^\zeta}{(n+2)!}(e^\zeta)^{(n+2)}\Big|_{\zeta=0}=\frac{1}{(n+2)!},$$

故有

$$\frac{e^z}{z^2}=\sum_{n=-2}^{\infty}\frac{z^n}{(n+2)!}=\frac{1}{z^2}+\frac{1}{z}+\frac{1}{2!}+\frac{z}{3!}+\frac{z^2}{4!}+\cdots.$$

如果我们根据由正、负整次幂项组成的级数的唯一性，可以用别的方法，特别是代数运算、代换、求导和积分等方法去展开，那么将会简便得多，像上例

$$\frac{e^z}{z^2}=\frac{1}{z^2}\left(1+z+\frac{z^2}{2!}+\frac{z^3}{3!}+\frac{z^4}{4!}+\cdots\right)\cdots=\frac{1}{z^2}+\frac{1}{z}+\frac{1}{2!}+\frac{z}{3!}+\frac{z^2}{4!}+\cdots$$

两种方法相比，其繁简程度不可同日而语. 因此，以后在求函数的洛朗展开式时，通常不用式(4-17) 去求系数 c_n，而像求函数的泰勒展开式那样采用间接的展开法.

例 4-11　分别用直接与间接法把函数 $f(z)=\dfrac{e^z}{z^2}$ 在以 $z=0$ 为中心的 $0<|z|<+\infty$ 内展开洛朗级数.

解　(1) 直接法：直接展开系数

$$c_n=\frac{1}{2\pi i}\oint_C\frac{f(\zeta)}{\zeta^{n+1}}d\zeta=\frac{1}{2\pi i}\oint_C\frac{e^\zeta}{\zeta^{n+3}}d\zeta,$$

其中 C 为围绕 $z=0$ 的任一条正向简单闭曲线.

当 $n+3\leqslant 0$，即 $n\leqslant -3$ 时，由于 $e^z z^{-n-3}$ 在复平面处处解析，故在 C 内部解析，由柯西 - 古萨定理知，$c_n=0(n\leqslant -3)$.

当 $n+3\geqslant 1$，即 $n\geqslant -2$ 时，由高阶导数公式知道

$$c_n=\frac{1}{2\pi i}\oint_C\frac{e^\zeta}{\zeta^{n+3}}d\zeta=\frac{1}{(n+2)!}(z^\zeta)^{(n+2)}\Big|_{\zeta=0}=\frac{1}{(n+2)!}.$$

故有

$$\frac{\mathrm{e}^z}{z^2}=\sum_{n=-2}^{\infty}\frac{z^n}{(n+2)!}=\frac{1}{z^2}+\frac{1}{z}+\frac{1}{2!}+\frac{z}{3!}+\frac{z^2}{4!}+\cdots(0<|z|<+\infty)$$

(2) 间接法:由于在整个复平面内,有

$$\mathrm{e}^z=1+z+\frac{z^2}{2!}+\cdots+\frac{z^n}{n!}+\cdots,\ |z|<+\infty$$

于是在 $0<|z|<+\infty$ 内有

$$\frac{\mathrm{e}^z}{z^2}=\frac{1}{z^2}\left(1+z+\frac{z^2}{2!}+\cdots\frac{z^{n-2}}{n!}\cdots\right)=\frac{1}{z^2}+\frac{1}{z}+\frac{1}{2!}+\cdots\frac{z^{n-2}}{n!}\cdots.$$

注意在 $z=0$ 为中心的圆环内展开 $f(z)$,就要把 $f(z)$ 展成 $f(z)=\sum\limits_{n=-\infty}^{\infty}c_nz^n$ 的形式.因此,如果 $f(z)$ 是 $z^kg(z)$ 的形式,利用间接法展开时,不管整数 k 是正是负,只对 $g(z)$ 本身进行就可以了,对于圆环中心 $z_0\neq 0$ 的形式也是类似的.

例 4-12 将函数 $f(z)=\dfrac{1}{(z-1)(z-2)}$ 分别在下列圆环域展开为洛朗级数.

(1) $0<|z|<1$; (2) $1<|z|<2$;

(3) $2<|z|<+\infty$; (4) $0<|z-1|<1$.

解 (1) 把函数 $f(z)$ 分解成部分分式

$$f(z)=\frac{1}{1-z}-\frac{1}{2-z},\tag{4-18}$$

在 $0<|z|<1$ 内,有 $|z|<1$, $\left|\dfrac{z}{2}\right|<1$ 于是有

$$\frac{1}{1-z}=1+z+z^2+\cdots z^n+\cdots=\sum_{n=0}^{\infty}z^n,$$

$$\frac{1}{2-z}=\frac{1}{2}\frac{1}{1-\frac{z}{2}}=\frac{1}{2}\sum_{n=0}^{\infty}\left(\frac{z}{2}\right)^n=\sum_{n=0}^{\infty}\frac{z^n}{2^{n+1}}$$

由式(4-18)有

$$f(z)=\sum_{n=0}^{\infty}\left(\frac{z}{2}\right)^n-\sum_{n=0}^{\infty}\frac{z^n}{2^{n+1}}=\sum_{n=0}^{\infty}\frac{2^{n+1}-1}{2^{n+1}}z^n$$
$$=\frac{1}{2}+\frac{3}{4}z+\frac{7}{8}z^2+\cdots\frac{2^{n+1}-1}{2^{n+1}}z^n+\cdots.$$

上述结果中不含 z 的负幂项,原因在于 $f(z)$ 在 $z=0$ 解析.

(2) 在 $1<|z|<2$ 内,有 $\left|\dfrac{z}{2}\right|<1$,于是

$$\frac{1}{1-z}=-\frac{1}{z}\frac{1}{1-\frac{1}{z}}=-\frac{1}{z}\sum_{n=0}^{\infty}\left(\frac{1}{z}\right)^n=-\sum_{n=0}^{\infty}\left(\frac{1}{z}\right)^{n+1}$$

$$\frac{1}{2-z}=\frac{1}{2}\frac{1}{1-\frac{z}{2}}=\sum_{n=0}^{\infty}\frac{z^n}{2^{n+1}}.$$

由式(4-18),有

$$f(z)=-\sum_{n=0}^{\infty}\frac{1}{z^{n+1}}-\sum_{n=0}^{\infty}\frac{z^n}{2^{n+1}}$$
$$=\cdots-\frac{1}{z^n}-\frac{1}{z^{n-1}}-\cdots-\frac{1}{z}-\frac{1}{2}-\frac{z}{4}-\frac{z^2}{8}-\cdots$$

(3) 在 $2<|z|<+\infty$ 内,$\left|\frac{1}{z}\right|<1$,$\left|\frac{2}{z}\right|<1$,从而

$$\frac{1}{1-z}=-\frac{1}{z}\frac{1}{1-\frac{1}{z}}=-\sum_{n=0}^{\infty}\left(\frac{1}{z}\right)^{n+1},$$

$$\frac{1}{2-z}=-\frac{1}{z}\frac{1}{1-\frac{2}{z}}=-\sum_{n=0}^{\infty}\frac{2^n}{z^{n+1}}.$$

由式(4-18)有

$$f(z)=-\sum_{n=0}^{\infty}\frac{1}{z^{n+1}}+\sum_{n=0}^{\infty}\frac{2^n}{z^{n+1}}=\sum_{n=0}^{\infty}(2^n-1)\frac{1}{z^{n+1}}$$
$$=\frac{1}{z^2}+\frac{3}{z^3}+\frac{7}{z^4}+\cdots$$

(4) 在 $0<|z-1|<1$ 内,

$$f(z)=\frac{1}{(z-1)(z-2)}=\frac{1}{(z-1)}\cdot\frac{1}{(z-1)-1}$$
$$=-\frac{1}{z-1}\sum_{n=0}^{\infty}(z-1)^n$$
$$=-\frac{1}{z-1}-1-(z-1)-(z-1)^2-\cdots$$

例 4-13 将 $f(z)=z^3e^{\frac{1}{z}}$ 在 $0<|z|<\infty$ 内展开成洛朗级数.

解 由于 $e^{\xi}=1+\xi+\frac{\xi^2}{2!}+\cdots+\frac{\xi^n}{n!}+\cdots$ 在 $|\xi|<+\infty$ 内成立.故在 $0<|z|<\infty$ 内,有

$$e^{\frac{1}{z}}=1+\frac{1}{z}+\frac{1}{2!z^2}+\cdots$$

于是,在 $0<|z|<\infty$ 内,有

$$f(z)=z^3e^{\frac{1}{z}}=z^3\left(1+\frac{1}{z}+\frac{1}{2!z^2}+\cdots+\frac{1}{n!z^n}+\cdots\right)$$

$$= z^3 + z^2 + \frac{z}{2!} + \frac{1}{3!} + \frac{1}{4!z} + \frac{1}{5!z^2} + \cdots.$$

例 4-14　计算积分$\oint_C z^3 e^{\frac{1}{z}} dz$,其中 C 为正向圆周 $|z| = 1$.

解　被积函数在圆环域 $0 < |z| < \infty$ 内解析,在洛朗展开式的系数计算式(4-17) 中,令 $n = -1$,则得 $c_{-1} = \frac{1}{2\pi i}\oint_C f(z) dz$,于是有

$$\oint_C f(z) dz = 2\pi i c_{-1}$$

其中 C 为解析圆环内围绕圆心的任一条正向闭曲线.从而有

$$\oint_C f(z) dz = \oint_C z^3 e^{\frac{1}{z}} dz = 2\pi i \frac{1}{4!} = \frac{\pi i}{12}.$$

例 4-15　计算积分$\oint_{|z|=2} \frac{ze^{\frac{1}{z}}}{1-z} dz$,其中 $|z| = 2$ 为正向圆周.

解　被积函数 $f(z) = \frac{ze^{\frac{1}{z}}}{1-z}$ 有两个奇点 $z_1 = 0, z_2 = 1$,故 $f(z)$ 以 $z = 0$ 为中心的解析圆环有两个:$0 < |z| < 1$ 和 $1 < |z| < \infty$ 内,故将 $f(z)$ 在该圆环内展开成洛朗级数:

$$f(z) = \frac{ze^{\frac{1}{z}}}{1-z} = \frac{e^{\frac{1}{z}}}{-\left(1 - \frac{1}{z}\right)} = -\frac{1}{\left(1 - \frac{1}{z}\right)} e^{\frac{1}{z}}$$

$$= -\left(1 + \frac{2}{z} + \frac{5}{2z^2} + \cdots\right)$$

从而 $c_{-1} = -2$,故

$$\oint_{|z|=2} \frac{ze^{\frac{1}{z}}}{1-z} dz = 2\pi i c_{-1} = -4\pi i.$$

小　　结

1. 数列和级数 $\sum_{n=1}^{\infty} \alpha_n$ 的收敛定义与实数域内数列和级数的收敛定义完全类似.

数列 $\alpha_n = a_n + b_n$ 收敛的充要条件是实数列 a_n 和 b_n 同时收敛.级数 $\sum_{n=1}^{\infty} \alpha_n$ 收敛的充要条件是 $\sum_{n=1}^{\infty} a_n$ 和 $\sum_{n=1}^{\infty} b_n$ 同时收敛.

$\lim\limits_{n\to\infty} a_n = 0$ 是级数 $\sum\limits_{n=1}^{\infty} a_n$ 收敛的必要条件.

如果级数 $\sum\limits_{n=1}^{\infty} |a_n| = \sum\limits_{n=1}^{\infty} \sqrt{a_n^2 + b_n^2}$ 收敛，那么 $\sum\limits_{n=1}^{\infty} a_n$ 必收敛，称为绝对收敛. $\sum\limits_{n=1}^{\infty} a_n$ 绝对收敛的充要条件是 $\sum\limits_{n=1}^{\infty} a_n$ 和 $\sum\limits_{n=1}^{\infty} b_n$ 同时绝对收敛.

2. 数项级数 $\sum\limits_{n=1}^{\infty} f_n(z)$ 中的各项如果是幂函数(最简单的一类解析函数)：$f_n(z) = c_{n-1}(z-z_0)^{n-1}$ 或 $f_n(z) = c_{n-1}z^{n-1}$，那么就得到幂级数：

$$\sum_{n=0}^{\infty} c_n (z-z_0)^n = c_0 + c_1(z-z_0) + c_2(z-z_0)^2 + \cdots + c_n(z-z_0)^n + \cdots.$$

$$\sum_{n=0}^{\infty} c_n z^n = c_0 + c_1 z + c_2 z^2 + \cdots + c_n z^n + \cdots.$$

由阿贝尔定理知幂级数的收敛范围为一圆域，称为收敛圆. 在圆的内部，级数绝对收敛，在圆的外部，级数发散. 在圆周上可能处处收敛，也可能处处发散；或在某点上收敛，在另一些点上发散. 收敛圆的半径成为幂级数的收敛半径，收敛半径的求法有比值法和根值法.

(1) 比值法　如果 $\lim\limits_{n\to\infty}\left|\dfrac{c_{n+1}}{c_n}\right| = \lambda \neq 0$，那么收敛半径 $R = \dfrac{1}{\lambda}$.

(2) 根值法　如果 $\lim\limits_{n\to\infty} |\sqrt{|c_n|} = \mu \neq 0$，那么收敛半径 $R = \dfrac{1}{\mu}$.

如果 $\lambda = 0$ 或 $\mu = 0$，那么 $R = \infty$；如果 $\lambda = \infty$ 或 $\mu = \infty$，那么 $R = 0$.

3. 幂级数的性质

(1) 设幂级数 $\sum\limits_{n=0}^{\infty} a_n z^n$ 与 $\sum\limits_{n=0}^{\infty} b_n z^n$ 的收敛半径分别为 R_1 与 R_2，并设 $R = \min(R_1, R_2)$，那么当 $|z| < R$ 时，有

$$\sum_{n=0}^{\infty} (\alpha a_n \pm \beta b_n) z^n = \alpha \sum_{n=0}^{\infty} a_n z^n \pm \beta \sum_{n=0}^{\infty} b_n z^n.$$

$$\left(\sum_{n=0}^{\infty} a_n z^n\right)\left(\sum_{n=0}^{\infty} b_n z^n\right) = \sum_{n=0}^{\infty} (a_n b_0 + a_{n+1} b_1 + \cdots + a_0 b_n) z^n.$$

(2) 一个收敛半径为 $R(\neq 0)$ 的幂级数 $\sum\limits_{n=0}^{\infty} c_n z^n$，在收敛圆内的和函数 $f(z)$ 即，$f(z) = \sum\limits_{n=0}^{\infty} c_n z^n$ 是解析函数. 在收敛圆内，该展开式可逐项求导与逐项积分，即有

$$f'(z)=\sum_{n=1}^{\infty}nc_nz^{n-1},\ |z|<R,$$

$$\int_0^z f(\zeta)\mathrm{d}\zeta=\sum_{n=0}^{\infty}\int_0^z c_n\zeta^n\mathrm{d}\zeta=\sum_{n=0}^{\infty}\frac{c_n}{n+1}z^{n+1},\ |z|<R$$

其中 C 为收敛圆内连接原点与点 z 的任一条曲线.

4. 泰勒展开式

如果函数 $f(z)$ 在圆域 $|z-z_0|<R$ 内解析,那么在此圆域内 $f(z)$ 可以展开成幂级数:

$$f(z)=\sum_{n=0}^{\infty}\frac{f^{(n)}(z_0)}{n!}(z-z_0)^n$$

这样的展开式是唯一的,

(1) 我们已经证明,一个解析函数具有任一阶导数.又如,任何解析函数一定能用幂级数来表示.这是解析函数的两个令人惊异的性质,因为这两个性质不是一般的实变函数所能同时具备的,在实变函数中,任意阶可导的函数是存在的,但它不一定能用幂级数来表示.例如函数 $f(z)=\begin{cases}\mathrm{e}^{\frac{-1}{x^2}}, & x\neq 0\\ 0, & x=0\end{cases}$ 就不能用 x 的幂级数来表示,究其原因,在实变函数中,要把一个连续函数展开成幂级数,既要求它有任意阶导数,还要求泰勒公式中的余项的极限为零,上面这个例子就是因为余项不趋近于零,所以不能展开 x 的幂级数,对于一个具体的实变函数来说,要求出它的各阶导数已不容易,又要证明趋近于零就更为困难.我们在高等数学中学习函数展开成幂级数这一部分内容时深有体会,但对解析函数来说,由于它有任意阶导数存在而且又有泰勒展开定理的保证,因此就无须再去考虑这两方面的问题.

(2) 幂级数的和函数在收敛圆的圆周上至少有一个奇点.现在要严格证明这一点还缺少理论基础,但从直观上说一下证明的思路可能有助于了解事实的真相.如果说,在收敛圆周上 $f(z)$ 没有奇点,即处处解析,那么根据解析的定义,在圆周上各点为中心的圆域内 $f(z)$ 解析,从直观上看,在这圆域中我们取出个数有限但数量足够的圆域定能把收敛圆的圆周盖住(这是可以严格证明的).这样,幂级数的收敛范围就将比收敛圆大,这是与收敛圆的含义相矛盾的.

(3) 在收敛圆内,幂级数处处解析,它的和函数也处处解析.但在收敛圆的圆周上,幂级数的收敛与其和函数的解析并无必然的关系.即使幂级数在圆周上处处收敛,它的和函数很可能在收敛点处不解析.例如

$$f(z)=\frac{z}{1^2}+\frac{z^2}{2^2}+\frac{z^3}{3^2}+\cdots\frac{z^n}{n^2}\cdots$$

易知其收敛半径为 1. 在单位圆周 $|z|=1$ 上级数处处收敛,因为用 $z=e^{i\theta}$ 代入得 $\sum\limits_{n=1}^{\infty}\frac{e^{in\theta}}{n^2}$,由于 $\left|\frac{e^{in\theta}}{n^2}\right|=\frac{1}{n^2}$,所以该幂级数在 $|z|=1$ 上处处绝对收敛. 但

$$f'(z)=1+\frac{z}{2}+\frac{z^2}{3}+\cdots+\frac{z^{n-1}}{n}+\cdots,$$

当 z 沿实轴从圆内趋于 1 时,$f'(z)\to\infty$,也就是 $f(z)$ 在 $z=1$ 处不解析,$z=1$ 是 $f(z)$ 的奇点,这个例子也正好说明了(2) 中所说的:在收敛圆的圆周上级数的和函数至少有一个奇点.

(4) 在实变函数中有些不易理解的问题,一到复变函数中就成为显然的事情,例如在实数范围内,展开式

$$\frac{1}{1+x^2}=1-x^2+x^4-\cdots+(-1)^n x^{2n}+\cdots,$$

的成立必须受 $|x|<1$ 的限制,这一点往往使人难以理解,因为上式的左端的函数对任何的实数都是确定而且是可导的. 事实上如果把函数 $\frac{1}{1+x^2}$ 中的 x 换成 z,在复平面内来看函数 $\frac{1}{1+z^2}$,那么它有两个奇点 $\pm i$,而这两个奇点都在 $\frac{1}{1+z^2}$ 的展开式:$1-z^2+z^4-\cdots$ 的收敛圆的圆周上,所以这个级数的收敛半径只能等于 1,因此,即使我关心的仅是 z 的实数值,但复平面内的这两个奇点却给级数 $1-z^2+z^4-\cdots$ 在 x 轴上的收敛区间设置了无法逾越的极限范围.

5. 洛朗展开式

如果函数 $f(z)$ 在圆域 $R_1<|z-z_0|<R_2$ 内处处解析,那么

$$f(z)=\sum_{n=-\infty}^{\infty}c_n(z-z_0)^n, c_n=\frac{1}{2\pi i}\oint_C\frac{f(z)}{(z-z_0)^{n+1}}dz, (n=0,\pm1,\pm2\cdots)$$

其中 C 为圆内绕 z_0 的任何一条正向简单闭曲线.

一个函数可能在几个圆环域内解析,在不同的圆环域内的洛朗展开式是不同的,但在同一个圆环域内,不论用任何方法去展开,所展开的洛朗展开式是唯一的.

在许多情况下,一个函数的洛朗展开式不是利用上述系数公式 c_n 算出系数来得到,而是用函数性质所启示的代数运算来求得,特别是将有理分式展开时,先把该分式用部分分式来表示,然后用二项展开式把各种各样分母的分式展开成适当形式的级数. 这样做,往往感到便利.

6. 洛朗级数与泰勒级数的关系

泰勒展开式中的系数公式

$$c_n=\frac{1}{2\pi i}\oint_K\frac{f(\zeta)}{(\zeta-z_0)^{n+1}}dz, (n=0,1,2\cdots)$$

与洛朗展开式中的系数公式

$$c_n = \frac{1}{2\pi i}\oint_C \frac{f(\zeta)}{(\zeta - z_0)^{n+1}}dz, (n = 0, \pm 1, \pm 2\cdots)$$

从表面上看完全一样,但是,后一个积分一般不能利用高阶导数公式把它写成 $\frac{1}{n!}f^{(n)}(z_0)$. 因为如果 z_0 是 $f(z)$ 的奇点,那么 $f^{(n)}(z_0)$ 根本不存在,即使 z_0 不是奇点而 $f^{(n)}(z_0)$ 存在,但在圆域 $|z-z_0|<R_2$ 内可能还有其他奇点,从而简单闭合曲线 C 内有奇点,因此该积分不能写成 $\frac{1}{n!}f^{(n)}(z_0)$,除非 $f(z)$ 在 $|z-z_0|<R_2$ 内处处解析,如果是这种情形,那么由于 $(z-z_0)^{n-1}f(z)(n=1,2,\cdots)$ 在 C 的内部处处解析,根据基本定理知

$$c_{-n} = \frac{1}{2\pi i}\oint_C (\zeta - z_0)^{n-1}f(\zeta)d\zeta = 0.$$

这时,洛朗级数成为泰勒级数.所以说,洛朗级数是泰勒级数的推广.这种推广非常必要,因为在实用上常常要求把一个函数在环绕它的孤立奇点的圆环域内展开成级数,在下一章中,我们就是用洛朗级数来对奇点进行分类.

第四章习题

1. 下列数列 $\{a_n\}$ 是否收敛?如果收敛,求出它们的极限:

(1) $a_n = \frac{1+ni}{1-ni}$; (2) $a_n = (-1)^n + \frac{i}{n+1}$;

(3) $\frac{1}{n}e^{-n\pi i/2}$.

2. 下列级数是否收敛?是否绝对收敛?

(1) $\sum\limits_{n=1}^{\infty}\frac{i^n}{n}$; (2) $\sum\limits_{n=0}^{\infty}\frac{(6+5i)^n}{8^n}$;

(3) $\sum\limits_{n=0}^{\infty}\frac{\cos in}{2^n}$.

3. 试确定下列幂级数的收敛半径:

(1) $\sum\limits_{n=1}^{\infty}\frac{z^n}{n^p}$($p$ 为正整数); (2) $\sum\limits_{n=1}^{\infty}\frac{(ni)^2}{n^n}z^n$;

(3) $\sum\limits_{n=0}^{\infty}(1+i)^n z^n$; (4) $\sum\limits_{n=1}^{\infty}\left(\frac{z}{\ln in}\right)^n$.

4. 将下列函数展开为 z 的幂级数,并指出其收敛域:

(1) $\frac{1}{1+z^3}$；　　(2) $\frac{1}{(z-a)(z-b)}(a\neq 0,b\neq 0)$；

(3) $\frac{1}{(1+z^2)^2}$；　　(4) $\sin^2 z$；

(5) $\frac{z}{e^{z-1}}$.

5. 求下列函数在指定点 z_0 处的泰勒展开式：

(1) $\frac{z-1}{z+1},z_0=1$；　　(2) $\frac{z}{(z+1)(z+2)},z_0=2$；

(3) $\frac{1}{z^2},z_0=-1$；　　(4) $\frac{1}{4-3z},z_0=1+i$.

6. 将下列各级数在指定圆环域内展开成洛朗级数：

(1) $\frac{1}{(z^2+1)(z-2)},1<|z|<2$；

(2) $\frac{1}{z(1-z)^2},0<|z|<1,0<|z-1|<1$；

(3) $\frac{1}{(z-1)(z-2)},0<|z-1|<1,1<|z-2|<+\infty$；

(4) $\frac{1}{z^2(z-i)}$,在以 i 为中心的圆环内.

7. 将 $f(z)=\frac{1}{z^2-3z+2}$ 在 $z=1$ 处展开为洛朗级数.

8. 计算积分$\oint_{|z|=1} z^4\sin\frac{1}{z}dz$,其中 $|z|=1$ 为正向圆周.

9. 计算积分$\oint_{|z|=2}\frac{z^3}{1+z}e^{\frac{1}{z}}dz$,其中 $|z|=2$ 为正向圆周.

第四章测试题

一、选择题

1. 设 $\alpha_n=\frac{(-1)^n+ni}{n+4}(n=1,2,\cdots)$,则$\lim\limits_{n\to\infty}\alpha_n=$(　　).

A. 0　　B. 1

C. i　　D. 不存在

2. 下列级数中,条件收敛的级数为(　　).

A. $\sum\limits_{n=1}^{\infty}\left(\frac{1+3i}{2}\right)^n$　　B. $\sum\limits_{n=1}^{\infty}\frac{(3+4i)^n}{n!}$

C. $\sum_{n=1}^{\infty} \frac{i^n}{n}$　　D. $\sum_{n=1}^{\infty} \frac{(-1)^n + i}{\sqrt{n+1}}$

3. 下列级数中，绝对收敛的级数为(　　).

A. $\sum_{n=1}^{\infty} \frac{1}{n}\left(1+\frac{i}{n}\right)$　　B. $\sum_{n=1}^{\infty} \left[\frac{(-1)^n}{n}+\frac{i}{2^n}\right]$

C. $\sum_{n=2}^{\infty} \frac{i^n}{\ln n}$　　D. $\sum_{n=1}^{\infty} \frac{(-1)^n i^n}{2^n}$

4. 幂级数$\sum_{n=1}^{\infty} \frac{\sin \frac{n\pi}{2}}{n}\left(\frac{z}{2}\right)^n$ 的收敛半径$R=$(　　).

A. 1　　B. 2

C. $\sqrt{2}$　　D. $+\infty$

5. 设函数$f(z)=\frac{1}{z(z+1)(z+4)}$在以原点为中心的圆环内的洛朗展开式有$m$个，那么$m=$(　　).

A. 1　　B. 2

C. 3　　D. 4

二、计算题

1. 求幂级数$\sum_{n=0}^{\infty}(1+i)^n z^n$ 的收敛半径.

2. 求幂级数$\sum_{n=1}^{\infty} n^2 z^n$ 的和函数，并计算$\sum_{n=1}^{\infty} \frac{n^2}{2^n}$.

3. 把函数$\frac{1}{(1+z^2)^2}$ 展成z的幂级数，并求其收敛半径.

4. 求函数$\frac{1}{z^2}$ 在$z=-1$点的泰勒展开式.

5. 将$f(z)=\frac{1}{z^2-3z+2}$在$1<|z|<2$及$2<|z|<+\infty$展成洛朗级数.

第四章习题答案

第四章测试题答案

第五章　留　　数

留数理论在复变函数中占有重要的地位，也是解决有关实际问题的有力工具.本章将以洛朗级数为工具，对解析函数的孤立点进行分类并讨论其性质，然后引进留数的概念和留数定理，最后介绍留数在计算较复杂的定积分和广义积分上的应用.

本章的重点内容是留数定理，它是留数理论的基础.我们即将看到柯西－古萨基本定理、柯西积分公式和高阶导数公式都是留数定理的特例.

第一节　孤立奇点

案例

闭环控制系统的动态性能与闭环极点在复平面 S 上的分布位置是密切相关的，分析系统的性能时，往往要求确定系统闭环极点的位置.系统的稳定性由系统闭环极点唯一确定，而系统的稳态性能和动态性能与闭环零、极点在复平面 S 的位置密切相关.

系统的闭环极点就是系统特征方程式的根，对于三阶以上的系统，采用分解因式的古典方法求特征方程式的根通常不容易，特别是当某一参量发生变化(灵敏度)时，需要反复进行计算，十分烦琐.1948 年，W. R. Evans 首先提出了求解系统特征方程式的根的图解方法即由开环零极点确定闭环零极点的图解方法——根轨迹法.将系统的某一个参数(比如开环放大系数)的全部值与闭环特征根的关系表示在一张图上.根轨迹图不仅可以直接给出闭环系统时间响应的全部信息，而且可以指明开环零极点应该怎样变化才能满足给定闭环系统的性能指标要求.

定义 5-1　若函数 $f(z)$ 在 z_0 点不解析，但在 z_0 的某个去心邻域 $0<|z-z_0|<r$ 内处处解析，则称 z_0 为 $f(z)$ 的孤立奇点.

例如，$z=0$ 是函数 $f(z)=\dfrac{1}{z}$ 的孤立奇点；$z=0$ 和 $z=-1$ 都是函数 $f(z)=\dfrac{1}{z(z+1)^2}$ 的孤立奇点.但是能否认为函数的奇点都是孤立奇点呢?答案是否定的.例如，$z=0$ 和负实轴上的点都是函数 $f(z)=\ln z$ 的奇点，但它们都不是孤立奇点;又如函数 $f(z)=\dfrac{1}{\sin\dfrac{1}{z}}$,$z=0$ 和 $z=\dfrac{1}{n\pi}(n=\pm1,\pm2,\cdots)$ 都是 $f(z)$ 的奇点,可是当 $n\to\infty$ 时,$\dfrac{1}{n\pi}\to 0$. 故在 $z=0$ 的任一去心邻域内总有 $f(z)$ 的奇点,所以 $z=0$ 不是 $f(z)$ 的孤立奇点.

因此,函数的奇点可分为两类:孤立奇点和非孤立奇点. 以下着重讨论孤立奇点.

若 z_0 是函数 $f(z)$ 的孤立奇点,则 $f(z)$ 在 z_0 的某个去心邻域 $0<|z-z_0|<r$ 内处处解析. 于是 $f(z)$ 在 $0<|z-z_0|<r$ 内可展开成洛朗级数

$$f(z)=\sum_{n=-\infty}^{\infty}c_n(z-z_0)^n \tag{5-1}$$

根据展开式的不同情况将孤立奇点作如下的分类.

一、可去奇点

如果洛朗级数(5-1) 中不含 $z-z_0$ 的负幂项,称孤立奇点 z_0 为 $f(z)$ 的可去奇点.

这时洛朗级数(5-1) 简化为一般的幂级数

$$c_0+c_1(z-z_0)+c_2(z-z_0)^2+\cdots+c_n(z-z_0)^n+\cdots \tag{5-2}$$

此时,式(5-2) 的和函数 $s(z)$ 在 z_0 点解析. 当 $z\neq z_0$ 时,$s(z)=f(z)$;当 $z=z_0$ 时,$s(z_0)=c_0$. 但由于

$$\lim_{z\to z_0}f(z)=\lim_{z\to z_0}s(z)=s(z_0)=c_0$$

所以不论 $f(z)$ 在 z_0 有无定义,若令 $f(z_0)=c_0$,则在 $|z-z_0|<r$ 内有

$$f(z)=c_0+c_1(z-z_0)+c_2(z-z_0)^2+\cdots+c_n(z-z_0)^n+\cdots$$

于是 $f(z)$ 在 z_0 点解析. 这就是孤立奇点 z_0 被称为可去奇点的原因.

例如,$f(z)=\dfrac{\sin z}{z}$,$z=0$ 是可去奇点. 这是由于 $f(z)$ 在 $z=0$ 的去心邻域内的洛朗级数

$$f(z)=\frac{1}{z}\left(z-\frac{1}{3!}z^3+\frac{1}{5!}z^5-\frac{z^7}{7!}+\cdots\right)=1-\frac{z^2}{3!}+\frac{z^4}{5!}-\frac{z^6}{7!}+\cdots$$

中不含 z 的负幂项. 若约定 $\dfrac{\sin z}{z}$ 在 $z=0$ 处的值为 1,则 $\dfrac{\sin z}{z}$ 在 $z=0$ 处解析. 类似可知,$z=0$ 是 $g(z)=\dfrac{1-e^z}{z}$ 和 $h(z)=\dfrac{1-\cos z}{z^2}$ 的可去奇点.

二、极点

如果洛朗级数(5-1) 中只含有有限多个 $z-z_0$ 的负幂项,且关于 $(z-z_0)^{-1}$

的最高次幂为$(z-z_0)^{-m}$，即

$$f(z)=c_{-m}(z-z_0)^{-m}+\cdots+c_{-1}(z-z_0)^{-1}+c_0+c_1(z-z_0)+c_2(z-z_0)^2+\cdots\quad(m\geqslant 1,c_{-m}\neq 0)\tag{5-3}$$

则称孤立奇点z_0为$f(z)$的m级极点.令

$$g(z)=c_{-m}+c_{-m+1}(z-z_0)+c_{-m+2}(z-z_0)^2+\cdots$$

则式(5-3)可表示为

$$f(z)=\frac{1}{(z-z_0)^m}g(z)\tag{5-4}$$

其中$g(z)$在$|z-z_0|<r$内解析，且$g(z_0)\neq 0$.反之，若式(5-4)成立且$g(z_0)\neq 0$，则z_0是$f(z)$的m级极点.所以，有如下定理.

定理 5-1　z_0是函数$f(z)$的m级极点的充要条件是

$$f(z)=\frac{1}{(z-z_0)^m}g(z)$$

其中$g(z)$在z_0点解析，且$g(z_0)\neq 0$.

例如，$f(z)=\dfrac{z}{(z-1)(z+2)^2}$，$z=1$，$z=-2$分别是$f(z)$的一级极点和二级极点.

三、本性奇点

如果洛朗级数(5-1)中含有无穷多个$z-z_0$的负幂项，则称孤立奇点z_0为$f(z)$的本性奇点.

例如，$f(z)=e^{\frac{1}{z}}$，$z=0$是本性奇点.这是由于$f(z)$在$z=0$的去心邻域内的洛朗级数

$$e^{\frac{1}{z}}=1+\frac{1}{z}+\frac{1}{2!z^2}+\frac{1}{3!z^3}+\cdots+\frac{1}{n!z^n}+\cdots$$

中含有无穷多个z的负幂项.不难发现，当z沿负实轴趋于0时，有$e^{\frac{1}{z}}\to 0$；当z沿正实轴趋于0时，有$e^{\frac{1}{z}}\to+\infty$.故$\lim\limits_{z\to 0}e^{\frac{1}{z}}$不存在，也不为$\infty$.

综上我们可以得到

定理 5-2　设z_0是函数$f(z)$的孤立奇点，则

(1) z_0是$f(z)$的可去奇点的充要条件是$\lim\limits_{z\to z_0}f(z)=\alpha$(有限)；

(2) z_0是$f(z)$的极点的充要条件是$\lim\limits_{z\to z_0}f(z)=\infty$；

(3) z_0是$f(z)$的本性奇点的充要条件是$\lim\limits_{z\to z_0}f(z)$不存在也不为$\infty$.

该定理说明可利用极限来判断孤立奇点的类型.注意，洛必达法则也适用于

复变函数的极限.

四、函数的零点与极点的关系

如果函数 $f(z)$ 在 z_0 点解析且 $f(z_0)=0$,则称 z_0 为 $f(z)$ 的零点;若 $f(z)$ 能表示成

$$f(z)=(z-z_0)^m\varphi(z) \tag{5-5}$$

其中 $\varphi(z)$ 在 z_0 解析,且 $\varphi(z_0)\neq 0$,m 为正整数,则 z_0 为 $f(z)$ 的 m 级零点.

例如,$z=-\mathrm{i}$ 与 $z=1$ 是 $f(z)=(z^3-1)(z+\mathrm{i})^2$ 的二级零点和一级零点.由此我们得到下面的定理.

定理 5-3 设 $f(z)$ 在 z_0 解析,则 z_0 为 $f(z)$ 的 m 级零点的充要条件是

$$f^{(n)}(z_0)=0,(n=0,1,2,\cdots,m-1),f^{(m)}(z_0)\neq 0.$$

证 如果 z_0 为 $f(z)$ 的 m 级零点,则 $f(z)$ 可表示成(5-5),设 $\varphi(z)$ 在 z_0 的泰勒展开式为

$$\varphi(z)=c_0+c_1(z-z_0)+c_2(z-z_0)^2+\cdots,\varphi(z_0)=c_0\neq 0.$$

从而 $f(z)$ 在 z_0 的泰勒展开式为

$$f(z)=c_0(z-z_0)^m+c_1(z-z_0)^{m+1}+\cdots$$

显然,$f^{(n)}(z_0)=0,(n=0,1,2,\cdots m-1),f^{(m)}(z_0)=c_0m!\neq 0.$

反过来,$f(z_0)=f'(z_0)=\cdots=f^{(m-1)}(z_0)=0,f^{(m)}(z_0)\neq 0$.说明 $f(z)$ 在 z_0 的泰勒展开式中的系数 $c_0=c_1=c_2=\cdots=c_{m-1}=0,c_m\neq 0$,即

$$f(z)=c_m(z-z_0)^m+c_{m+1}(z-z_0)^{m+1}+\cdots=(z-z_0)^m\varphi(z)$$

故 z_0 为 $f(z)$ 的 m 级零点.

[证毕]

例如,$z=1$ 是 $f(z)=z^3-1$ 的一级零点.因为 $f(1)=0,f'(1)=3\neq 0$.

注:式(5-5)中,$\varphi(z)$ 在 z_0 解析,则在 z_0 连续.对于任意给定 $\varepsilon=\frac{1}{2}|\varphi(z_0)|$,一定存在 $\delta>0$,当 $|z-z_0|<\delta$ 时,有 $|\varphi(z)-\varphi(z_0)|<\varepsilon$,即 $|\varphi(z)|\geqslant\frac{1}{2}|\varphi(z_0)|>0$.所以 $f(z)=(z-z_0)^m\varphi(z)$ 在 z_0 的去心邻域内不为零,只在 z_0 等于零.即一个不恒为零的解析函数的零点是孤立的.

函数的零点与极点有下面的关系:

定理 5-4 z_0 是 $f(z)$ 的 m 级极点的充要条件是 z_0 是 $\frac{1}{f(z)}$ 的 m 级零点.

证 z_0 是 $f(z)$ 的 m 级极点,由式(5-4),知

$$f(z)=\frac{1}{(z-z_0)^m}g(z)$$

其中 $g(z)$ 在 z_0 解析，且 $g(z_0)\neq 0$，于是

$$\frac{1}{f(z)}=(z-z_0)^m\frac{1}{g(z)}$$

显然$\frac{1}{g(z)}$在 z_0 解析，且$\frac{1}{g(z_0)}\neq 0$. 故 z_0 是$\frac{1}{f(z)}$的 m 级零点.

反过来，z_0 是$\frac{1}{f(z)}$的 m 级零点，由式(5-5)，知

$$\frac{1}{f(z)}=(z-z_0)^m\varphi(z)$$

其中 $\varphi(z)$ 在 z_0 解析，且 $\varphi(z_0)\neq 0$. 当 $z\neq z_0$ 时，

$$f(z)=\frac{1}{(z-z_0)^m}\frac{1}{\varphi(z)}$$

显然$\frac{1}{\varphi(z)}$在 z_0 解析，且$\frac{1}{\varphi(z_0)}\neq 0$. 故 z_0 是 $f(z)$ 的 m 级极点.

[证毕]

例 5-1　已知单位反馈系统的开环传递函数为：

$$G(s)=\frac{K}{s(0.2s+1)(0.5s+1)}$$

绘制系统的根轨迹.

解　$G(s)=\dfrac{K}{s(0.2s+1)(0.5s+1)}=\dfrac{10K}{s(s+5)(s+2)}$

三个开环极点：$p_1=0,p_2=-2,p_3=-5;n=3,m=0$

(1) 实轴上的根轨迹：$(-\infty,-5],[-2,0]$

(2) 渐近线：$\begin{cases}\sigma_a=\dfrac{\sum\limits_{j=1}^{n}p_j-\sum\limits_{i=1}^{m}z_i}{n-m}=\dfrac{0-2-5}{3}=-\dfrac{7}{3}\\ \varphi_a=\dfrac{\pm(2k+1)\pi}{n-m}=\pm\dfrac{\pi}{3},\pi\end{cases}$

(3) 分离点：

$$\frac{1}{d}+\frac{1}{d+5}+\frac{1}{d+2}=0$$

解之得：$d_1=-0.88,d_2=-3.7863$(舍去).

(4) 与虚轴的交点：

特征方程为

$$D(s)=s^3+7s^2+10s+10K=0$$

令

$$\begin{cases} \text{Re}[D(\text{j}\omega)] = -7\omega^2 + 10K = 0 \\ \text{Im}[D(\text{j}\omega)] = -\omega^3 + 10\omega = 0 \end{cases}$$

解得

$$\begin{cases} \omega = \sqrt{10} \\ K = 7 \end{cases}$$

与虚轴的交点$(0, \pm\sqrt{10}\text{j})$.

根轨迹如图 5-1 所示.

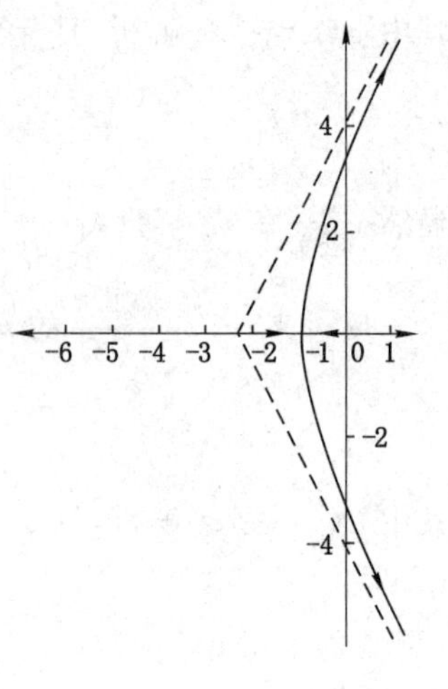

图 5-1

例 5-2 函数$\dfrac{1}{\sin z}$有哪些孤立奇点?若是极点,指出它的级.

解 函数$\dfrac{1}{\sin z}$的奇点是使 $\sin z = 0$ 的点,即 $z = k\pi(k = 0, \pm 1, \pm 2, \cdots)$,显然它们都是孤立奇点. 由于$(\sin z)'|_{z=k\pi} = (-1)^k \neq 0$. 所以 $z = k\pi$ 是 $\sin z$ 的一级零点, 即 $z = k\pi(k = 0, \pm 1, \pm 2, \cdots)$ 是$\dfrac{1}{\sin z}$的一级极点.

例 5-3 判定 $z = 0$ 是 $f(z) = \dfrac{1-\cos z}{z^3}$ 的几级极点.

解 表面看,$z = 0$ 似乎是 $f(z)$ 的三级极点. 将 $f(z)$ 在 $0 < |z| < +\infty$ 内展成洛朗级数

$$\begin{aligned} f(z) &= \frac{1}{z^3}\left[1 - \left(1 - \frac{1}{2!}z^2 + \frac{1}{4!}z^4 - \frac{1}{6!}z^6 + \cdots\right)\right] \\ &= \frac{1}{2!z} - \frac{z}{4} + \frac{z^3}{6!} - \cdots \end{aligned}$$

因此,$z = 0$ 是 $f(z)$ 的一级极点.

五、函数在无穷远点的性态

前面研究了函数在有限孤立奇点邻域内的相关性质,下面我们将在扩充复平面上研究解析函数在无穷远点邻域内的相关性质.

若函数 $f(z)$ 在无穷远点 $z = \infty$ 的去心邻域 $R < |z| < +\infty$ 内解析,则称 $z = \infty$ 为 $f(z)$ 的孤立奇点.

设 $z = \infty$ 为 $f(z)$ 的孤立奇点,令 $\xi = \dfrac{1}{z}$,则它把扩充 z 平面上 $z = \infty$ 的去心邻域 $R < |z| < +\infty$ 映射为 ξ 平面上原点的去心邻域 $0 < |\xi| < \dfrac{1}{R}$(若 $R = 0$,则规定$\dfrac{1}{R} = +\infty$),又

$$f(z)=f\left(\frac{1}{\xi}\right)=\varphi(\xi)$$

所以 $\xi=0$ 是 $\varphi(\xi)$ 的一个孤立奇点. 这样,我们就可以把在去心邻域 $R<|z|<+\infty$ 内对 $f(z)$ 的研究转化为在去心邻域 $0<|\xi|<\frac{1}{R}$ 内对 $\varphi(\xi)$ 的研究.

于是,若 $\xi=0$ 是 $\varphi(\xi)$ 的可去奇点、m 级极点或本性奇点,则称 $z=\infty$ 是 $f(z)$ 的可去奇点、m 级极点或本性奇点.

例如,$\xi=0$ 是 $\varphi(\xi)=\frac{1}{\xi}$ 的一级极点,所以 $z=\infty$ 是 $f(z)=z$ 的一级极点.

类似于有限孤立奇点的讨论,也可以用洛朗展开式或者极限来判别奇点 $z=\infty$ 的类型.

由于 $f(z)$ 在 $R<|z|<+\infty$ 内解析,所以 $f(z)$ 在此圆环域内可展成洛朗级数

$$f(z)=\sum_{n=-\infty}^{\infty}c_nz^n=\sum_{n=1}^{\infty}c_{-n}z^{-n}+c_0+\sum_{n=1}^{\infty}c_nz^n \tag{5-6}$$

则 $\varphi(\xi)$ 在 $0<|\xi|<\frac{1}{R}$ 内的洛朗级数为

$$\varphi(\xi)=\sum_{n=1}^{\infty}c_{-n}\xi^n+c_0+\sum_{n=1}^{\infty}c_n\xi^{-n} \tag{5-7}$$

我们知道级数(5-7)中,若

(1) 不含 ξ 的负幂项或 $\lim\limits_{\xi\to 0}\varphi(\xi)$ 存在且有限;

(2) 含有有限多个 ξ 的负幂项或 $\lim\limits_{\xi\to 0}\varphi(\xi)=\infty$;

(3) 含有无穷多个 ξ 的负幂项或 $\lim\limits_{\xi\to 0}\varphi(\xi)$ 不存在也不为 ∞.

则 $\xi=0$ 是 $\varphi(\xi)$ 的(1) 可去奇点;(2) 极点;(3) 本性奇点.

于是易知

定理 5-5 设∞ 是 $f(z)$ 的孤立奇点,则

(1) $z=\infty$ 是 $f(z)$ 的可去奇点的充要条件是式(5-6) 中不含 z 的正幂项或 $\lim\limits_{z\to\infty}f(z)$ 存在且有限;

(2) $z=\infty$ 是 $f(z)$ 的极点的充要条件是式(5-6) 中含有有限多个 z 的正幂项或 $\lim\limits_{z\to\infty}f(z)=\infty$;

(3) $z=\infty$ 是 $f(z)$ 的本性奇点的充要条件是式(5-6) 中含有无穷多个 z 的正幂项或 $\lim\limits_{z\to\infty}f(z)$ 不存在也不为 ∞.

例 5-4 确定下列函数在 $z=\infty$ 奇点的类型.

(1) $\dfrac{z}{1+2z}$；　　(2) e^{-z}；　　(3) $e^{\frac{1}{z}}+z^2$.

解　(1) 因为$\lim\limits_{z\to\infty}\dfrac{z}{1+2z}=\lim\limits_{z\to\infty}\dfrac{1}{\dfrac{1}{z}+2}=\dfrac{1}{2}$,所以 $z=\infty$ 是可去奇点.

(2) 因为在 $|z|<+\infty$ 内有

$$e^{-z}=1+(-z)+\frac{z^2}{2!}-\frac{z^3}{3!}+\cdots$$

所以 $z=\infty$ 是本性奇点.

(3) 因为在 $0<|z|<+\infty$ 内有

$$e^{\frac{1}{z}}+z^2=z^2+1+\frac{1}{z}+\frac{1}{2!z^2}+\cdots+\frac{1}{n!z^n}+\cdots$$

所以 $z=\infty$ 是二级极点.

例 5-5　函数 $f(z)=\dfrac{(e^z-1)^3\ (z-3)^4}{(\sin \pi z)^4}$ 在扩充复平面内有些什么类型的奇点?如果有极点,指出它的级.

解　易知函数 $f(z)$ 除使分母为零的点 $z=0,\pm 1,\pm 2,\cdots$ 外,在 $|z|<+\infty$ 内解析. 由于$(\sin \pi z)'=\pi\cos \pi z$ 在 $z=0,\pm 1,\pm 2,\cdots$ 处均不为零,因此这些点都是 $\sin \pi z$ 的一级零点. 从而是$(\sin \pi z)^4$ 的四级零点,所以这些点中除去 0,3(因为 0,3 也是分子的零点) 都是 $f(z)$ 的四级极点.

因 $z=0$ 是 e^z-1 的一级零点,从而是$(e^z-1)^3$ 的三级零点. 所以 $z=0$ 是 $f(z)$ 的一级极点.

至于 $z=3$,因为

$$\begin{aligned}\lim_{z\to 3}f(z)&=\lim_{z\to 3}(e^z-1)^3\left(\frac{z-3}{\sin \pi z}\right)^4\\&=(e^3-1)^3\lim_{\xi\to 0}\left(\frac{\pi\xi}{\sin \pi\xi}\right)^4\frac{1}{\pi^4}\quad(\text{令 }\xi=z-3)\\&=\frac{(e^3-1)^3}{\pi^4}\end{aligned}$$

所以 $z=3$ 是 $f(z)$ 的可去奇点.

关于 $z=\infty$,因为 $f(z)$ 的四级极点 $\pm k(k=4,5,\cdots)$ 以 ∞ 为极限(当 $k\to\infty$ 时),所以 $z=\infty$ 不是 $f(z)$ 的孤立奇点.

综上所述,函数 $f(z)$ 有如下类型的奇点：

0(1 级极点),3(可去奇点),$\pm 1,\pm 2,-3,\pm 4,\pm 5,\cdots$(均为 4 级极点),$\infty$(非孤立奇点).

第二节　留　　数

留数定理的应用很广泛，例如，应用留数定理对电磁学中安培环路定理进行推导；应用留数定理计算在流体力学和空气动力学中出现的一些围线积分；在光学中研究光的衍射时应用留数定理计算菲涅尔积分；应用留数定理计算在光学、电磁学、无线电技术和有阻尼的机械振动等领域有广泛应用的著名的 Dirichlet 积分等等.

一、留数的概念与留数定理

若函数 $f(z)$ 在 z_0 的邻域内解析，C 为 z_0 的邻域内的任一条简单闭曲线，则由柯西－古萨定理

$$\oint_C f(z)\mathrm{d}z = 0$$

若 z_0 为 $f(z)$ 的一个孤立奇点，则 $\oint_C f(z)\mathrm{d}z$ 未必为零，其中 C 为 $0<|z-z_0|<r$ 内任一条包含 z_0 的简单闭曲线. 将 $f(z)$ 在 $0<|z-z_0|<r$ 内展开成洛朗级数

$$f(z) = \cdots + c_{-n}(z-z_0)^{-n} + \cdots + c_{-1}(z-z_0)^{-1} + c_0 + c_1(z-z_0) + \cdots + c_n(z-z_0)^n + \cdots$$

两端沿 C 逐项积分，考虑到结果

$$\oint_C \frac{1}{(z-z_0)^n}\mathrm{d}z = \begin{cases} 0, n \neq 1 \\ 2\pi\mathrm{i}, n = 1 \end{cases}$$

所以有

$$\oint_C f(z)\mathrm{d}z = 2\pi\mathrm{i}c_{-1}.$$

由此可见，洛朗展开式中负幂项 $(z-z_0)^{-1}$ 的系数 c_{-1}，是在逐项积分过程中唯一留下来的系数，且

$$c_{-1} = \frac{1}{2\pi\mathrm{i}}\oint_C f(z)\mathrm{d}z$$

我们把 c_{-1} 赋予一个新的名称.

定义 5-2　设 z_0 是 $f(z)$ 的有限孤立奇点，C 为去心邻域 $0<|z-z_0|<r$ 内任一条围绕 z_0 的正向简单闭曲线，则称积分

$$\frac{1}{2\pi\mathrm{i}}\oint_C f(z)\mathrm{d}z$$

为 $f(z)$ 在 z_0 处的留数，记作 $\mathrm{Re}\,s[f(z),z_0]$，即

$$\mathrm{Re}\,s[f(z),z_0] = \frac{1}{2\pi\mathrm{i}}\oint_C f(z)\mathrm{d}z = c_{-1}$$

这说明，$f(z)$ 在孤立奇点 z_0 处的留数就是 $f(z)$ 在 z_0 的去心邻域 $0<|z-z_0|<r$ 内的洛朗级数中 $(z-z_0)^{-1}$ 的系数 c_{-1}.

例 5-6 已知 $f(z)=\dfrac{z-\sin z}{z^6}$，求 $\operatorname{Re} s[f(z),0]$.

解 $f(z)$ 在 $0<|z|<+\infty$ 内的洛朗展开式为

$$\frac{z-\sin z}{z^6}=\frac{1}{z^6}\left[z-\left(z-\frac{1}{3!}z^3+\frac{1}{5!}z^5-\frac{z^7}{7!}+\cdots\right)\right]$$

$$=\frac{1}{3!z^3}-\frac{1}{5!z}+\frac{z}{7!}-\cdots$$

所以

$$\operatorname{Re} s[f(z),0]=c_{-1}=-\frac{1}{5!}.$$

定理 5-6(留数定理) 设函数 $f(z)$ 在区域 D 内除有限个孤立奇点 $z_1,z_2,\cdots,z_n$ 外处处解析，C 是 D 内包含诸奇点的一条正向简单闭曲线，则

$$\oint_C f(z)\mathrm{d}z=2\pi\mathrm{i}\sum_{k=1}^{n}\operatorname{Re} s[f(z),z_k].$$

证 把 C 内的孤立奇点 $z_k(k=1,2,\cdots,n)$ 用互不包含的正向简单闭曲线 C_k 围绕起来，根据复合闭路定理，有

$$\oint_C f(z)\mathrm{d}z=\oint_{C_1} f(z)\mathrm{d}z+\oint_{C_2} f(z)\mathrm{d}z+\cdots+\oint_{C_n} f(z)\mathrm{d}z$$

两边同时除以 $2\pi\mathrm{i}$，得

$$\frac{1}{2\pi\mathrm{i}}\oint_C f(z)\mathrm{d}z=\operatorname{Re} s[f(z,z_1)]+\operatorname{Re} s[f(z,z_2)]+\cdots+\operatorname{Re} s[f(z,z_n)]$$

即

$$\oint_C f(z)\mathrm{d}z=2\pi\mathrm{i}\sum_{k=1}^{n}\operatorname{Re} s[f(z),z_k].$$

[证毕]

该定理为求积分提供了新方法 —— 留数法.即求沿封闭曲线 C 的积分，可转化为求被积函数在 C 内的各孤立奇点处的留数问题.一般来说，求函数在孤立奇点 z_0 处的留数只需求出在圆环 $0<|z-z_0|<r$ 内的洛朗级数中 $(z-z_0)^{-1}$ 的系数 c_{-1} 即可，这是计算留数的一般方法.但若能预先知道孤立奇点的类型，对求留数更为有利.

(1) 若 z_0 是 $f(z)$ 的可去奇点，则 $\operatorname{Re} s[f(z),z_0]=0$；

(2) 若 z_0 是 $f(z)$ 本性奇点，一般只能将 $f(z)$ 在 z_0 的去心邻域内展开成洛朗级数后得到 c_{-1}；

(3) 若 z_0 是 $f(z)$ 的极点，多数情况下用下列规则计算更为简便.

二、留数的计算规则

规则 1　若 z_0 是 $f(z)$ 的一级极点,则

$$\operatorname{Re} s[f(z),z_0]=\lim_{z\to z_0}(z-z_0)f(z) \tag{5-8}$$

规则 2　若 z_0 是 $f(z)$ 的 m 级极点,则

$$\operatorname{Re} s[f(z),z_0]=\frac{1}{(m-1)!}\lim_{z\to z_0}\frac{d^{m-1}}{dz^{m-1}}[(z-z_0)^m f(z)] \tag{5-9}$$

事实上,由于在 $0<|z-z_0|<r$ 内有

$$f(z)=c_{-m}(z-z_0)^{-m}+\cdots+c_{-1}(z-z_0)^{-1}+c_0+c_1(z-z_0)+\cdots,c_{-m}\neq 0$$

两端同乘以 $(z-z_0)^m$,得

$$(z-z_0)^m f(z)=c_{-m}+c_{-m+1}(z-z_0)+\cdots+c_{-1}(z-z_0)^{m-1}+c_0(z-z_0)^m+\cdots$$

两端求 $m-1$ 阶导数,得

$$\frac{\mathrm{d}^{m-1}}{\mathrm{d}z^{m-1}}[(z-z_0)^m f(z)]=(m-1)!c_{-1}+\{含有\ z-z_0\ 的正幂的项\}$$

当 $z\to z_0$ 时,两端求极限,右端的极限为 $(m-1)!c_{-1}$,因此得到式(5-9);当 $m=1$ 时就是式(5-8).

规则 3　设 $f(z)=\dfrac{P(z)}{Q(z)}$,$P(z)$ 和 $Q(z)$ 均在 z_0 解析,若 $P(z_0)\neq 0,Q(z_0)=0,Q'(z_0)\neq 0$,则 z_0 为 $f(z)$ 的一级极点,且

$$\operatorname{Re} s[f(z),z_0]=\frac{P(z_0)}{Q'(z_0)} \tag{5-10}$$

事实上,由 $Q(z_0)=0,Q'(z_0)\neq 0$ 知 z_0 为 $Q(z)$ 的一级零点,且是 $\dfrac{1}{Q(z)}$ 的一级极点.因此

$$\frac{1}{Q(z)}=\frac{1}{z-z_0}\varphi(z)$$

其中 $\varphi(z)$ 在 z_0 解析,且 $\varphi(z_0)\neq 0$.由此得

$$\frac{P(z)}{Q(z)}=\frac{1}{z-z_0}\varphi(z)P(z)$$

其中 $g(z)=\varphi(z)P(z)$ 在 z_0 解析,且 $g(z_0)\neq 0$.故 z_0 是 $f(z)$ 的一级极点.

由规则 1,$\operatorname{Re} s[f(z),z_0]=\lim\limits_{z\to z_0}(z-z_0)\dfrac{P(z)}{Q(z)}$,而 $Q(z_0)=0$.所以

$$\lim_{z\to z_0}(z-z_0)\frac{P(z)}{Q(z)}=\lim_{z\to z_0}\frac{P(z)}{\dfrac{Q(z)-Q(z_0)}{z-z_0}}=\frac{P(z_0)}{Q'(z_0)}$$

即得式(5-10).

例 5-7 求函数 $f(z)=\dfrac{3z+2}{z^2(z+2)}$ 在有限奇点处的留数.

解 可以看出 $z=0$ 是 $f(z)$ 的二级极点,$z=-2$ 是 $f(z)$ 的一级极点.可以采用以下三种方法求有限奇点处的留数.

方法一 用留数定义 $\mathrm{Re}\,s[f(z),z_0]=\dfrac{1}{2\pi\mathrm{i}}\oint_C f(z)\mathrm{d}z$ 的方法(选择封闭曲线 C 时,注意要使曲线 C 内只有所求的一个奇点).

$$\begin{aligned}\mathrm{Re}\,s[f(z),-2]&=\frac{1}{2\pi\mathrm{i}}\oint_C\frac{3z+2}{z^2(z+2)}\mathrm{d}z=\frac{1}{2\pi\mathrm{i}}\oint_C\frac{\frac{3z+2}{z^2}}{(z+2)}\mathrm{d}z\\&=\left[\frac{3z+2}{z^2}\right]_{z=-2}\quad\text{(由柯西积分公式)}\\&=-1\end{aligned}$$

$$\begin{aligned}\mathrm{Re}\,s[f(z),0]&=\frac{1}{2\pi\mathrm{i}}\oint_C\frac{\frac{3z+2}{z+2}}{z^2}\mathrm{d}z\text{(由高阶导数公式)}\\&=\frac{1}{(2-1)!}\left(\frac{3z+2}{z+2}\right)'\Bigg|_{z=0}\\&=\left[\frac{4}{(z+2)^2}\right]_{z=0}=1\end{aligned}$$

方法二 用留数计算法则来求留数.

$$\mathrm{Re}\,s[f(z),-2]=\lim_{z\to-2}(z+2)f(z)=\lim_{z\to-2}\frac{3z+2}{z^2}=\frac{-6+2}{(-2)^2}=-1$$

或者用法则 3,

$$\begin{aligned}\mathrm{Re}\,s[f(z),-2]&=\left[\frac{3z+2}{[z^2(z+2)]'}\right]_{z=-2}\\&=\left[\frac{3z+2}{[2z(z+2)+z^2]}\right]_{z=-2}\\&=\frac{-6+2}{0+(-2)^2}=-1\end{aligned}$$

$$\begin{aligned}\mathrm{Re}\,s[f(z),0]&=\frac{1}{(2-1)!}\lim_{z\to0}\frac{\mathrm{d}}{\mathrm{d}z}[z^2f(z)]\\&=\lim_{z\to0}\frac{4}{(z+2)^2}=1\end{aligned}$$

方法三 用求洛朗展开式系数 c_{-1} 的方法求留数.

将 $f(z)$ 在 $0<|z+2|<2$ 内展开成洛朗级数,即

$$f(z)=\frac{3(z+2)-4}{[(z+2)-2]^2(z+2)}$$

$$=\frac{3}{[(z+2)-2]^2}-\frac{4}{[(z+2)-2]^2(z+2)}$$

$$=\frac{3}{4}\frac{1}{\left(1-\frac{z+2}{2}\right)^2}-\frac{4}{4(z+2)}\frac{1}{\left(1-\frac{z+2}{2}\right)^2}$$

$$=\frac{3}{4}\left[1+\frac{z+2}{2}+\left(\frac{z+2}{2}\right)^2+\cdots\right]-\frac{1}{z+2}\left[1+\frac{z+2}{2}+\left(\frac{z+2}{2}\right)^2+\cdots\right]^2$$

$$=\frac{-1}{z+2}-\frac{1}{4}+\cdots$$

所以

$$\mathrm{Re}\,s[f(z),-2]=c_{-1}=-1$$

将 $f(z)$ 在 $0<|z|<2$ 内展开成洛朗级数,即

$$f(z)=\frac{1}{z^2}\left(3-\frac{4}{z+2}\right)=\frac{1}{z^2}\left[3-\frac{4}{2\left(1+\frac{z}{2}\right)}\right]$$

$$=\frac{1}{z^2}\left[3-2\left(1-\frac{z}{2}+\frac{z^2}{4}-\frac{z^3}{8}+\cdots\right)\right]$$

$$=\frac{1}{z^2}+\frac{1}{z}-\frac{1}{2}+\frac{z}{4}-\cdots$$

所以

$$\mathrm{Re}\,s[f(z),0]=c_{-1}=1$$

在求留数时,应根据具体的问题灵活选择方法,不要拘泥于套用公式.

例 5-8　计算积分 $\oint_C \frac{e^z}{z(z-1)^2}dz$,$C$ 为正向圆周:$|z|=2$.

解　在 C 内,$f(z)=\frac{e^z}{z(z-1)^2}$ 有一级极点 $z=0$ 和二级极点 $z=1$,由留数定理有

$$\oint_C \frac{e^z}{z(z-1)^2}dz=2\pi i\{\mathrm{Re}\,s[f(z),0]+\mathrm{Re}\,s[f(z),1]\}$$

由规则 1 和 2,得

$$\mathrm{Re}\,s[f(z),0]=\lim_{z\to 0} z\frac{e^z}{z(z-1)^2}=\lim_{z\to 0}\frac{e^z}{(z-1)^2}=1$$

$$\mathrm{Re}\,s[f(z),1]=\frac{1}{(2-1)!}\lim_{z\to 1}\frac{d}{dz}(z-1)^2\frac{e^z}{z(z-1)^2}$$

$$=\lim_{z\to 1}\frac{ze^z-e^z}{z^2}=0$$

因此

$$\oint_C \frac{e^z}{z(z-1)^2}dz = 2\pi i(1+0) = 2\pi i.$$

例 5-9 计算积分$\oint_C \frac{z}{z^4-1}dz$,$C$ 为正向圆周:$|z|=2$.

解 $f(z)=\frac{z}{z^4-1}dz$ 有四个一级极点 ± 1,$\pm i$ 均在 C 内,所以由留数定理有

$$\oint_C \frac{z}{z^4-1}dz = 2\pi i\{\mathrm{Re}\, s[f(z),1]+\mathrm{Re}\, s[f(z),-1]+$$
$$\mathrm{Re}\, s[f(z),i]+\mathrm{Re}\, s[f(z),-i]\}$$

由规则 3,$\frac{P(z)}{Q'(z)}=\frac{z}{4z^3}=\frac{1}{4z^2}$ 故

$$\oint_C \frac{z}{z^4-1}dz = 2\pi i\left\{\frac{1}{4}+\frac{1}{4}-\frac{1}{4}-\frac{1}{4}\right\}=0.$$

例 5-10 计算积分$\oint_C \frac{z}{(z+3)(z-1)}dz$,$C$ 为正向圆周:$|z|=2$.

解 $f(z)=\frac{z}{(z+3)(z-1)}$ 的孤立奇点为 $z=1$ 和 $z=-3$,而在 C 内的孤立奇点只有 $z=1$,所以由留数定理有

$$\oint_C \frac{z}{(z+3)(z-1)}dz = 2\pi i\,\mathrm{Re}\, s[f(z),1]$$
$$=2\pi i\lim_{z\to 1}(z-1)\frac{z}{(z+3)(z-1)}=\frac{\pi i}{2}.$$

三、在无穷远点的留数

设 ∞ 点是函数 $f(z)$ 的孤立奇点,C 为环域$R<|z|<+\infty$ 内绕原点的任意一条正向简单闭曲线,称积分

$$\frac{1}{2\pi i}\oint_{C^-} f(z)dz$$

为 $f(z)$ 在 ∞ 点的留数,记作

$$\mathrm{Re}\, s[f(z),\infty]=\frac{1}{2\pi i}\oint_{C^-} f(z)dz$$

其中积分曲线 C^- 表示 C 的反向.

若 $f(z)$ 在 $R<|z|<+\infty$ 内的洛朗展开式为

$$f(z)=\cdots+c_{-m}z^{-m}+\cdots+c_{-1}z^{-1}+c_0+c_1z+\cdots$$

则有

$$\mathrm{Re}\, s[f(z),\infty]=-\frac{1}{2\pi i}\oint_C f(z)dz=-c_{-1}.$$

即 $f(z)$ 在 ∞ 点的留数等于在 $R<|z|<+\infty$ 内洛朗级数中 z^{-1} 的系数变号.

定理 5-7　设函数 $f(z)$ 在扩充复平面内除去有限个孤立奇点 $z_1,z_2,\cdots,z_{n-1}$ 和 $z_n=\infty$ 外处处解析,则

$$\sum_{k=1}^{n}\mathrm{Re}\ s[f(z),z_k]=0$$

证　设 C 是绕原点且将有限个孤立奇点 $z_1,z_2,\cdots,z_{n-1}$ 包含在内部的正向简单闭曲线,则由留数定理有

$$\frac{1}{2\pi i}\oint_C f(z)\mathrm{d}z=\sum_{k=1}^{n-1}\mathrm{Re}\ s[f(z),z_k]$$

而

$$\mathrm{Re}\ s[f(z),\infty]=\frac{1}{2\pi i}\oint_{C^-}f(z)\mathrm{d}z$$

故

$$\sum_{k=1}^{n}\mathrm{Re}\ s[f(z),z_k]=\frac{1}{2\pi i}\oint_C f(z)\mathrm{d}z+\frac{1}{2\pi i}\oint_{C^-}f(z)\mathrm{d}z=0.$$

[证毕]

规则 4
$$\mathrm{Re}\ s[f(z),\infty]=-\mathrm{Re}\ s\left[f\left(\frac{1}{z}\right)\frac{1}{z^2},0\right]\tag{5-11}$$

事实上,设 ∞ 是 $f(z)$ 的孤立奇点,C 是 $R<|z|<+\infty$ 内绕原点的任意一条正向简单闭曲线,则 $f(z)$ 在 $R<|z|<+\infty$ 内的洛朗展开式为

$$f(z)=\cdots+c_{-m}z^{-m}+\cdots+c_{-1}z^{-1}+c_0+c_1z+\cdots$$

则有

$$\mathrm{Re}\ s[f(z),\infty]=-c_{-1}$$

作变换 $z=\frac{1}{\xi}$,显然 $f\left(\frac{1}{\xi}\right)$ 在 $0<|\xi|<\frac{1}{R}$ 内解析,且在该邻域内有

$$f\left(\frac{1}{\xi}\right)=\cdots+c_{-m}\xi^m+\cdots+c_{-1}\xi+c_0+c_1\xi^{-1}+\cdots$$

两端同除以 ξ^2,得

$$f\left(\frac{1}{\xi}\right)\frac{1}{\xi^2}=\cdots+c_{-m}\xi^{m-2}+\cdots+c_{-1}\xi^{-1}+c_0\xi^{-2}+c_1\xi^{-3}+\cdots$$

则有

$$\mathrm{Re}\ s\left[f\left(\frac{1}{\xi}\right)\frac{1}{\xi^2},0\right]=c_{-1}$$

所以

$$\mathrm{Re}\ s[f(z),\infty]=-\mathrm{Re}\ s\left[f\left(\frac{1}{\xi}\right)\frac{1}{\xi^2},0\right].$$

即式(5-11)成立.

例 5-11 计算积分$\oint_C \frac{z}{z^4-1}dz$,$C$为正向圆周:$|z|=2$.

解 在扩充复平面上$f(z)=\frac{z}{z^4-1}$的孤立奇点为± 1,$\pm i$和∞,由定理5-7与规则4,有

$$\begin{aligned}\oint_C \frac{z}{z^4-1}dz &= -2\pi i \mathrm{Re}\, s[f(z),\infty] \\ &= 2\pi i \mathrm{Re}\, s\left[f\left(\frac{1}{z}\right)\frac{1}{z^2},0\right] \\ &= 2\pi i \mathrm{Re}\, s\left[\frac{z}{1-z^4},0\right]=0.\end{aligned}$$

例 5-12 计算积分$\oint_C \frac{1}{(z+i)^{10}(z-1)(z-3)}dz$,$C$为正向圆周:$|z|=2$.

解 在扩充复平面上$f(z)=\frac{1}{(z+i)^{10}(z-1)(z-3)}$的孤立奇点为$-i$,1,3和$\infty$,根据定理5-7,有

$$\mathrm{Re}\, s[f(z),-i]+\mathrm{Re}\, s[f(z),1]+\mathrm{Re}\, s[f(z),3]+\mathrm{Re}\, s[f(z),\infty]=0$$

由于只有$-i$和1在C的内部,由留数定理和规则4,有

$$\begin{aligned}\oint_C \frac{1}{(z+i)^{10}(z-1)(z-3)}dz &= 2\pi i\{\mathrm{Re}\, s[f(z),-i]+\mathrm{Re}\, s[f(z),1]\} \\ &= -2\pi i\{\mathrm{Re}\, s[f(z),3]+\mathrm{Re}\, s[f(z),\infty]\} \\ &= -2\pi i\left\{\frac{1}{2(3+i)^{10}}+0\right\} \\ &= -\frac{\pi i}{(3+i)^{10}}.\end{aligned}$$

由例5-11和例5-12可知,应用定理5-7可简化某些积分的计算.

第三节 留数在积分计算上的应用

在一元实函数的定积分和广义积分中,许多被积函数的原函数很难求出,有时其原函数还不能用初等函数表示出来,使得计算其积分值经常遇到困难,而留数定理为许多这类积分的计算提供了一种新方法.关键是两点:① 选取恰当的复变函数作为被积函数;② 选取恰当的封闭积分曲线.

(1) 形如$\int_0^{2\pi} R(\cos\theta,\sin\theta)d\theta$的积分,其中$R(\cos\theta,\sin\theta)$为$\cos\theta$与$\sin\theta$的

有理函数. 令 $z = e^{i\theta}, d\theta = \frac{dz}{iz}$,有

则 $$dz = ie^{i\theta}d\theta,\quad \sin\theta = \frac{1}{2i}(e^{i\theta} - e^{-i\theta}) = \frac{z^2-1}{2iz}$$

$$\cos\theta = \frac{1}{2}(e^{i\theta} + e^{-i\theta}) = \frac{z^2+1}{2z}$$

当 θ 由 0 变化到 2π 时,z 沿单位圆周 $|z| = 1$ 变化一周,因此

$$\int_0^{2\pi} R(\cos\theta, \sin\theta)d\theta = \oint_{|z|=1} R\left(\frac{z^2+1}{2z}, \frac{z^2-1}{2iz}\right)\frac{dz}{iz} = \oint_{|z|=1} f(z)dz$$

其中 $f(z)$ 为 z 的有理函数,且在 $|z| = 1$ 上无孤立奇点,由留数定理得

$$\int_0^{2\pi} R(\cos\theta, \sin\theta)d\theta = \oint_{|z|=1} f(z)dz = 2\pi i\sum_{k=1}^{n} \mathrm{Re}\, s[f(z), z_k]$$

其中 $z_k (k = 1, 2, \cdots, n)$ 为包含在 $|z| = 1$ 内的 $f(z)$ 的孤立奇点.

例 5-13　一根无限长载流直导线与一半径为 R 的圆电流处于同一平面内,它们的电流强度分别为 I_1 与 I_2,直导线与圆心相距为 $a(a > R)$,求作用在圆电流上的磁力 $\boldsymbol{F}$.

分析　这是有关载流导线在不均匀磁场中受力的电动力学问题. 利用安培定律和毕奥 - 萨伐尔定律,可求得载流圆线圈所受磁场力在 x 轴和 y 轴上的分量分别为

$$F_x = \frac{\mu_0 I_1 I_2 R}{2\pi}\int_0^{2\pi} \frac{\cos\theta d\theta}{a + R\cos\theta}$$

$$F_y = \frac{\mu_0 I_1 I_2 R}{2\pi}\int_0^{2\pi} \frac{\sin\theta d\theta}{a + R\cos\theta}$$

$$F = F_x\mathbf{i} + F_y\mathbf{j}$$

经计算可求得 $F_y = 0$,所以 $F = F_x\mathbf{i}$.

而要计算 F_x,主要是计算积分 $I = \int_0^{2\pi}\frac{\cos\theta d\theta}{a + R\cos\theta}$,令 $z = e^{i\theta}$,则 $dz = ie^{i\theta}d\theta$,$\cos\theta = \frac{z^2+1}{2z}$,于是

$$I = \int_0^{2\pi}\frac{\cos\theta d\theta}{a + R\cos\theta} = \oint_{|z|=1}\frac{\frac{z^2+1}{2z}}{a + R\frac{z^2+1}{2z}}\cdot\frac{dz}{iz}$$

$$= \frac{1}{i}\oint_{|z|=1}\frac{z^2+1}{z(Rz^2 + 2az + R)}dz$$

被积函数 $f(z) = \frac{z^2+1}{z(Rz^2 + 2az + R)}$ 有三个一级极点 $z_1 = 0, z_2 = -\frac{a}{R} - \sqrt{\frac{a^2}{R^2} - 1}$

和 $z_3=-\frac{a}{R}+\sqrt{\frac{a^2}{R^2}-1}$，其中 $z_1=0$ 和 $z_3=-\frac{a}{R}+\sqrt{\frac{a^2}{R^2}-1}$ 在 $|z|=1$ 内，由留数定理

$$I=\frac{1}{\mathrm{i}}\cdot 2\pi\mathrm{i}\left\{\mathrm{Re}\,s[f(z),0]+\mathrm{Re}\,s\left[f(z),-\frac{a}{R}+\sqrt{\frac{a^2}{R^2}-1}\right]\right\}$$

$$=2\pi\left\{\lim_{z\to 0}z\frac{z^2+1}{z(Rz^2+2az+R)}+\lim_{z\to-\frac{a}{R}+\sqrt{\frac{a^2}{R^2}-1}}\left(z+\frac{a}{R}-\sqrt{\frac{a^2}{R^2}-1}\right)\frac{z^2+1}{z(Rz^2+2az+R)}\right\}$$

$$=2\pi\left(\frac{1}{R}-\frac{a}{\sqrt{a^2-R^2}}\right)$$

于是 $F=F_x\mathbf{i}=\frac{\mu_0 I_1 I_2 R}{2\pi}\cdot 2\pi\left(\frac{1}{R}-\frac{a}{\sqrt{a^2-R^2}}\right)\mathbf{i}=\mu_0 I_1 I_2 R\left(\frac{1}{R}-\frac{a}{\sqrt{a^2-R^2}}\right)\mathbf{i}.$

例 5-14 计算积分 $I=\int_0^{2\pi}\frac{\mathrm{d}\theta}{2+\cos\theta}$.

解 令 $z=\mathrm{e}^{\mathrm{i}\theta}$，则 $\mathrm{d}z=\mathrm{i}\mathrm{e}^{\mathrm{i}\theta}\mathrm{d}\theta,\cos\theta=\frac{z^2+1}{2z}$，于是

$$I=\oint_{|z|=1}\frac{1}{2+\frac{z^2+1}{2z}}\cdot\frac{\mathrm{d}z}{\mathrm{i}z}=\frac{2}{\mathrm{i}}\oint_{|z|=1}\frac{1}{z^2+4z+1}\mathrm{d}z$$

被积函数 $f(z)=\frac{1}{z^2+4z+1}$ 有两个一级极点 $z_1=-2+\sqrt{3}$ 和 $z_2=-2-\sqrt{3}$，而只有 $z=-2+\sqrt{3}$ 在 $|z|=1$ 内，由留数定理

$$I=\frac{2}{\mathrm{i}}\cdot 2\pi\mathrm{i}\mathrm{Re}\,s[f(z),-2+\sqrt{3}]$$

$$=4\pi\lim_{z\to-2+\sqrt{3}}(z+2-\sqrt{3})\frac{1}{z^2+4z+1}$$

$$=\frac{2\sqrt{3}}{3}\pi.$$

(2) 形如 $\int_{-\infty}^{+\infty}R(x)\mathrm{d}x$ 的积分，其中 $R(x)$ 是 x 的有理函数，且分母的次数至少比分子的次数高二次，并且 $R(z)$ 在实轴上无孤立奇点. 设

$$R(z)=\frac{P(z)}{Q(z)}=\frac{z^n+a_1z^{n-1}+\cdots+a_n}{z^m+b_1z^{m-1}+\cdots+b_m},m-n\geqslant 2$$

为一已约分式.

我们取积分路线为 C_R：C_R 是以原点为中心、R 为半径的上半圆，取 R 充分大，使 $R(z)$ 在上半平面内的极点 $z_k(k=1,2,\cdots,n)$ 全都包含在积分曲线内，由留数定理

$$\int_{-R}^{R} R(x)\mathrm{d}x + \int_{C_R} R(z)\mathrm{d}z = 2\pi\mathrm{i}\sum_{k=1}^{n}\mathrm{Re}\, s[R(z), z_k]$$

在 C_R 上，令 $z = R\mathrm{e}^{\mathrm{i}\theta}(0 \leqslant \theta \leqslant \pi)$，则

$$\int_{C_R} R(z)\mathrm{d}z = \int_{C_R} \frac{P(z)}{Q(z)}\mathrm{d}z = \int_0^{\pi} \frac{P(R\mathrm{e}^{\mathrm{i}\theta})}{Q(R\mathrm{e}^{\mathrm{i}\theta})}\mathrm{i}R\mathrm{e}^{\mathrm{i}\theta}\mathrm{d}\theta$$

因为 $m-n \geqslant 2$，所以当 $R \to \infty$ 时，有 $\frac{P(R\mathrm{e}^{\mathrm{i}\theta})}{Q(R\mathrm{e}^{\mathrm{i}\theta})}\mathrm{i}R\mathrm{e}^{\mathrm{i}\theta} \to 0$，从而有

$$\int_{-\infty}^{+\infty} R(x)\mathrm{d}x = 2\pi\mathrm{i}\sum_{k=1}^{n}\mathrm{Re}\, s[R(z), z_k].$$

例 5-15　计算积分 $I = \int_{-\infty}^{+\infty} \frac{x^2 - x + 2}{x^4 + 10x^2 + 9}\mathrm{d}x$ 的值.

解　$m = 4, n = 2$，满足 $m - n \geqslant 2$，并且 $R(z) = \frac{z^2 - z + 2}{z^4 + 10z^2 + 9}$ 在上半平面只有两个一级极点 $z = \mathrm{i}$ 和 $z = 3\mathrm{i}$，则

$$\begin{aligned} I &= 2\pi\mathrm{i}\{\mathrm{Re}\, s[R(z), \mathrm{i}] + \mathrm{Re}\, s[R(z), 3\mathrm{i}]\} \\ &= 2\pi\mathrm{i}\left[\lim_{z\to\mathrm{i}}(z-\mathrm{i})\frac{z^2 - z + 2}{(z^2+1)(z^2+9)} + \lim_{z\to 3\mathrm{i}}(z-3\mathrm{i})\frac{z^2 - z + 2}{(z^2+1)(z^2+9)}\right] \\ &= 2\pi\mathrm{i}\left[\left.\frac{z^2 - z + 2}{(z+\mathrm{i})(z^2+9)}\right|_{z=\mathrm{i}} + \left.\frac{z^2 - z + 2}{(z+3\mathrm{i})(z^2+1)}\right|_{z=3\mathrm{i}}\right] \\ &= 2\pi\mathrm{i}\left(\frac{1-\mathrm{i}}{16\mathrm{i}} + \frac{7+3\mathrm{i}}{48\mathrm{i}}\right) = \frac{5}{12}\pi. \end{aligned}$$

例 5-16　计算积分 $I = \int_{-\infty}^{+\infty} \frac{x^2}{(x^2+a^2)(x^2+b^2)}\mathrm{d}x(a > 0, b > 0)$ 的值.

解　$m = 4, n = 2$，满足 $m - n \geqslant 2$，并且 $R(z) = \frac{z^2}{(z^2+a^2)(z^2+b^2)}$ 在上半平面只有两个一级极点 $z = a\mathrm{i}$ 和 $z = b\mathrm{i}$，则

$$\begin{aligned} I &= 2\pi\mathrm{i}\{\mathrm{Re}\, s[R(z), a\mathrm{i}] + \mathrm{Re}\, s[R(z), b\mathrm{i}]\} \\ &= 2\pi\mathrm{i}\left[\lim_{z\to a\mathrm{i}}(z-a\mathrm{i})\frac{z^2}{(z^2+a^2)(z^2+b^2)} + \lim_{z\to b\mathrm{i}}(z-b\mathrm{i})\frac{z^2}{(z^2+a^2)(z^2+b^2)}\right] \\ &= 2\pi\mathrm{i}\left[\frac{a}{2\mathrm{i}(a^2-b^2)} + \frac{b}{2\mathrm{i}(b^2-a^2)}\right] \\ &= \frac{\pi}{a+b}. \end{aligned}$$

(3) 形如 $\int_{-\infty}^{+\infty} R(x)\mathrm{e}^{\mathrm{i}ax}\mathrm{d}x(a > 0)$ 的积分，其中 $R(x)$ 是 x 的有理函数，且分母的次数比分子的次数至少高一次，且 $R(z)$ 在实轴上无孤立奇点.

同(2)中处理一样,上半圆周 $C_R: z = Re^{i\theta}(0 \leqslant \theta \leqslant \pi)$. 当 R 充分大时,使 $R(z)$ 所有在上半平面内的极点 $z_k(k = 1,2,\cdots,n)$ 全都包含在封闭曲线内,则由留数定理

$$\int_{-R}^{R} R(x)e^{iax}\,dx + \int_{C_R} R(z)e^{iaz}\,dz = 2\pi i\sum_{k=1}^{n}\text{Re }s[R(z)e^{iaz}, z_k]$$

因为 $m - n \geqslant 1$,所以 $\lim\limits_{z\to\infty}R(z) = 0$. 此时有 $\lim\limits_{z\to+\infty}\int_{C_R} R(z)e^{iaz}\,dz = 0$.

因为

$$\left|\int_{C_R} R(z)e^{iaz}\,dz\right| = \left|\int_0^{\pi} R(z)e^{iaRe^{i\theta}}Re^{i\theta}\,d\theta\right|$$

$$\leqslant R\int_0^{\pi} |R(z)|\, e^{-aR\sin\theta}\,d\theta$$

$$\leqslant R\varepsilon\int_0^{\pi} e^{-aR\sin\theta}\,d\theta$$

(因为 $\lim\limits_{z\to\infty}R(z) = 0$,即 $\forall\varepsilon > 0$,当 $|z| = R$ 充分大时,有 $|R(z)| < \varepsilon$)

$$= 2R\varepsilon\int_0^{\frac{\pi}{2}} e^{-aR\sin\theta}\,d\theta$$

$$\leqslant 2R\varepsilon\int_0^{\frac{\pi}{2}} e^{-\frac{2}{\pi}aR\theta}\,d\theta$$

$\left(\text{因为当 } 0 \leqslant \theta \leqslant \frac{\pi}{2} \text{ 时,有 } \sin\theta \geqslant \frac{2\theta}{\pi}\right)$

$$= \frac{\pi}{a}(1 - e^{-aR})\varepsilon.$$

于是有 $\lim\limits_{R\to+\infty}\int_{C_R} R(z)e^{iaz}\,dz = 0$. 即

$$\int_{-\infty}^{+\infty} R(x)e^{iax}\,dx = 2\pi i\sum_{k=1}^{n}\text{Re }s[R(z)e^{iaz}, z_k]$$

或

$$\int_{-\infty}^{+\infty} R(x)\cos ax\,dx = \text{Re}\left\{2\pi i\sum_{k=1}^{n}\text{Re }s[R(z)e^{iaz}, z_k]\right\}$$

$$\int_{-\infty}^{+\infty} R(x)\sin ax\,dx = \text{Im}\left\{2\pi i\sum_{k=1}^{n}\text{Re }s[R(z)e^{iaz}, z_k]\right\}.$$

例 5-17 计算 $\int_{-\infty}^{+\infty}\frac{x\sin x}{x^2 + a^2}dx(a > 0)$ 的值.

解 $m = 2, n = 1, m - n \geqslant 1$. $R(z) = \frac{z}{z^2 + a^2}$ 在实轴上无奇点,$R(z)$ 在上半平面内的一级极点是 $z = ai$,且

$$\operatorname{Re}s[R(z)e^{iz},ai]=\left.\frac{ze^{iz}}{(z^2+a^2)'}\right|_{z=ai}=\frac{e^{-a}}{2}$$

由公式

$$\int_{-\infty}^{+\infty}\frac{x}{x^2+a^2}e^{ix}dx=2\pi i\operatorname{Re}s[R(z)e^{iz},ai]$$

$$=2\pi i\frac{e^{-a}}{2}=\pi ie^{-a}$$

因此

$$\int_{-\infty}^{+\infty}\frac{x\sin x}{x^2+a^2}dx=\pi e^{-a}.$$

例 5-18　计算$\int_{-\infty}^{+\infty}\frac{\cos x}{x^2+4x+5}dx$的值.

解　$m=2,n=1,m-n\geqslant 1$. $R(z)=\frac{e^{iz}}{z^2+4z+5}$在实轴上无奇点,$R(z)$在上半平面内的一级极点是$z=-2+i$,且

$$\operatorname{Re}s[R(z)e^{iz},-2+i]=\left.\frac{e^{iz}}{(z^2+4z+5)'}\right|_{z=-2+i}$$

$$=\frac{1}{2i}\frac{1}{e}(\cos 2-i\sin 2)$$

由公式

$$\int_{-\infty}^{+\infty}\frac{\cos x}{x^2+4x+5}e^{ix}dx=2\pi i\operatorname{Re}s[R(z)e^{iz},-2+i]$$

$$=2\pi i\frac{1}{2i}\frac{1}{e}(\cos 2-i\sin 2)$$

$$=\frac{\pi}{e}(\cos 2-i\sin 2)$$

因此

$$\int_{-\infty}^{+\infty}\frac{\cos x}{x^2+4x+5}dx=\frac{\pi}{e}\cos 2.$$

如果被积函数在实轴上有孤立奇点,则(2)、(3)两种类型就不满足了,那么该如何计算,现举例,以备了解.

例 5-19　计算积分$\int_{0}^{+\infty}\frac{\sin x}{x}dx$的值.

解　因为$\frac{\sin x}{x}$是偶函数,

所以

$$\int_{0}^{+\infty}\frac{\sin x}{x}dx=\frac{1}{2}\int_{-\infty}^{+\infty}\frac{\sin x}{x}dx$$

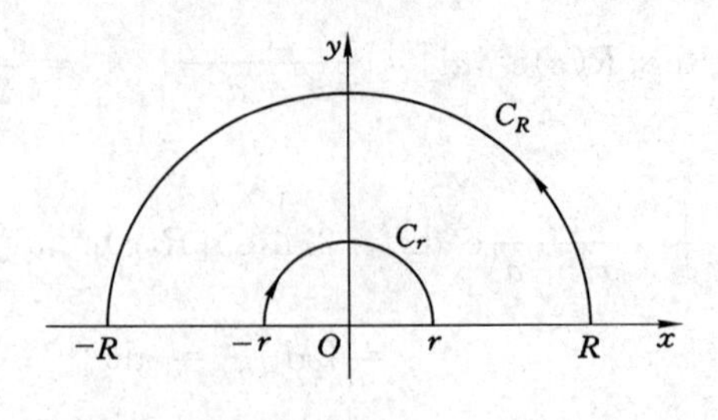

图 5-2

上式积分的右端与例 5-18 类似，故可先计算$\int_{-\infty}^{+\infty}\frac{\mathrm{e}^{\mathrm{i}x}}{x}\mathrm{d}x$. 而$\frac{\mathrm{e}^{\mathrm{i}z}}{z}$ 在实轴上有孤立奇点，我们取如图 5-2 的路线，由柯西 - 古萨定理，有

$$\int_{C_R}\frac{\mathrm{e}^{\mathrm{i}z}}{z}\mathrm{d}z+\int_{-R}^{-r}\frac{\mathrm{e}^{\mathrm{i}x}}{x}\mathrm{d}x+\int_{C_r}\frac{\mathrm{e}^{\mathrm{i}z}}{z}\mathrm{d}z+\int_{r}^{R}\frac{\mathrm{e}^{\mathrm{i}x}}{x}\mathrm{d}x=0$$

令 $x=-t$，则 $\mathrm{d}x=-\mathrm{d}t$，有

$$\int_{-R}^{-r}\frac{\mathrm{e}^{\mathrm{i}x}}{x}\mathrm{d}x=\int_{R}^{r}\frac{\mathrm{e}^{-\mathrm{i}t}}{t}\mathrm{d}t=-\int_{r}^{R}\frac{\mathrm{e}^{-\mathrm{i}x}}{x}\mathrm{d}x$$

所以

$$\int_{C_R}\frac{\mathrm{e}^{\mathrm{i}z}}{z}\mathrm{d}z+\int_{C_r}\frac{\mathrm{e}^{\mathrm{i}z}}{z}\mathrm{d}z+\int_{r}^{R}\frac{\mathrm{e}^{\mathrm{i}x}-\mathrm{e}^{-\mathrm{i}x}}{x}\mathrm{d}x=0$$

即

$$\int_{C_R}\frac{\mathrm{e}^{\mathrm{i}z}}{z}\mathrm{d}z+\int_{C_r}\frac{\mathrm{e}^{\mathrm{i}z}}{z}\mathrm{d}z+2\mathrm{i}\int_{r}^{R}\frac{\sin x}{x}\mathrm{d}x=0$$

在上式中分别求出 $\lim\limits_{R\to+\infty}\int_{C_R}\frac{\mathrm{e}^{\mathrm{i}z}}{z}\mathrm{d}z$ 与 $\lim\limits_{r\to0}\int_{C_r}\frac{\mathrm{e}^{\mathrm{i}z}}{z}\mathrm{d}z$ 即可.

由于

$$\begin{aligned}\left|\int_{C_R}\frac{\mathrm{e}^{\mathrm{i}z}}{z}\mathrm{d}z\right|&\leqslant\int_{C_R}\left|\frac{\mathrm{e}^{\mathrm{i}z}}{z}\right|\mathrm{d}s=\int_{C_R}\frac{\mathrm{e}^{-y}}{R}\mathrm{d}s\\&=\int_0^{\pi}\mathrm{e}^{-R\sin\theta}\mathrm{d}\theta=2\int_0^{\pi/2}\mathrm{e}^{-R\sin\theta}\mathrm{d}\theta\\&\leqslant2\int_0^{\pi/2}\mathrm{e}^{-R(2\theta/\pi)}\mathrm{d}\theta\\&=\frac{\pi}{R}(1-\mathrm{e}^{-R})\end{aligned}$$

所以

$$\lim_{R\to+\infty}\int_{C_R}\frac{\mathrm{e}^{\mathrm{i}z}}{z}\mathrm{d}z=0$$

又由于

$$\frac{e^{iz}}{z}=\frac{1}{z}+i-\frac{z}{2!}+\cdots+\frac{i^n z^{n-1}}{n!}+\cdots=\frac{1}{z}+\varphi(z)$$

其中 $\varphi(z)=i-\frac{z}{2!}+\cdots+\frac{i^n z^{n-1}}{n!}+\cdots$ 在 $z=0$ 处解析，且 $\varphi(0)=i$，因而当 $|z|$ 充分小时，有 $|\varphi(z)-\varphi(0)|<1$，即 $|\varphi(z)|\leqslant 2$. 于是

$$\left|\int_{C_r}\varphi(z)\mathrm{d}z\right|\leqslant\int_{C_r}|\varphi(z)|\mathrm{d}s\leqslant 2\int_{C_r}\mathrm{d}s=2\pi r$$

从而

$$\lim_{r\to 0}\int_{C_r}\varphi(z)\mathrm{d}z=0$$

而

$$\int_{C_r}\frac{e^{iz}}{z}\mathrm{d}z=\int_{C_r}\frac{1}{z}\mathrm{d}z+\int_{C_r}\varphi(z)\mathrm{d}z$$

$$=\int_{\pi}^{0}\frac{ire^{i\theta}}{re^{i\theta}}\mathrm{d}\theta+\int_{C_r}\varphi(z)\mathrm{d}z$$

$$=-\pi i+\int_{C_r}\varphi(z)\mathrm{d}z$$

所以

$$\lim_{r\to 0}\int_{C_r}\frac{e^{iz}}{z}\mathrm{d}z=-\pi i$$

即

$$\int_0^{+\infty}\frac{\sin x}{x}\mathrm{d}x=\frac{\pi}{2}.$$

例 5-20　计算菲涅尔积分 $\int_0^{\infty}\cos x^2\mathrm{d}x$，$\int_0^{\infty}\sin x^2\mathrm{d}x$.

解　选择辅助函数 $f(z)=e^{iz^2}=\cos z^2+i\sin z^2$，注意到当 $z=x$ 时，$f(x)=e^{ix^2}=\cos x^2+i\sin x^2$，它的实部和虚部就是我们要求积分的被积函数.

取积分闭曲线为半径 R、中心角为 $\frac{\pi}{4}$ 的扇形边界(见图 5-3). 由于 $f(z)=e^{iz^2}$ 在该扇形区域 D 及其边界 D 上解析，根据柯西 - 古萨基本定理有

$$\oint_C e^{iz^2}\mathrm{d}z=0$$

即

$$\int_{OB}e^{ix^2}\mathrm{d}x+\int_{\overset{\frown}{BA}}e^{iz^2}\mathrm{d}z+\int_{AO}e^{iz^2}\mathrm{d}z=0$$

在 OB 上，x 从 0 到 R；在 $\overset{\frown}{BA}$ 上，$z=Re^{i\theta}$，θ 从 0 到 $\frac{\pi}{4}$；在 AO 上，r 从 R 到 0. 因此，上式成为

$$\int_0^R e^{ix^2}\,dx + \int_0^{\frac{\pi}{4}} e^{iR^2 e^{i2\theta}} Rie^{i\theta}\,d\theta + \int_R^0 e^{ir^2} e^{i\frac{\pi}{2}} e^{i\frac{\pi}{4}}\,dr = 0$$

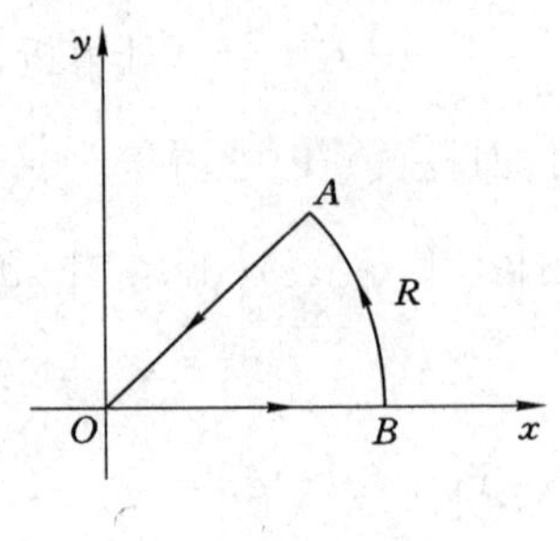

图 5-3

即 $$\int_0^R (\cos x^2 + i\sin x^2)\,dx + \int_0^{\frac{\pi}{4}} e^{iR^2\cos 2\theta - R^2\sin 2\theta} iRe^{i\theta}\,d\theta + \int_R^0 e^{-r^2} e^{i\frac{\pi}{4}}\,dr = 0$$

而上式中第三个积分

$$e^{i\frac{\pi}{4}}\int_0^{\infty} e^{-r^2}\,dr = \frac{\sqrt{\pi}}{2}\cdot e^{i\frac{\pi}{4}} = \frac{\sqrt{2\pi}}{4} + i\,\frac{\sqrt{2\pi}}{4}$$

第二个积分的绝对值

$$\left|\int_0^{\frac{\pi}{4}} e^{iR^2\cos 2\theta - R^2\sin 2\theta} iRe^{i\theta}\,d\theta\right| \leqslant \int_0^{\frac{\pi}{4}} e^{-R^2\sin 2\theta} R\,d\theta \leqslant R\int_0^{\frac{\pi}{4}} e^{-\frac{4}{\pi}R^2\theta}\,d\theta = \frac{\pi}{4R}(1 - e^{-R^2})$$

显然当 $R\to\infty$ 时,积分趋于零,从而有

$$\int_0^{\infty} (\cos x^2 + i\sin x^2)\,dx = \frac{\sqrt{2\pi}}{4} + i\,\frac{\sqrt{2\pi}}{4}$$

再令两端的实部和虚部相等,我们有

$$\int_0^{\infty} \cos x^2\,dx = \int_0^{\infty} \sin x^2\,dx = \frac{\sqrt{2\pi}}{4}$$

小　　结

1. 孤立奇点的分类及孤立奇点邻域内的性态

设 z_0 为 $f(z)$ 的孤立奇点,若 $f(z)$ 在 z_0 的去心邻域 $0 < |z - z_0| < r$ 内的洛朗展开式

$$f(z) = \sum_{n=1}^{\infty} c_{-n}(z - z_0)^{-n} + \sum_{n=0}^{\infty} c_n (z - z_0)^n$$

中不含、只含有限个、含无穷多个 $z - z_0$ 的负幂项,则称孤立奇点 z_0 分别为 $f(z)$ 的可去奇点、极点、本性奇点.

z_0 为 $f(z)$ 的可去奇点、极点、本性奇点的充要条件分别是 $\lim\limits_{z\to z_0}f(z)$ 为有限数、无穷大、不存在也不为无穷大.

若函数 $f(z)$ 在无穷远点 $z=\infty$ 的去心邻域 $R<|z|<+\infty$ 内解析，则称 $z=\infty$ 为 $f(z)$ 的孤立奇点.

$z=\infty$ 为 $f(z)$ 的可去奇点、极点、本性奇点的充要条件分别是 $\lim\limits_{z\to\infty}f(z)$ 为有限数、无穷大、不存在也不为无穷大；也分别等价于 $f(z)$ 在 $R<|z|<+\infty$ 内的洛朗展开式 $f(z)=\sum\limits_{n=1}^{\infty}c_{-n}z^{-n}+\sum\limits_{n=0}^{\infty}c_n z^n$ 中不含、只含有限个、含无穷多个 z 的正幂项.

2. 零点与极点

若函数 $f(z)$ 能表示成

$$f(z)=(z-z_0)^m\varphi(z)$$

其中 $\varphi(z)$ 在 z_0 解析，且 $\varphi(z_0)\neq 0$，m 为正整数，则 z_0 为 $f(z)$ 的 m 级零点.

z_0 为 $f(z)$ 的 m 级零点的充要条件是

$$f^{(n)}(z_0)=0,(n=0,1,2,\cdots,m-1),f^{(m)}(z_0)\neq 0$$

一个不恒为零的解析函数的零点是孤立的.

若函数 $f(z)$ 能表示成

$$f(z)=\frac{1}{(z-z_0)^m}g(z)$$

其中 $g(z)$ 在 z_0 点解析，且 $g(z_0)\neq 0$，则 z_0 为 $f(z)$ 的 m 级极点.

z_0 是 $f(z)$ 的 m 级极点的充要条件是 z_0 是 $\dfrac{1}{f(z)}$ 的 m 级零点.

3. 留数

如果 z_0 是 $f(z)$ 的孤立奇点，则 $f(z)$ 在 z_0 处的留数

$$\operatorname{Re}s[f(z),z_0]=\frac{1}{2\pi i}\oint_C f(z)dz=c_{-1}$$

其中 C 为去心邻域 $0<|z-z_0|<r$ 内任一条围绕 z_0 的正向简单闭曲线.

如果 $z=\infty$ 是 $f(z)$ 的孤立奇点，则 $f(z)$ 在 $z=\infty$ 处的留数

$$\operatorname{Re}s[f(z),\infty]=\frac{1}{2\pi i}\oint_{C^-}f(z)dz$$

其中 C 为去心邻域 $R<|z|<+\infty$ 内绕原点的任一条正向简单闭曲线.

设函数 $f(z)$ 在区域 D 内除有限个孤立奇点 $z_1,z_2,\cdots,z_n$ 外处处解析，C 是 D 内包含诸奇点的一条正向简单闭曲线，则

$$\oint_C f(z)dz=2\pi i\sum_{k=1}^{n}\operatorname{Re}s[f(z),z_k]$$

留数定理的证明应用了复合闭路定理. 可以看出柯西 - 古萨定理、柯西积分公式和

高阶导数公式都是留数定理的特例.

若 z_0 是 $f(z)$ 的可去奇点,则 $\mathrm{Re}\, s[f(z),z_0]=0$.

若 z_0 是 $f(z)$ 本性奇点,一般只能将 $f(z)$ 在 z_0 的去心邻域内展开成洛朗级数得到 c_{-1}.

若 z_0 是 $f(z)$ 的极点,则有如下规则可利用.

规则 1　若 z_0 是 $f(z)$ 一级极点,则

$$\mathrm{Re}\, s[f(z),z_0]=\lim_{z\to z_0}(z-z_0)f(z)$$

规则 2　若 z_0 是 $f(z)$ 的 m 级极点,则

$$\mathrm{Re}\, s[f(z),z_0]=\frac{1}{(m-1)!}\lim_{z\to z_0}\frac{\mathrm{d}^{m-1}}{\mathrm{d}z^{m-1}}[(z-z_0)^m f(z)]$$

规则 3　设 $f(z)=\dfrac{P(z)}{Q(z)}$,$P(z)$ 和 $Q(z)$ 均在 z_0 解析,若 $P(z_0)\neq 0$,$Q(z_0)=0$,$Q'(z_0)\neq 0$,则 z_0 为 $f(z)$ 的一级极点,且

$$\mathrm{Re}\, s[f(z),z_0]=\frac{P(z_0)}{Q'(z_0)}$$

规则 4　$\mathrm{Re}\, s[f(z),\infty]=-\mathrm{Re}\, s\left[f\left(\dfrac{1}{z}\right)\dfrac{1}{z^2},0\right]$

设函数 $f(z)$ 在扩充复平面内除去有限个孤立奇点 $z_1,z_2,\cdots,z_{n-1}$ 和 $z_n=\infty$ 外处处解析,则

$$\sum_{k=1}^{n}\mathrm{Re}\, s[f(z),z_k]=0$$

该定理说明,当 $f(z)$ 的有限奇点较少且有限奇点的留数容易计算时,通过计算有限奇点的留数可以得到 ∞ 点处的留数;反之,若 $f(z)$ 在 ∞ 点处的留数能够求得时,计算 $f(z)$ 沿闭曲线的积分,是非常有效的. 例如积分

$$I=\oint_{|z|=5}\frac{z^{20}}{(z^3+4)^3(z^4+1)^3}\mathrm{d}z$$

在圆周内,被积函数有 7 个三级极点,计算它们的留数是较为困难的. 但在扩充复平面上只有 7 个有限奇点,由该定理有

$$I=-2\pi\mathrm{i}\,\mathrm{Re}\, s[f(z),\infty]$$

而 $\mathrm{Re}\, s[f(z),\infty]=-\mathrm{Re}\, s\left[f\left(\dfrac{1}{z}\right)\dfrac{1}{z^2},0\right]=-\mathrm{Re}\, s\left[\dfrac{1}{z(4z^3+1)^3\ (z^4+1)^3},0\right]=-1$

所以

$$I=2\pi\mathrm{i}.$$

4. 留数的应用

三种不同类型的积分的计算:

(1) $\int_0^{2\pi} R(\cos\theta, \sin\theta)\mathrm{d}\theta$;

(2) $\int_{-\infty}^{+\infty} f(x)\mathrm{d}x$;

(3) $\int_{-\infty}^{+\infty} R(x)\mathrm{e}^{\mathrm{i}ax}\mathrm{d}x(a > 0)$.

对于第一类积分，只需令 $z = \mathrm{e}^{\mathrm{i}\theta}$，则积分被转化为沿单位圆周上的积分.对于第二类和第三类积分，需要找一个与所求积分的被积函数 $f(x)$ 有关的复变函数 $F(z)$，使得当 z 在实轴上变化时，$F(z)$ 就是 $f(x)$，或 $F(z)$ 的实部或虚部中的一个是 $f(x)$，然后构造一条简单闭曲线，其围成的区域为 D，则在 D 内根据留数定理有

$$\int_{-R}^{R} F(x)\mathrm{d}x + \int_{C_R} F(z)\mathrm{d}z = 2\pi\mathrm{i}\sum_{k=1}^{n} \mathrm{Re}\, s[F(z), z_k]$$

若能求得 $\lim\limits_{R\to+\infty}\int_{C_R} F(z)\mathrm{d}z$，即可得到积分 $\int_{-\infty}^{+\infty} f(x)\mathrm{d}x$ 的值.

第五章习题

1. 求下列函数的(有限)奇点，并指出奇点的类型：

(1) $\dfrac{\sin z}{z^2}$;　　(2) $\dfrac{z^2}{(1+z)^3}$;　　(3) $\sin\dfrac{1}{z}$;

(4) $\dfrac{\ln(z+1)}{z}$;　　(5) $\mathrm{e}^{\frac{1}{z-1}}$;　　(6) $\dfrac{1}{\sin z^2}$.

2. 判定下列函数在 $z = \infty$ 的类型：

(1) $\dfrac{z^2+4}{z}$;　　(2) $\dfrac{1}{(z-2)(z+3)}$;　　(3) $\cos z - \sin z$.

3. 设 $f(z)$ 与 $g(z)$ 分别以 z_0 为 m 级和 n 级极点(或零点)，则下列函数：

(1) $f(z)g(z)$;　　(2) $\dfrac{f(z)}{g(z)}$;　　(3) $f(z)+g(z)$.

在 z_0 处有什么性质？

4. 证明：若 z_0 是 $f(z)$ 的 m 级零点($m > 1$)，则 z_0 是 $f'(z)$ 的 $m-1$ 级零点.

5. 求下列函数在有限奇点处的留数：

(1) $\dfrac{z+1}{z^2-2z}$;　　(2) $z^2\sin\dfrac{1}{z}$;　　(3) $\cos\dfrac{1}{1-z}$;

(4) $\dfrac{z}{\cos z}$;　　(5) $\dfrac{1}{z(1-z^2)}$;　　(6) $\dfrac{\sin z}{z}$;

(7) $\dfrac{z-\sin z}{z^4}$.

6. 利用留数定理计算下列积分(圆周均取正向)：

(1) $\oint_{|z|=1}\frac{\sin z}{z}dz$；　　(2) $\oint_{|z|=2}\frac{e^{2z}}{(z-1)^2}dz$；

(3) $\oint_{|z|=4}\frac{\sin z}{z(z-\pi/2)^2}dz$；　　(4) $\oint_{|z|=3}\frac{1}{(z^2+1)(z^2-4)}dz$；

(5) $\oint_{|z|=1}\frac{1}{z\sin z}dz$；　　(6) $\oint_{|z|=3}\tan \pi z dz$.

7. 求下列函数在无穷远点的留数：

(1) $f(z)=\frac{e^z}{z^2-1}$；　　(2) $f(z)=\frac{1}{z(z+1)^4(z-4)}$.

8. 计算下列各积分(C 为正向圆周)：

(1) $\oint_C\frac{1}{(z-i)^{10}(z-1)(z-3)}dz$，$C$：$|z|=2$；

(2) $\oint_C\frac{z^3}{1+z}e^{\frac{1}{z}}dz$，$C$：$|z|=2$.

9. 利用留数计算下列定积分：

(1) $\int_0^{2\pi}\frac{1}{5+3\cos\theta}d\theta$；　　(2) $\int_{-\infty}^{+\infty}\frac{1}{(1+x^2)^2}dx$；

(3) $\int_{-\infty}^{+\infty}\frac{x\sin x}{1+x^2}dx$；　　(4) $\int_{-\infty}^{+\infty}\frac{\cos x}{x^2+4x+5}dx$.

10. 函数 $f(z)=\frac{1}{z(z-1)^2}$ 在 $z=1$ 处有一个二级极点，且在 $|z-1|>1$ 内的洛朗展开式为

$$\frac{1}{z(z-1)^2}=\frac{1}{(z-1)^3}-\frac{1}{(z-1)^4}+\frac{1}{(z-1)^5}-\cdots$$

则“$z=1$ 是 $f(z)$ 的本性奇点，且 $\mathrm{Re}\,s[f(z),1]=0$”，这种说法对吗？

11. 证明：不恒为零的解析函数的零点是孤立的.

第五章测试题

一、选择题

1. 函数$\frac{\cot \pi z}{2z-3}$在$|z-i|=2$内的奇点个数为(　　).

A. 1　　B. 2

C. 3　　D. 4

2. 设 $z=0$ 为函数$\frac{1-e^{z^2}}{z^4\sin z}$的 m 级极点，则 $m=$(　　).

A. 5　　　　B. 4

C. 3　　　　D. 2

3. $z=1$ 是函数 $(z-1)\sin\dfrac{1}{z-1}$ 的(　　).

A. 可去奇点　　　　B. 一级极点

C. 一级零点　　　　D. 本性奇点

4. 下列函数中，$\mathrm{Re}\,s[f(z),0]=0$ 的是(　　).

A. $f(z)=\dfrac{e^z-1}{z^2}$　　　　B. $f(z)=\dfrac{\sin z}{z}-\dfrac{1}{z}$

C. $f(z)=\dfrac{\sin z+\cos z}{z}$　　　　D. $f(z)=\dfrac{1}{e^z-1}-\dfrac{1}{z}$

5. 下列命题中，不正确的是(　　).

A. 若 $z_0(\neq\infty)$ 是 $f(z)$ 的可去奇点或解析点，则 $\mathrm{Re}\,s[f(z),z_0]=0$

B. 若 $P(z)$ 与 $Q(z)$ 在 z_0 解析，z_0 为 $Q(z)$ 的一级零点，则

$$\mathrm{Re}\,s\left[\frac{P(z)}{Q(z)},z_0\right]=\frac{P(z)}{Q'(z)}$$

C. 若 z_0 为 $f(z)$ 的 m 级极点，$n\geqslant m$ 为自然数，则

$$\mathrm{Re}\,s[f(z),z_0]=\frac{1}{n!}\lim_{z\to z_0}\frac{d^n}{dz^n}[(z-z_0)^{n+1}f(z)]$$

D. 若无穷远点 ∞ 为 $f(z)$ 的一级极点，则 $z=0$ 为 $f\left(\dfrac{1}{z}\right)$ 的一级极点，并且

$\mathrm{Re}\,s[f(z),\infty]=\lim\limits_{z\to 0}f\left(\dfrac{1}{z}\right)$

二、填空题

1. $f(z)=\dfrac{1}{e^z-(1+i)}$ 的全部孤立奇点为________.

2. 设 $z=0$ 为函数 $z^3-\sin z^3$ 的 m 级零点，那么 $m=$ ________.

3. 设 $z=\alpha$ 为函数 $f(z)$ 的 m 级零点，那么 $\mathrm{Re}\,s\left[\dfrac{f'(z)}{f(z)},\alpha\right]=$ ________.

4. 积分 $\oint_{|z|=1}\dfrac{1}{\sin z}dz=$ ________.

5. 设 $f(z)=\dfrac{1-\cos z}{z^5}$，则 $\mathrm{Re}\,s[f(z),0]=$ ________.

三、计算题

1. 求 $\dfrac{\sin z-z}{z^4}$ 在有限奇点的类型.

2. 求$\dfrac{z+1}{z^2-2z}$在有限奇点处的留数.

3. 求$\dfrac{e^z}{z(z-1)^2}$在有限奇点处的留数.

4. 求$z^4\sin\dfrac{1}{z}$在$z=0$点处的留数.

5. 求$\oint_C z^3 e^{\frac{1}{z}}dz$,曲线$C$:$|z|=1$正向圆周.

6. 求$\oint_C \dfrac{z^{13}}{(z^2+1)^3(z^2-1)^4}dz$,曲线$C$:$|z|=3$正向圆周.

第五章习题答案

第五章测试题答案

第六章　Fourier 变换

傅立叶(1768 ～ 1830)，法国数学家、物理学家，法国科学院院士. 在研究热的传播时创造了一套数学理论，最早使用定积分符号推导出著名的热传导方程. 代表作《热的解析理论》. 数学中以他的名字命名的傅立叶级数、傅立叶变换，在科学技术的各个领域有着广泛的应用.

所谓积分变换，就是通过积分运算，把一个函数变为另一个函数的变换. 它的理论和方法，在数学的许多分支及其他自然科学和各种工程技术领域中均有着广泛的应用，是这些科学领域中不可缺少的运算工具. 本章和下一章我们将介绍两类最常用的积分变换：Fourier 变换和 Laplace 变换.

傅立叶变换，是一种对连续函数作用的积分变换，通过该变换，可以把一个函数转换为另一个函数. 此变换还有某种对称形式的逆变换，此变换不仅能简化计算，而且在图像处理、信号分析等领域有重要的应用.

在本章，我们将从周期函数在区间$\left[-\frac{\pi}{2},\frac{\pi}{2}\right]$上的 Fourier 级数展开式出发，讨论当 $T\to+\infty$ 时它的极限形式，从而得出非周期函数的 Fourier 积分形式. 然后在此基础上定义 Fourier 变换，并讨论它的一些性质和简单应用.

第一节　Fourier 积分

我们知道，一个以 T 为周期的函数 $f_T(t)$，在$\left[-\frac{T}{2},\frac{T}{2}\right]$上满足狄利克雷(Dirichlet) 条件，即 $f_T(t)$ 在$\left[-\frac{T}{2},\frac{T}{2}\right]$上满足：① 连续或只有有限个第一类间断点；② 只有有限个极值点，则在 $f_T(t)$ 的连续点处有

$$f_T(t)=\frac{a_0}{2}+\sum_{n=1}^{\infty}(a_n\cos n\omega t+b_n\sin n\omega t) \tag{6-1}$$

其中

$$\omega=\frac{2\pi}{T}$$

$$a_n=\frac{2}{T}\int_{-\frac{T}{2}}^{\frac{T}{2}}f_T(t)\cos n\omega t\,\mathrm{d}t \quad (n=0,1,2,\cdots)$$

$$b_n=\frac{2}{T}\int_{-\frac{T}{2}}^{\frac{T}{2}}f_T(t)\sin n\omega t\,\mathrm{d}t \quad (n=1,2,\cdots)$$

在间断点处,式(6-1) 左端为$\frac{1}{2}[f_T(t+0)+f_T(t-0)]$.

为了今后应用上的方便,下面将 Fourier 级数的三角形式转换为复指数形式.

一、Fourier 级数的复指数形式

根据欧拉(Euler) 公式

$$\cos n\omega t=\frac{1}{2}(\mathrm{e}^{\mathrm{j}n\omega t}+\mathrm{e}^{-\mathrm{j}n\omega t}),\sin n\omega t=\frac{-\mathrm{j}}{2}(\mathrm{e}^{\mathrm{j}n\omega t}-\mathrm{e}^{-\mathrm{j}n\omega t}),$$

代入式(6-1),得

$$f_T(t)=\frac{a_0}{2}+\sum_{n=1}^{\infty}\left[\frac{a_n-\mathrm{j}b_n}{2}\mathrm{e}^{\mathrm{j}n\omega t}+\frac{a_n+\mathrm{j}b_n}{2}\mathrm{e}^{-\mathrm{j}n\omega t}\right]$$

令 $$c_0=\frac{a_0}{2},c_n=\frac{a_n-\mathrm{j}b_n}{2},c_{-n}=\frac{a_n+\mathrm{j}b_n}{2}\quad(n=1,2,\cdots)$$

则上式可写为

$$f_T(t)=c_0+\sum_{n=1}^{\infty}(c_n\mathrm{e}^{\mathrm{j}n\omega t}+c_{-n}\mathrm{e}^{-\mathrm{j}n\omega t})$$

其中 $$c_0=\frac{1}{T}\int_{-\frac{T}{2}}^{\frac{T}{2}}f_T(t)\mathrm{d}t$$

$$c_n=\frac{1}{T}\int_{-\frac{T}{2}}^{\frac{T}{2}}f_T(t)(\cos n\omega t-\mathrm{j}\sin n\omega t)\mathrm{d}t$$

$$=\frac{1}{T}\int_{-\frac{T}{2}}^{\frac{T}{2}}f_T(t)\mathrm{e}^{-\mathrm{j}n\omega t}\mathrm{d}t\quad(n=1,2,\cdots)$$

$$c_{-n}=\frac{1}{T}\int_{-\frac{T}{2}}^{\frac{T}{2}}f_T(t)(\cos n\omega t+\mathrm{j}\sin n\omega t)\mathrm{d}t$$

$$=\frac{1}{T}\int_{-\frac{T}{2}}^{\frac{T}{2}}f_T(t)\mathrm{e}^{\mathrm{j}n\omega t}\mathrm{d}t\quad(n=1,2,\cdots)$$

将 c_0,c_n,c_{-n} 合成一个式子

$$c_n=\frac{1}{T}\int_{-\frac{T}{2}}^{\frac{T}{2}}f_T(t)\mathrm{e}^{-\mathrm{j}n\omega t}\mathrm{d}t\quad(n=0,\pm1,\pm2,\cdots)$$

于是得到 Fourier 级数的复指数形式

$$f_T(t)=\sum_{n=-\infty}^{+\infty}c_n\mathrm{e}^{\mathrm{j}n\omega t}\tag{6-2}$$

下面我们讨论非周期函数的展开问题.

二、Fourier 积分形式

若记 $\omega_n=n\omega(n=0,\pm1,\pm2,\cdots)$,则式(6-2) 可写为

$$f_T(t) = \sum_{n=-\infty}^{+\infty} c_n \mathrm{e}^{\mathrm{j}\omega_n t}$$

其中

$$c_n = \frac{1}{T}\int_{-\frac{T}{2}}^{\frac{T}{2}} f_T(\tau)\mathrm{e}^{-\mathrm{j}\omega_n \tau}\,\mathrm{d}\tau$$

即

$$f_T(t) = \frac{1}{T}\sum_{n=-\infty}^{+\infty}\left[\int_{-\frac{T}{2}}^{\frac{T}{2}} f_T(\tau)\mathrm{e}^{-\mathrm{j}\omega_n \tau}\,\mathrm{d}\tau\right]\mathrm{e}^{\mathrm{j}\omega_n t}$$

由于任何一个非周期函数 $f(t)$ 都可以看成是由某个周期函数 $f_T(t)$ 当 $T \to +\infty$ 时的极限，于是有

$$f(t) = \lim_{T\to+\infty} f_T(t) = \lim_{T\to+\infty}\frac{1}{T}\sum_{n=-\infty}^{+\infty}\left[\int_{-\frac{T}{2}}^{\frac{T}{2}} f_T(\tau)\mathrm{e}^{-\mathrm{j}\omega_n \tau}\,\mathrm{d}\tau\right]\mathrm{e}^{\mathrm{j}\omega_n t}$$

当 n 取一切正整数时，ω_n 所对应的点便均匀分布在整个数轴上，如图 6-1 所示，若相邻两点的距离以 $\Delta\omega_n$ 表示，即

$$\Delta\omega_n = \omega_n - \omega_{n-1} = \frac{2\pi}{T}, T = \frac{2\pi}{\Delta\omega_n}$$

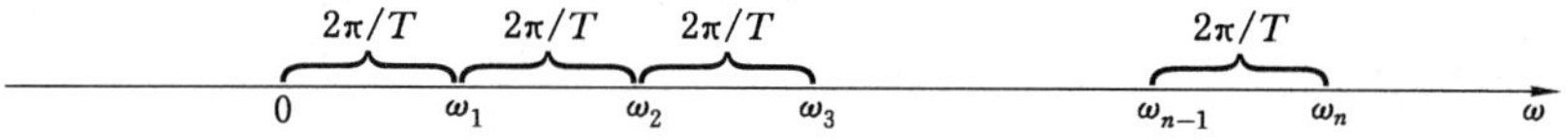

图 6-1

则当 $T \to +\infty$ 时，有 $\Delta\omega_n \to 0$，上式又可以写为

$$\begin{aligned} f(t) &= \lim_{\Delta\omega_n\to 0}\frac{1}{2\pi}\sum_{n=-\infty}^{+\infty}\left[\int_{-\frac{T}{2}}^{\frac{T}{2}} f_T(\tau)\mathrm{e}^{-\mathrm{j}\omega_n \tau}\,\mathrm{d}\tau\right]\mathrm{e}^{\mathrm{j}\omega_n t}\Delta\omega_n \\ &= \lim_{\Delta\omega_n\to 0}\frac{1}{2\pi}\sum_{n=-\infty}^{+\infty}\varphi(\omega_n)\mathrm{e}^{\mathrm{j}\omega_n t}\Delta\omega_n \end{aligned}$$

其中

$$\varphi(\omega_n) = \int_{-\frac{T}{2}}^{\frac{T}{2}} f_T(\tau)\mathrm{e}^{-\mathrm{j}\omega_n \tau}\,\mathrm{d}\tau$$

而当 $T \to +\infty$ 时，上述积分的上限和下限分别变成 $-\infty$ 和 $+\infty$，$f_T(t)$ 变成 $f(t)$，离散变量 ω_n 变成了连续变量 ω，于是有 $\varphi(\omega) = \int_{-\infty}^{+\infty} f(\tau)\mathrm{e}^{-\mathrm{j}\omega\tau}\,\mathrm{d}\tau$，再结合定积分的定义

$$\begin{aligned} f(t) &= \lim_{\Delta\omega_n\to 0}\frac{1}{2\pi}\sum_{n=-\infty}^{+\infty}\varphi(\omega_n)\mathrm{e}^{\mathrm{j}\omega_n t}\Delta\omega_n \\ &= \frac{1}{2\pi}\int_{-\infty}^{+\infty}\varphi(\omega)\mathrm{e}^{\mathrm{j}\omega t}\,\mathrm{d}\omega \end{aligned}$$

$$= \frac{1}{2\pi}\int_{-\infty}^{+\infty}\left[\int_{-\infty}^{+\infty} f(\tau)\mathrm{e}^{-\mathrm{j}\omega\tau}\mathrm{d}\tau\right]\mathrm{e}^{\mathrm{j}\omega t}\mathrm{d}\omega$$

这就是非周期函数 $f(t)$ 的 Fourier 积分公式，而等号右端的积分式称为 $f(t)$ 的 Fourier 积分.

以上只是一种形式上的推导，并不严密. 至于一个非周期函数 $f(t)$ 满足什么条件才可以用 Fourier 积分公式表示呢?我们有以下定理.

定理(Fourier积分定理) 若函数 $f(t)$ 在 $(-\infty,+\infty)$ 上的任一有限区间满足狄利克雷条件，且在 $(-\infty,+\infty)$ 上绝对可积(即 $\int_{-\infty}^{+\infty}|f(t)|\mathrm{d}t<+\infty$)，则有

$$f(t) = \frac{1}{2\pi}\int_{-\infty}^{+\infty}\left[\int_{-\infty}^{+\infty} f(\tau)\mathrm{e}^{-\mathrm{j}\omega\tau}\mathrm{d}\tau\right]\mathrm{e}^{\mathrm{j}\omega t}\mathrm{d}\omega \tag{6-3}$$

成立，在 $f(t)$ 的间断点处，上式左端应为 $\frac{1}{2}[f(t+0)+f(t-0)]$.

定理的证明要用较多的基础理论，这里从略.

式(6-3)是 $f(t)$ 的 Fourier 积分公式的复指数形式，利用欧拉公式，可将它转化为三角形式.

因为积分 $\int_{-\infty}^{+\infty} f(\tau)\sin\omega(t-\tau)\mathrm{d}\tau$ 和 $\int_{-\infty}^{+\infty} f(\tau)\cos\omega(t-\tau)\mathrm{d}\tau$ 分别是 ω 的奇函数和偶函数，所以有

$$\begin{aligned}
f(t) &= \frac{1}{2\pi}\int_{-\infty}^{+\infty}\left[\int_{-\infty}^{+\infty} f(\tau)\mathrm{e}^{-\mathrm{j}\omega\tau}\mathrm{d}\tau\right]\mathrm{e}^{\mathrm{j}\omega t}\mathrm{d}\omega \\
&= \frac{1}{2\pi}\int_{-\infty}^{+\infty}\left[\int_{-\infty}^{+\infty} f(\tau)\mathrm{e}^{\mathrm{j}\omega(t-\tau)}\mathrm{d}\tau\right]\mathrm{d}\omega \\
&= \frac{1}{2\pi}\int_{-\infty}^{+\infty}\left[\int_{-\infty}^{+\infty} f(\tau)\cos\omega(t-\tau)\mathrm{d}\tau + \mathrm{j}\int_{-\infty}^{+\infty} f(\tau)\sin\omega(t-\tau)\mathrm{d}\tau\right]\mathrm{d}\omega \\
&= \frac{1}{2\pi}\int_{-\infty}^{+\infty}\left[\int_{-\infty}^{+\infty} f(\tau)\cos\omega(t-\tau)\mathrm{d}\tau\right]\mathrm{d}\omega \\
&= \frac{1}{\pi}\int_{0}^{+\infty}\mathrm{d}\omega\int_{-\infty}^{+\infty} f(\tau)\cos\omega(t-\tau)\mathrm{d}\tau
\end{aligned} \tag{6-4}$$

这是 $f(t)$ 的 Fourier 积分公式的三角表示式，它还可以表示为

$$\begin{aligned}
f(t) &= \frac{1}{\pi}\int_{0}^{+\infty}\mathrm{d}\omega\int_{-\infty}^{+\infty} f(\tau)(\cos\omega t\cos\omega\tau + \sin\omega t\sin\omega\tau)\mathrm{d}\tau \\
&= \frac{1}{\pi}\left[\int_{0}^{+\infty}\cos\omega t\mathrm{d}\omega\int_{-\infty}^{+\infty} f(\tau)\cos\omega\tau\mathrm{d}\tau + \int_{0}^{+\infty}\sin\omega t\mathrm{d}\omega\int_{-\infty}^{+\infty} f(\tau)\sin\omega\tau\mathrm{d}\tau\right] \\
&= \int_{0}^{+\infty}[A(\omega)\cos\omega t + B(\omega)\sin\omega t]\mathrm{d}\omega
\end{aligned} \tag{6-5}$$

其中 $A(\omega) = \frac{1}{\pi}\int_{-\infty}^{+\infty} f(\tau)\cos\omega\tau\mathrm{d}\tau$，$B(\omega) = \frac{1}{\pi}\int_{-\infty}^{+\infty} f(\tau)\sin\omega\tau\mathrm{d}\tau$

当 $f(t)$ 为偶函数时，由于

$$A(\omega)=\frac{2}{\pi}\int_{0}^{+\infty}f(\tau)\cos\omega\tau\mathrm{d}\tau\ ,B(\omega)=0$$

因此式(6-5) 式变为 $f(t)=\int_{0}^{+\infty}A(\omega)\cos\omega t\mathrm{d}\omega$

即

$$f(t)=\frac{2}{\pi}\int_{0}^{+\infty}\cos\omega t\mathrm{d}\omega\int_{0}^{+\infty}f(\tau)\cos\omega\tau\mathrm{d}\tau \tag{6-6}$$

当 $f(t)$ 为奇函数时，同理可得

$$f(t)=\frac{2}{\pi}\int_{0}^{+\infty}\sin\omega t\mathrm{d}\omega\int_{0}^{+\infty}f(\tau)\sin\omega\tau\mathrm{d}\tau \tag{6-7}$$

式(6-6) 和式(6-7) 分别为 $f(t)$ 的 Fourier 余弦积分公式和 Fourier 正弦积分公式.

若 $f(t)$ 只在$(0,+\infty)$上有定义，且满足 Fourier 积分定理条件，则只要作偶式(或奇式) 延拓，便可得到 $f(t)$ 的余弦(或正弦)Fourier 积分公式.

例 6-1　求矩形脉冲函数 $f(t)=\begin{cases}1,\ |t|\leqslant\delta\\0,t\ |>\delta\end{cases}$ $(\delta>0)$的 Fourier 积分表达式.

解　由式(6-3)，有

$$\begin{aligned}f(t)&=\frac{1}{2\pi}\int_{-\infty}^{+\infty}\left[\int_{-\infty}^{+\infty}f(\tau)\mathrm{e}^{-\mathrm{j}\omega\tau}\mathrm{d}\tau\right]\mathrm{e}^{\mathrm{j}\omega t}\mathrm{d}\omega\\&=\frac{1}{2\pi}\int_{-\infty}^{+\infty}\mathrm{e}^{\mathrm{j}\omega t}\mathrm{d}\omega\int_{-\delta}^{+\delta}\mathrm{e}^{-\mathrm{j}\omega\tau}\mathrm{d}\tau\\&=\frac{1}{2\pi}\int_{-\infty}^{+\infty}\mathrm{e}^{\mathrm{j}\omega t}\mathrm{d}\omega\int_{-\delta}^{+\delta}(\cos\omega\tau-\mathrm{j}\sin\omega\tau)\mathrm{d}\tau\\&=\frac{1}{2\pi}\int_{-\infty}^{+\infty}\frac{2\sin\omega\delta}{\omega}\mathrm{e}^{\mathrm{j}\omega t}\mathrm{d}\omega\\&=\frac{1}{2\pi}\int_{-\infty}^{+\infty}\frac{2\sin\omega\delta}{\omega}\cos\omega t\mathrm{d}\omega+\frac{\mathrm{j}}{2\pi}\int_{-\infty}^{+\infty}\frac{2\sin\omega\delta}{\omega}\sin\omega t\mathrm{d}\omega\\&=\frac{2}{\pi}\int_{0}^{+\infty}\frac{\sin\omega\delta}{\omega}\cos\omega t\mathrm{d}\omega=\begin{cases}1,\ |t|<\delta\\\frac{1}{2},\ |t|=\delta\\0,\ |t|>\delta\end{cases}\end{aligned}$$

上式中令 $t=0$，可得著名的 Dirichlet 积分$\int_{0}^{+\infty}\frac{\sin x}{x}\mathrm{d}x=\frac{\pi}{2}$.

例 6-2　证明$\int_{0}^{+\infty}\frac{\cos\omega t}{1+\omega^2}\mathrm{d}\omega=\frac{\pi}{2}\mathrm{e}^{-t}\quad(t\geqslant0)$.

证　令 $f(t)=\mathrm{e}^{-t}(t\geqslant0)$，则由 Fourier 余弦积分公式，得

$$\mathrm{e}^{-t}=\frac{2}{\pi}\int_{0}^{+\infty}\cos\omega t\mathrm{d}\omega\int_{0}^{+\infty}\mathrm{e}^{-\tau}\cos\omega\tau\mathrm{d}\tau$$

利用两次分部积分公式求得其中对 τ 的积分为 $\frac{1}{1+\omega^2}$，因此 $e^{-t}=\frac{2}{\pi}\int_0^{+\infty}\frac{\cos\omega t}{1+\omega^2}d\omega$，即有

$$\int_0^{+\infty}\frac{\cos\omega t}{1+\omega^2}d\omega=\frac{\pi}{2}e^{-t}\quad(t\geqslant 0).$$

［证毕］

第二节　Fourier 变换

1804 年，由于当时工业上处理金属的需要，法国科学家 J. B. J. 傅立叶开始从事热流动的研究. 他在题为《热的解析理论》一文中发展了热流动方程，并且指出如何求解. 在求解过程中，他提出了任意周期函数都可以用三角级数来表示的想法. 他的这种思想，虽然缺乏严格的论证，但对近代数学以及物理、工程技术都产生了深远的影响，成为傅立叶变换的起源.

案例一　光的衍射

利用傅立叶变换式计算光的单缝和圆孔衍射的光强分布，如图 6-2 所示.

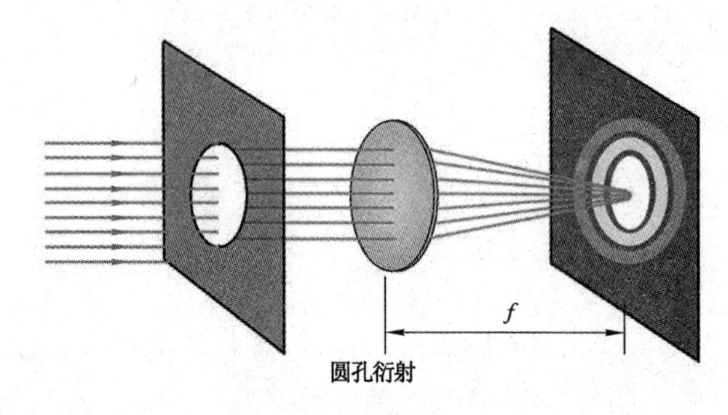

图 6-2　圆孔衍射

案例二　图像处理

傅立叶变换是数字图像处理技术的基础，其通过在时空域和频率域来回切换图像，对图像的信息特征进行提取和分析，简化了计算工作量，被喻为描述图像信息的第二种语言，广泛应用于图像变换、图像编码与压缩、图像分割、图像重建等.

案例三　图像处理

巴特沃兹滤波器(Butterworth low-pass filter).

案例四　在通信系统中的应用

傅立叶变换在通信系统中主要应用在滤波、调制与解调等方面.通过对信号的调制可以将信号的低频成分调制到高频,实现频谱搬移,减少码间串扰,提高抗噪声能力,有利于信号的远距离传输.

案例五　周期信号的频谱分析

信号频域分析是采用傅立叶变换,将时域信号 $x(t)$ 变换为频域信号 $x(f)$,从另一个角度来了解信号的特征.

一、Fourier 变换的概念

由上一节我们知道,若函数 $f(t)$ 满足 Fourier 积分定理中的条件,则在 $f(t)$ 的连续点处有

$$f(t)=\frac{1}{2\pi}\int_{-\infty}^{+\infty}\left[\int_{-\infty}^{+\infty}f(\tau)\mathrm{e}^{-\mathrm{j}\omega\tau}\mathrm{d}\tau\right]\mathrm{e}^{\mathrm{j}\omega t}\mathrm{d}\omega$$

从上式出发,设

$$F(\omega)=\int_{-\infty}^{+\infty}f(t)\mathrm{e}^{-\mathrm{j}\omega t}\mathrm{d}t \tag{6-8}$$

则

$$f(t)=\frac{1}{2\pi}\int_{-\infty}^{+\infty}F(\omega)\mathrm{e}^{\mathrm{j}\omega t}\mathrm{d}\omega \tag{6-9}$$

从式(6-8)和式(6-9)可以看出,$f(t)$ 和 $F(\omega)$ 通过指定的积分运算可以相互表达.式(6-8)称为 $f(t)$ 的 Fourier 变换,记为

$$F(\omega)=\mathscr{F}[f(t)]$$

$F(\omega)$ 称为 $f(t)$ 的像函数.式(6-9)称为 $F(\omega)$ 的 Fourier 逆变换,记为

$$f(t)=\mathscr{F}^{-1}[F(\omega)]$$

$f(t)$ 称为 $F(\omega)$ 的像原函数.

当 $f(t)$ 为偶函数时,由 Fourier 余弦积分公式

$$f(t)=\frac{2}{\pi}\int_{0}^{+\infty}\cos\omega t\,\mathrm{d}\omega\int_{0}^{+\infty}f(\tau)\cos\omega\tau\,\mathrm{d}\tau$$

得 $f(t)$ 的 Fourier 余弦变换

$$F(\omega)=\int_{0}^{+\infty}f(t)\cos\omega t\,\mathrm{d}t$$

和 $F(\omega)$ 的 Fourier 余弦逆变换

$$f(t)=\frac{2}{\pi}\int_{0}^{+\infty}F(\omega)\cos\omega t\,\mathrm{d}\omega$$

当 $f(t)$ 为奇函数时,同理可得 $f(t)$ 的 Fourier 正弦变换

$$F(\omega)=\int_{0}^{+\infty}f(t)\sin\omega t\,\mathrm{d}t$$

和 $F(\omega)$ 的 Fourier 正弦逆变换

$$f(t)=\frac{2}{\pi}\int_{0}^{+\infty}F(\omega)\sin\omega t\,\mathrm{d}\omega$$

例 6-3 求指数衰减函数 $f(t)=\begin{cases}\mathrm{e}^{-\beta t}, t\geqslant 0\\ 0, \quad t<0\end{cases}$ 的 Fourier 变换及其积分表达式,其中 $\beta>0$.

解 $F(\omega)=\mathscr{F}[f(t)]=\int_{-\infty}^{+\infty}f(t)\mathrm{e}^{-\mathrm{j}\omega t}\mathrm{d}t$

$$=\int_{0}^{+\infty}\mathrm{e}^{-\beta t}\mathrm{e}^{-\mathrm{j}\omega t}\mathrm{d}t=\int_{0}^{+\infty}\mathrm{e}^{-(\beta+\mathrm{j}\omega)t}\mathrm{d}t$$

$$=\frac{1}{\beta+\mathrm{j}\omega}=\frac{\beta-\mathrm{j}\omega}{\beta^{2}+\omega^{2}}$$

这就是指数衰减函数的 Fourier 变换,下面我们来求指数衰减函数的积分表达式.

$$f(t)=\mathscr{F}^{-1}[F(\omega)]=\frac{1}{2\pi}\int_{-\infty}^{+\infty}F(\omega)\mathrm{e}^{\mathrm{j}\omega t}\mathrm{d}\omega$$

$$=\frac{1}{2\pi}\int_{-\infty}^{+\infty}\frac{\beta-\mathrm{j}\omega}{\beta^{2}+\omega^{2}}\mathrm{e}^{\mathrm{j}\omega t}\mathrm{d}\omega$$

$$=\frac{1}{2\pi}\int_{-\infty}^{+\infty}\frac{\beta-\mathrm{j}\omega}{\beta^{2}+\omega^{2}}(\cos\omega t+\mathrm{j}\sin\omega t)\mathrm{d}\omega$$

$$=\frac{1}{2\pi}\left(\int_{-\infty}^{+\infty}\frac{\beta\cos\omega t+\omega\sin\omega t}{\beta^{2}+\omega^{2}}\mathrm{d}\omega+\mathrm{j}\int_{-\infty}^{+\infty}\frac{\beta\sin\omega t-\omega\cos\omega t}{\beta^{2}+\omega^{2}}\mathrm{d}\omega\right)$$

$$=\frac{1}{\pi}\int_{0}^{+\infty}\frac{\beta\cos\omega t+\omega\sin\omega t}{\beta^{2}+\omega^{2}}\mathrm{d}\omega$$

由此我们得到一个含参量广义积分的结果:

$$\int_{0}^{+\infty}\frac{\beta\cos\omega t+\omega\sin\omega t}{\beta^{2}+\omega^{2}}\mathrm{d}\omega=\begin{cases}0, & t<0\\ \dfrac{\pi}{2}, & t=0\\ \pi\mathrm{e}^{-\beta t}, & t>0\end{cases}$$

例 6-4 求函数 $f(t)=\begin{cases}1, 0\leqslant t<1\\ 0, t\geqslant 1\end{cases}$ 的正弦变换和余弦变换.

解 $f(t)$ 的正弦变换为

$$F(\omega)=\mathscr{F}[f(t)]=\int_{0}^{+\infty}f(t)\sin\omega t\,\mathrm{d}t=\int_{0}^{1}\sin\omega t\,\mathrm{d}t=\frac{1-\cos\omega}{\omega}$$

$f(t)$ 的余弦变换为

$$F(\omega)=\mathscr{F}[f(t)]=\int_{0}^{+\infty}f(t)\cos\omega t\,\mathrm{d}t=\int_{0}^{1}\cos\omega t\,\mathrm{d}t=\frac{\sin\omega}{\omega}$$

二、单位脉冲函数及其 Fourier 变换

在工程实际问题中，有许多物理现象具有一种脉冲特征，它们仅在某一瞬间或者某一点出现，如瞬时冲击力、脉冲电流、质点的质量等，这些物理量都不能用通常的函数形式去描述.

例 6-5　设长度为 τ 的均匀细杆放在 x 轴的 $[0,\tau]$ 上，其质量为 m，用 $\rho_\tau(x)$ 表示它的线密度，则有

$$\rho_\tau(x)=\begin{cases}\dfrac{m}{\tau}, & 0\leqslant x<\tau\\ 0, & \text{其他}\end{cases}$$

如果有一个质量为 m 的质点放置在坐标原点，则可以认为它相当于上面的细杆 $\tau\to 0$ 的结果，按上式，则质点的密度函数 $\rho(x)$ 为

$$\rho(x)=\lim_{\tau\to 0}\rho_\tau(x)=\begin{cases}\infty, x=0\\ 0, \ x\neq 0\end{cases} \tag{6-10}$$

显然，仅有式(6-10) 这种"常规" 的函数表述方式，并不能反映出质点本身的质量，必须附加一个条件 $\int_{-\infty}^{+\infty}\rho(x)\mathrm{d}x=m$，为此我们需要引入一个新的函数，即所谓的单位脉冲函数，又称为狄拉克(Dirac) 函数或者 δ 函数.

根据上面的例子，可以简单地定义单位脉冲函数 $\delta(t)$ 是满足下面两个条件的函数：

(1) 当 $t\neq 0$ 时，$\delta(t)=0$；

(2) $\int_{-\infty}^{+\infty}\delta(t)\mathrm{d}t=1$.

这是由 Dirac 给出的一种直观的定义方式，按照此定义，则例 6-5 中的质点的密度函数为 $\rho(x)=m\delta(x)$.

这里需要指出的是，上述定义方式在理论上是不严格的，它只是对 δ 函数的某种描述. 事实上，δ 函数并不是经典意义上的函数，而是一个广义函数，另外，δ 函数在现实生活中是不存在的，它是数学抽象的结果，有时人们将 δ 函数直观理解为 $\delta(t)=\lim\limits_{\tau\to 0}\delta_\tau(t)$，其中 $\delta_\tau(t)$ 是宽度为 τ、高度为 $\dfrac{1}{\tau}$ 的矩形脉冲函数（见图 6-3).

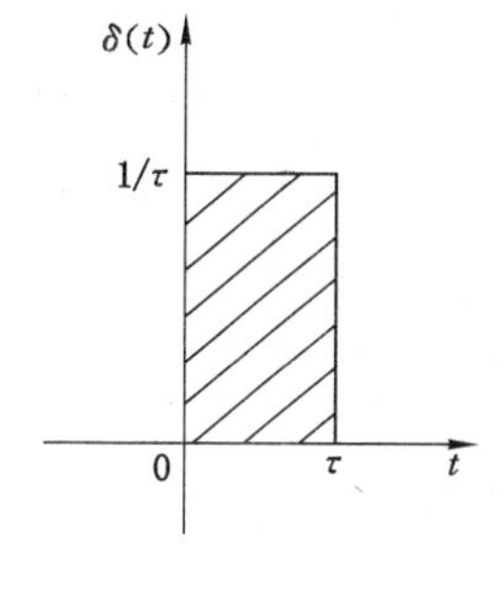

图 6-3

δ 函数具有以下性质：

(1) 对任意的连续函数 $f(t)$，都有

$$\int_{-\infty}^{+\infty}\delta(t)f(t)\mathrm{d}t=f(0) \tag{6-11}$$

事实上，

$$\begin{aligned}\int_{-\infty}^{+\infty}\delta(t)f(t)\mathrm{d}t&=\int_{-\infty}^{+\infty}f(t)[\lim_{\tau\to 0}\delta_\tau(t)]\mathrm{d}t\\&=\lim_{\tau\to 0}\int_{-\infty}^{+\infty}\delta_\tau(t)f(t)\mathrm{d}t=\lim_{\tau\to 0}\int_0^\tau f(t)\frac{1}{\tau}\mathrm{d}t\\&=\lim_{\tau\to 0}\frac{1}{\tau}\int_0^\tau f(t)\mathrm{d}t\end{aligned}$$

由 $f(t)$ 的连续性和积分中值定理，有

$$\int_{-\infty}^{+\infty}\delta(t)f(t)\mathrm{d}t=\lim_{\tau\to 0}\frac{1}{\tau}\int_0^\tau f(\theta\tau)\tau=f(0)\quad(0<\theta<1)$$

一般地，有

$$\int_{-\infty}^{+\infty}\delta(t-t_0)f(t)\mathrm{d}t=f(t_0) \tag{6-12}$$

此性质称为筛选性质，其中式(6-11)给出了 δ 函数与其他函数的运算关系，它也常常被人们用来定义 δ 函数，即采用检验的方式来考察某个函数是否为 δ 函数.

(2) 对任意的有连续导数的函数 $f(t)$，都有

$$\int_{-\infty}^{+\infty}\delta'(t)f(t)\mathrm{d}t=-f'(0)$$

事实上，利用分部积分法，并注意到，当 $t\neq 0$ 时，$\delta(t)=0$，再利用性质(1)有

$$\int_{-\infty}^{+\infty}\delta'(t)f(t)\mathrm{d}t=\delta(t)f(t)\Big|_{-\infty}^{+\infty}-\int_{-\infty}^{+\infty}\delta(t)f'(t)\mathrm{d}t=-f'(0)$$

一般地，对任意的有连续 n 阶导数的函数 $f(t)$，有

$$\int_{-\infty}^{+\infty}\delta^{(n)}(t)f(t)\mathrm{d}t=(-1)^n f^{(n)}(0)$$

(3) $\delta(t)=\delta(-t)$，即 $\delta(t)$ 是偶函数.

(4) $\int_{-\infty}^{t}\delta(\tau)\mathrm{d}\tau=u(t)$

其中 $u(t)=\begin{cases}1,t>0\\0,t<0\end{cases}$ 称为单位阶跃函数. 反之，有

$\dfrac{\mathrm{d}u(t)}{\mathrm{d}t}=\delta(t)$.

在图形上，人们常常采用一个从原点出发长度为1的有向线段来表示 δ 函数(见图6-4)，其中有向线段的长度表示 δ 函数的积分值，称为冲激强度. 图6-5(a)与

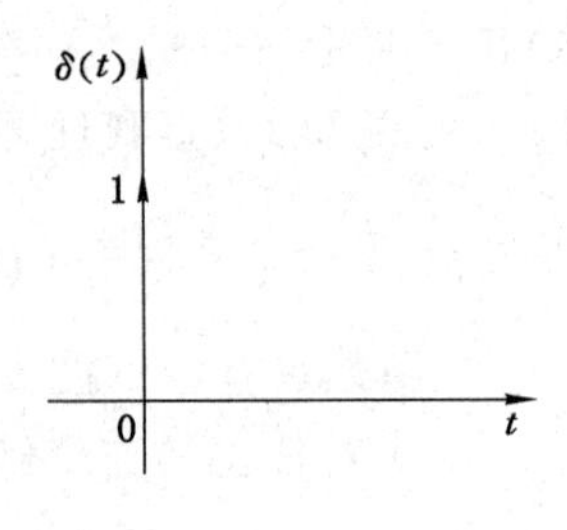

图 6-4

图 6-5(b) 则分别为函数 $A\delta(t)$ 与 $\delta(t-t_0)$ 的图形表示，其中 A 为 $A\delta(t)$ 的冲击强度.

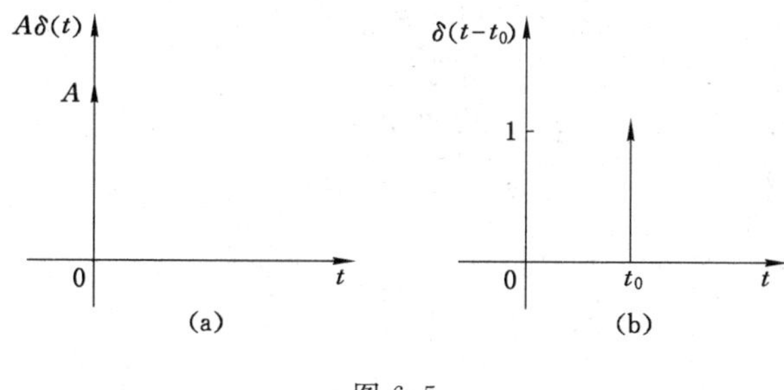

图 6-5

由式(6-8)，我们可以很方便地求出 δ 函数的 Fourier 变换

$$F(\omega)=\mathscr{F}[\delta(t)]=\int_{-\infty}^{+\infty}\delta(t)\mathrm{e}^{-\mathrm{j}\omega t}\mathrm{d}t=\mathrm{e}^{-\mathrm{j}\omega t}\big|_{t=0}=1$$

$$\delta(t)=\mathscr{F}^{-1}[1]=\frac{1}{2\pi}\int_{-\infty}^{+\infty}1\cdot\mathrm{e}^{-\mathrm{j}\omega t}\mathrm{d}\omega$$

一般地，有

$$F(\omega)=\mathscr{F}[\delta(t-t_0)]=\int_{-\infty}^{+\infty}\delta(t-t_0)\mathrm{e}^{-\mathrm{j}\omega t}\mathrm{d}t=\mathrm{e}^{-\mathrm{j}\omega t_0}$$

$$\delta(t-t_0)=\mathscr{F}^{-1}[\mathrm{e}^{-\mathrm{j}\omega t_0}]=\frac{1}{2\pi}\int_{-\infty}^{+\infty}\mathrm{e}^{-\mathrm{j}\omega t_0}\mathrm{e}^{\mathrm{j}\omega t}\mathrm{d}\omega=\frac{1}{2\pi}\int_{-\infty}^{+\infty}\mathrm{e}^{-\mathrm{j}\omega(t-t_0)}\mathrm{d}\omega$$

因此，$\delta(t)$ 和 1，$\delta(t-t_0)$ 和 $\mathrm{e}^{-\mathrm{j}\omega t_0}$ 构成了 Fourier 变换对. 在此需要指出的是，上面这些积分不是通常意义下的积分，它们是根据 δ 函数的定义及性质从形式上推导出来的，即这些积分在计算时需要交换积分运算和极限运算顺序，所以 $\delta(t)$ 的 Fourier 变换应理解为一种广义的 Fourier 变换.

在工程技术中，有许多重要的函数如单位阶跃函数、常函数、正弦函数、余弦函数等都不满足 Fourier 积分定理中绝对可积的条件，但引入 δ 函数后 便可以很方便地得到这些函数的 Fourier 变换.

例 6-6　证明单位阶跃函数 $u(t)=\begin{cases}1, t>0\\0, t<0\end{cases}$ Fourier 变换为 $F(\omega)=\dfrac{1}{\mathrm{j}\omega}+\pi\delta(\omega)$.

证　由 Fourier 逆变换，有

$$\begin{aligned}f(t)&=\frac{1}{2\pi}\int_{-\infty}^{+\infty}\left[\frac{1}{\mathrm{j}\omega}+\pi\delta(\omega)\right]\mathrm{e}^{\mathrm{j}\omega t}\mathrm{d}\omega\\&=\frac{1}{2\pi}\int_{-\infty}^{+\infty}\pi\delta(\omega)\mathrm{e}^{\mathrm{j}\omega t}\mathrm{d}\omega+\frac{1}{2\pi}\int_{-\infty}^{+\infty}\frac{1}{\mathrm{j}\omega}\mathrm{e}^{\mathrm{j}\omega t}\mathrm{d}\omega\end{aligned}$$

$$= \frac{1}{2}e^{j\omega t}\Big|_{\omega=0} + \frac{1}{2\pi}\int_{-\infty}^{+\infty}\frac{\cos\omega t + j\sin\omega t}{j\omega}d\omega$$

$$= \frac{1}{2} + \frac{1}{2\pi}\int_{-\infty}^{+\infty}\frac{\sin\omega t}{\omega}d\omega$$

$$= \frac{1}{2} + \frac{1}{\pi}\int_{0}^{+\infty}\frac{\sin\omega t}{\omega}d\omega$$

由例 6-1

$$\int_{0}^{+\infty}\frac{\sin x}{x}dx = \frac{\pi}{2}$$

有

$$\int_{0}^{+\infty}\frac{\sin\omega t}{\omega}d\omega = \begin{cases} -\frac{\pi}{2}, t < 0 \\ 0, \quad t = 0 \\ \frac{\pi}{2}, \quad t > 0 \end{cases}$$

其中当 $t < 0$ 时,可令 $u = -\omega t$,则

$$\int_{0}^{+\infty}\frac{\sin\omega t}{\omega}d\omega = \int_{0}^{+\infty}\frac{\sin(-u)}{u}du = -\int_{0}^{+\infty}\frac{\sin u}{u}du = -\frac{\pi}{2}$$

因此

$$f(t) = \frac{1}{2} + \frac{1}{\pi}\int_{0}^{+\infty}\frac{\sin\omega t}{\omega}d\omega = \begin{cases} 0, t < 0 \\ 1, t > 0 \end{cases}$$

即
$$f(t) = u(t)$$

这表明 $u(t)$ 的 Fourier 变换是 $F(\omega) = \frac{1}{j\omega} + \pi\delta(\omega)$,$u(t)$ 的 Fourier 积分表达式为

$$u(t) = \frac{1}{2} + \frac{1}{\pi}\int_{0}^{+\infty}\frac{\sin\omega t}{\omega}d\omega \quad (t \neq 0)$$

[证毕]

例 6-7 证明 $f(t) = 1$ 的 Fourier 变换是 $F(\omega) = 2\pi\delta(\omega)$.

证 $f(t) = \frac{1}{2\pi}\int_{-\infty}^{+\infty}F(\omega)e^{j\omega t}d\omega$

$$= \frac{1}{2\pi}\int_{-\infty}^{+\infty}2\pi\delta(\omega)e^{j\omega t}d\omega = e^{j\omega t}\Big|_{\omega=0} = 1$$

所以 1 的 Fourier 变换是 $F(\omega) = 2\pi\delta(\omega)$,同理 $e^{j\omega_0 t}$ 的 Fourier 变换是 $F(\omega) = 2\pi\delta(\omega - \omega_0)$. 由此可得

$$\int_{-\infty}^{+\infty}1 \cdot e^{-j\omega t}dt = 2\pi\delta(\omega)$$

$$\int_{-\infty}^{+\infty} e^{j\omega_0 t} \cdot e^{-j\omega t} dt = 2\pi\delta(\omega - \omega_0)$$

[证毕]

例 6-8　求余弦函数 $f(t) = \cos \omega_0 t$ 的 Fourier 变换.

解　$F(\omega) = \mathscr{F}[f(t)] = \int_{-\infty}^{+\infty} \cos \omega_0 t e^{-j\omega t} d\omega$

$$= \frac{1}{2}\int_{-\infty}^{+\infty} (e^{j\omega_0 t} + e^{-j\omega_0 t}) e^{-j\omega t} dt$$

$$= \frac{1}{2}\int_{-\infty}^{+\infty} [e^{-j(\omega-\omega_0)t} + e^{-j(\omega+\omega_0)t}] dt$$

$$= \frac{1}{2}[2\pi\delta(\omega - \omega_0) + 2\pi\delta(\omega + \omega_0)]$$

$$= \pi[\delta(\omega - \omega_0) + \delta(\omega + \omega_0)]$$

三、非周期函数的频谱

Fourier 变换和频谱的概念有着非常密切的关系. 我们知道，若 $f(t)$ 是以 T 为周期的非正弦周期函数，则只要满足狄利克雷条件就可以展开成 Fourier 级数

$$f(t) = \frac{a_0}{2} + \sum_{n=1}^{\infty} (a_n \cos \omega_n t + b_n \sin \omega_n t)$$

其中 $\omega_n = n\omega = \frac{2n\pi}{T}$. $a_n \cos \omega_n t + b_n \sin \omega_n t$ 称为 $f(t)$ 的第 n 次谐波，$\omega_n = n\omega$ 称为第 n 次谐波的频率，由

$$a_n \cos \omega_n t + b_n \sin \omega_n t = \sqrt{a_n^2 + b_n^2} \sin(\omega_n t + \varphi_n)$$

称 $\sqrt{a_n^2 + b_n^2}$ 为频率是 $n\omega$ 的第 n 次谐波的振幅，记作 A_n，即

$$A_n = \sqrt{a_n^2 + b_n^2} n = 1,2,3,\cdots$$

而 $A_0 = \left| \frac{a_0}{2} \right|$. 若 $f(t)$ 的 Fourier 级数为复指数形式，即

$$f(t) = \sum_{n=-\infty}^{+\infty} c_n e^{j\omega_n t}$$

则第 n 次谐波为 $c_n e^{j\omega_n t} + c_{-n} e^{-j\omega_n t}$，其中

$$c_n = \frac{a_n - jb_n}{2}, c_{-n} = \frac{a_n + jb_n}{2}$$

并且
$$|c_n| = |c_{-n}| = \frac{\sqrt{a_n^2 + b_n^2}}{2} \quad n = 0,1,2,\cdots$$

所以，以 T 为周期的非正弦函数第 n 次谐波的振幅为

$$A_n = 2|c_n| \quad n = 0,1,2,\cdots \tag{6-13}$$

当 n 取 $0,1,2,\cdots$ 这些数值时，相应有不同的频率和不同的振幅，所以式(6-13)式描述了各次谐波的振幅随频率变化的分布情况. 所谓频谱图，通常是指频率和振幅的关系图，所以 A_n 又称为 $f(t)$ 的振幅频谱(简称为频谱). 由于 $n=0,1,2,3,\cdots$，所以频谱 A_n 的图形是不连续的，称之为离散频谱. 它清楚地表明了一个非正弦周期函数包含了哪些频率分量及各分量所占的比重(即振幅大小). 因此频谱图在工程技术中应用比较广泛.

例 6-9　如图 6-6 所示的周期矩形脉冲波 $f(t)$，在一个周期 $\left(-\dfrac{T}{2},\dfrac{T}{2}\right)$ 内

$$f(t)=\begin{cases}0, & -\dfrac{T}{2}<t<-\dfrac{\tau}{2}\\ h, & -\dfrac{\tau}{2}\leqslant t\leqslant\dfrac{\tau}{2}\\ 0, & \dfrac{\tau}{2}<t<\dfrac{T}{2}\end{cases}$$

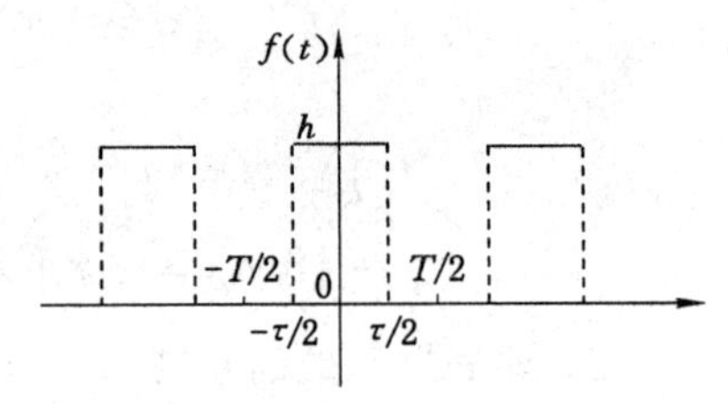

图 6-6

设 $T=4\tau$ 和 $T=8\tau$，分别做出相应的频谱图.

解　$f(t)$ 的 Fourier 级数的复指数形式

$$f(t)=\frac{h\tau}{T}+\sum_{\substack{n=-\infty\\ n\neq 0}}^{+\infty}\frac{h}{n\pi}\sin\frac{n\pi\tau}{T}\mathrm{e}^{\mathrm{j}n\omega t}$$

即 $c_0=\dfrac{h\tau}{T}, c_n=\dfrac{h}{n\pi}\sin\dfrac{n\pi\tau}{T}, n=\pm1,\pm2,\cdots$，因此频谱为

$$A_0=2\mid c_0\mid=\frac{2h\tau}{T}, A_n=2\mid c_n\mid=\frac{2h}{n\pi}\left|\sin\frac{n\pi\tau}{T}\right|, n=1,2,3,\cdots$$

当 $T=4\tau$ 时，

$$A_0=\frac{h}{2}, A_n=\frac{2h}{n\pi}\left|\sin\frac{n\pi}{4}\right|, \omega_n=n\omega=\frac{n\pi}{2\tau}, n=1,2,3,\cdots$$

频谱为：

n	0	1	2	3	4	5	6	7	8	…
ω_n	0	ω	2ω	3ω	4ω	5ω	6ω	7ω	8ω	…
A_n	$\frac{h}{2}$	$\frac{\sqrt{2}h}{\pi}$	$\frac{h}{\pi}$	$\frac{\sqrt{2}h}{3\pi}$	0	$\frac{\sqrt{2}h}{5\pi}$	$\frac{h}{3\pi}$	$\frac{\sqrt{2}h}{7\pi}$	0	…

频谱图如图 6-7 所示.

当 $T=8\tau$ 时，

$$A_0=\frac{h}{4}, A_n=\frac{2h}{n\pi}\left|\sin\frac{n\pi}{8}\right|, \omega_n=n\omega=\frac{n\pi}{4\tau}, n=1,2,3,\cdots$$

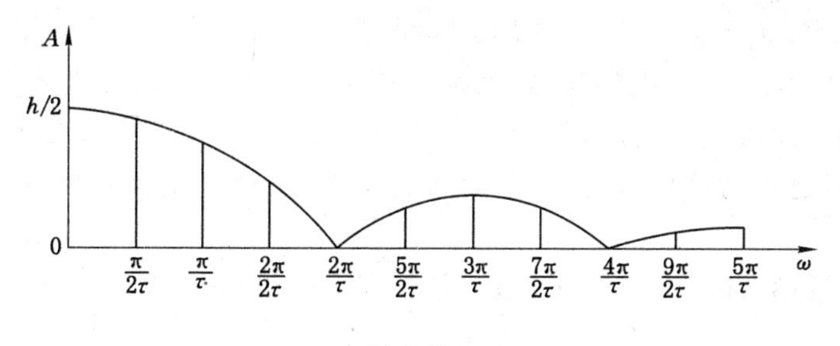

图 6-7

频谱为：

n	0	1	2	3	4	5	6	7	8	…
ω_n	0	ω	2ω	3ω	4ω	5ω	6ω	7ω	8ω	…
A_n	$\frac{h}{4}$	$0.765\ 4\ \frac{h}{\pi}$	$0.707\ 1\ \frac{h}{\pi}$	$0.615\ 9\ \frac{h}{\pi}$	$0.5\ \frac{h}{\pi}$	$0.369\ 6\ \frac{h}{\pi}$	$0.235\ 7\ \frac{h}{\pi}$	$0.109\ 3\ \frac{h}{\pi}$	0	…

频谱图如图 6-8 所示.

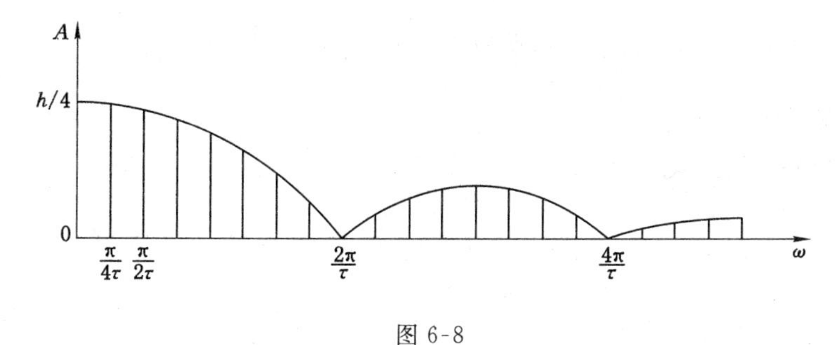

图 6-8

比较这两个图，可以看出：如果矩形的宽度 τ 不变而周期 T 放大一倍，它的频率 ω 必缩小一半，而谱线加密一倍. 由此我们可以得到如下启示：如果 $T\to+\infty$，周期性的矩形脉冲就将转化为非周期性的矩形脉冲，这时离散的频谱也将转化为连续的频谱.

对于非周期性函数 $f(t)$，当它满足 Fourier 积分定理中的条件时，则在 $f(t)$ 的连续点处可表示为

$$f(t)=\frac{1}{2\pi}\int_{-\infty}^{+\infty}F(\omega)\mathrm{e}^{\mathrm{j}\omega t}\,\mathrm{d}\omega$$

其中

$$F(\omega)=\int_{-\infty}^{+\infty}f(t)\mathrm{e}^{-\mathrm{j}\omega t}\,\mathrm{d}t$$

为 $f(t)$ 的Fourier变换. 这里的 $F(\omega)$ 就称为 $f(t)$ 的频谱函数,而频谱函数的模 $|F(\omega)|$ 称为 $f(t)$ 的振幅频谱(简称为频谱). 由于 ω 是连续变化的,这时的频谱图是连续曲线,所以称这种频谱为连续频谱,对一个时间函数作 Fourier 变换,就是求这个时间函数的频谱,而进行 Fourier 逆变换就是由频谱来求时间函数.

可以证明:振幅频谱 $|F(\omega)|$ 是频率 ω 的偶函数,即

$$|F(\omega)|=|F(-\omega)|$$

事实上

$$F(\omega)=\int_{-\infty}^{+\infty}f(t)\mathrm{e}^{-\mathrm{j}\omega t}\,\mathrm{d}t=\int_{-\infty}^{+\infty}f(t)(\cos\omega t-\mathrm{j}\sin\omega t)\,\mathrm{d}t$$

$$|F(\omega)|=\sqrt{\left(\int_{-\infty}^{+\infty}f(t)\cos\omega t\,\mathrm{d}t\right)^2+\left(\int_{-\infty}^{+\infty}f(t)\sin\omega t\,\mathrm{d}t\right)^2}=|F(-\omega)|$$

利用这一性质,在作频谱图时,只要做出$(0,+\infty)$上的图形,然后将所作出的图形以纵轴为对称轴作一翻转即可得$(-\infty,0)$上的图形.

例 6-10 指数衰减函数 $f(t)=\begin{cases}\mathrm{e}^{-\beta t},t\geqslant 0\\0,\quad t<0\end{cases}$,其中 $\beta>0$ 的频谱图.

解 因为 $F(\omega)=\dfrac{1}{\beta+\mathrm{j}\omega}$,所以 $|F(\omega)|=\dfrac{1}{\sqrt{\beta^2+\omega^2}}$

频谱图如图 6-9 所示.

例 6-11 作单位脉冲函数 $\delta(t)$ 的频谱图.

解 因为 $F(\omega)=\mathscr{F}[\delta(t)]=\int_{-\infty}^{+\infty}\delta(t)\mathrm{e}^{-\mathrm{j}\omega t}\,\mathrm{d}t=1$,所以 $|F(\omega)|=1$.

频谱图如图 6-10 所示.

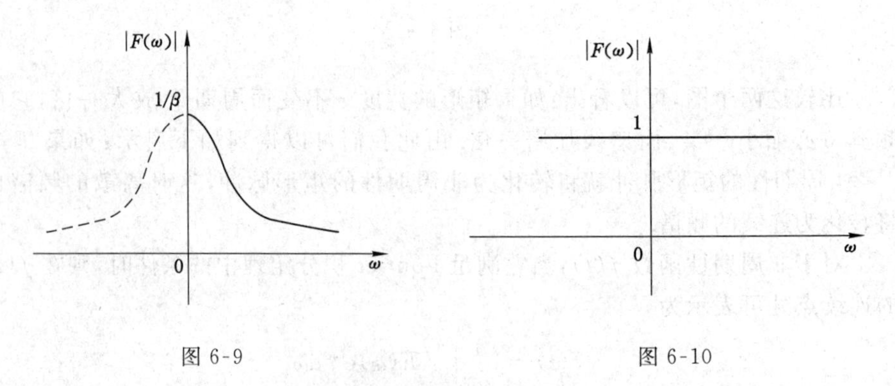

图 6-9　　　　图 6-10

例 6-12 作函数 $f(t)=\dfrac{\sin\omega_0 t}{\pi t}$ 傅立叶的频谱图.

解　$F(\omega)=\int_{-\infty}^{+\infty}\frac{\sin\omega_0 t}{\pi t}e^{-j\omega t}dt=\int_{-\infty}^{+\infty}\frac{\sin\omega_0 t}{\pi t}(\cos\omega t-j\sin\omega t)dt$

$$=\int_{-\infty}^{+\infty}\frac{1}{\pi t}\sin\omega_0 t\cos\omega t\,dt$$

$$=\int_{-\infty}^{+\infty}\frac{1}{\pi t}[\sin(\omega_0+\omega)t+\sin(\omega_0-\omega)t]dt$$

$$=\begin{cases}1, & |\omega|\leqslant\omega_0\\ 0, & \text{其他}\end{cases}$$

频谱图如图 6-11 所示.

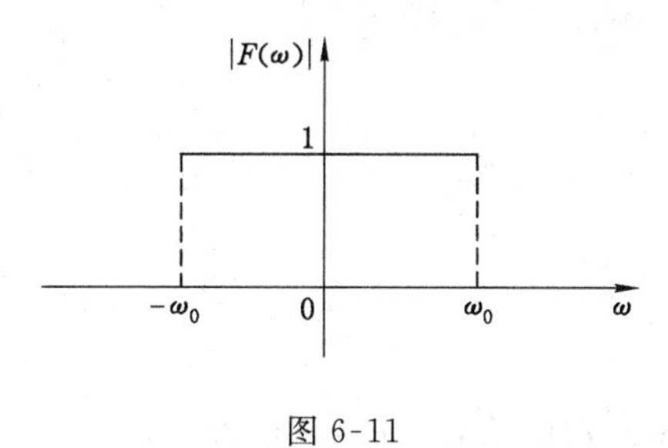

图 6-11

还有许多工程技术中所遇到的非周期函数的频谱图,收录在本书附录中,以备读者查用.

第三节　Fourier 变换的性质

这一节将介绍 Fourier 变换的一些重要性质,为了叙述方便,假设性质中所涉及的 Fourier 变换均存在,且对一些运算(如求导,积分,求和等)的次序可交换,均不另作说明.

一、线性性质

设 $F_1(\omega)=\mathscr{F}[f_1(t)]$,$F_2(\omega)=\mathscr{F}[f_2(t)]$,$\alpha$,$\beta$ 是常数,则

$$\mathscr{F}[\alpha f_1(t)+\beta f_2(t)]=\alpha F_1(\omega)+\beta F_2(\omega) \tag{6-14}$$

$$\mathscr{F}^{-1}[\alpha F_1(\omega)+\beta F_2(\omega)]=\alpha f_1(t)+\beta f_2(t) \tag{6-15}$$

本性质可直接由积分的线性性质推出.

二、位移性质

设 $F(\omega)=\mathscr{F}[f(t)]$,$t_0$,$\omega_0$ 为实常数,则

$$\mathscr{F}[f(t-t_0)]=e^{-j\omega t_0}F(\omega) \tag{6-16}$$

$$\mathscr{F}^{-1}[F(\omega-\omega_0)]=e^{j\omega_0 t}f(t) \tag{6-17}$$

证 由 Fourier 变换的定义有

$$\mathscr{F}[f(t-t_0)]=\int_{-\infty}^{+\infty}f(t-t_0)\mathrm{e}^{-\mathrm{j}\omega t}\mathrm{d}t$$

作变量代换 $t_1=t-t_0$，得

$$\begin{aligned}\mathscr{F}[f(t-t_0)]&=\int_{-\infty}^{+\infty}f(t_1)\mathrm{e}^{-\mathrm{j}\omega t_1}\mathrm{e}^{-\mathrm{j}\omega t_0}\mathrm{d}t_1\\&=\mathrm{e}^{-\mathrm{j}\omega t_0}\mathscr{F}[f(t)]=\mathrm{e}^{-\mathrm{j}\omega t_0}F(\omega)\end{aligned}$$

类似可证式(6-17).

[证毕]

同理还可得

$$\mathscr{F}[f(t+t_0)]=\mathrm{e}^{\mathrm{j}\omega t_0}F(\omega)\tag{6-18}$$

$$\mathscr{F}^{-1}[F_1(\omega+\omega_0)]=\mathrm{e}^{-\mathrm{j}\omega_0 t}f(t)\tag{6-19}$$

例 6-13 已知 $F(\omega)=\dfrac{1}{\beta+\mathrm{j}(\omega+\omega_0)}$($\beta>0,\omega_0$ 为实常数)，求 $f(t)=\mathscr{F}^{-1}[F(\omega)]$.

解 由式(6-19)并利用例 6-3 的结果，有

$$\begin{aligned}f(t)=\mathscr{F}^{-1}[F(\omega)]&=\mathrm{e}^{-\mathrm{j}\omega_0 t}\mathscr{F}^{-1}\left[\frac{1}{\beta+\mathrm{j}\omega}\right]\\&=\begin{cases}\mathrm{e}^{-(\beta+\mathrm{j}\omega_0)t}, & t\geqslant 0\\0, & t<0\end{cases}\end{aligned}$$

三、微分性质

若 $\lim\limits_{|t|\to+\infty}f(t)=0$，则

$$\mathscr{F}[f'(t)]=\mathrm{j}\omega\mathscr{F}[f(t)]\tag{6-20}$$

一般地，若 $\lim\limits_{|t|\to+\infty}f^{(k)}(t)=0\ (k=0,1,2,\cdots,n-1)$，则

$$\mathscr{F}[f^{(n)}(t)]=(\mathrm{j}\omega)^n\mathscr{F}[f(t)]\tag{6-21}$$

证 当 $|t|\to+\infty$ 时，$|f(t)\mathrm{e}^{-\mathrm{j}\omega t}|=|f(t)|\to 0$，可得 $f(t)\mathrm{e}^{-\mathrm{j}\omega t}\to 0$. 因而

$$\begin{aligned}\mathscr{F}[f'(t)]&=\int_{-\infty}^{+\infty}f'(t)\mathrm{e}^{-\mathrm{j}\omega t}\mathrm{d}t\\&=f(t)\mathrm{e}^{-\mathrm{j}\omega t}\Big|_{-\infty}^{+\infty}+\mathrm{j}\omega\int_{-\infty}^{+\infty}f(t)\mathrm{e}^{-\mathrm{j}\omega t}\mathrm{d}t\\&=\mathrm{j}\omega\mathscr{F}[f(t)]\end{aligned}$$

反复运用上式，即可得式(6-21).

[证毕]

同样，我们还能得到像函数的导数公式为

$$\frac{\mathrm{d}}{\mathrm{d}\omega}F(\omega) = -\mathrm{j}\mathscr{F}[-tf(t)]$$

一般地，有

$$\frac{\mathrm{d}^n F(\omega)}{\mathrm{d}\omega} = (-\mathrm{j})^n \mathscr{F}[t^n f(t)]$$

四、积分性质

设 $g(t) = \int_{-\infty}^{t} f(t)\mathrm{d}t$，若 $\lim\limits_{t\to+\infty} g(t) = 0$，则

$$\mathscr{F}\left[\int_{-\infty}^{t} f(t)\mathrm{d}t\right] = \frac{1}{\mathrm{j}\omega}\mathscr{F}[f(t)] \tag{6-22}$$

证　因为 $\frac{\mathrm{d}}{\mathrm{d}t}\left[\int_{-\infty}^{t} f(t)\mathrm{d}t\right] = f(t)$，所以

$$\mathscr{F}\left[\frac{\mathrm{d}}{\mathrm{d}t}\left[\int_{-\infty}^{t} f(t)\mathrm{d}t\right]\right] = \mathscr{F}[f(t)]$$

由微分性质

$$\mathscr{F}\left[\frac{\mathrm{d}}{\mathrm{d}t}\left[\int_{-\infty}^{t} f(t)\mathrm{d}t\right]\right] = \mathrm{j}\omega\mathscr{F}\left[\int_{-\infty}^{t} f(t)\mathrm{d}t\right]$$

故

$$\mathscr{F}\left[\int_{-\infty}^{t} f(t)\mathrm{d}t\right] = \frac{1}{\mathrm{j}\omega}\mathscr{F}[f(t)]$$

［证毕］

它表明一个函数积分后的 Fourier 变换等于这个函数的 Fourier 变换除以 $\mathrm{j}\omega$. 当 $\lim\limits_{t\to+\infty} g(t) \neq 0$ 时，积分性质为

$$\mathscr{F}\left[\int_{-\infty}^{t} f(t)\mathrm{d}t\right] = \frac{1}{\mathrm{j}\omega}F(\omega) + \pi F(0)\delta(\omega)$$

例 6-14　求微分方程

$$ay'(t) + by(t) + c\int_{-\infty}^{t} y(t)\mathrm{d}t = h(t)$$

的解，其中 $-\infty < t < +\infty$，a,b,c 均为常数.

解　设 $\mathscr{F}[y(t)] = Y(\omega)$，$\mathscr{F}[h(t)] = H(\omega)$. 对方程两边取 Fourier 变换，再利用 Fourier 变换的微分性质和积分性质，可得

$$a\mathrm{j}\omega Y(\omega) + bY(\omega) + \frac{c}{\mathrm{j}\omega}Y(\omega) = H(\omega)$$

$$Y(\omega) = \frac{H(\omega)}{b + \mathrm{j}\left(a\omega - \frac{c}{\omega}\right)}$$

再将上式两边取 Fourier 逆变换，可得

$$y(t)=\frac{1}{2\pi}\int_{-\infty}^{+\infty}Y(\omega)e^{j\omega t}d\omega$$
$$=\frac{1}{2\pi}\int_{-\infty}^{+\infty}\frac{H(\omega)}{b+j\left(a\omega-\frac{c}{\omega}\right)}e^{j\omega t}d\omega$$

同样,Fourier 逆变换也有类似的积分性质,即

$$\mathscr{F}^{-1}\left[\int_{-\infty}^{\omega}F(\omega)d\omega\right]=-\frac{f(t)}{jt} \tag{6-23}$$

五、相似性质

设 $F(\omega)=\mathscr{F}[f(t)]$,$a$ 为非零常数,则

$$\mathscr{F}[af(t)]=\frac{1}{|a|}F\left(\frac{\omega}{a}\right) \tag{6-24}$$

证 $\mathscr{F}[af(t)]=\int_{-\infty}^{+\infty}f(at)e^{-j\omega t}dt$,令 $x=at$,则有

当 $a>0$ 时,

$$\mathscr{F}[f(at)]=\frac{1}{a}\int_{-\infty}^{+\infty}f(x)e^{-j\frac{\omega}{a}x}dx=\frac{1}{a}F\left(\frac{\omega}{a}\right)$$

当 $a<0$ 时,

$$\mathscr{F}[f(at)]=\frac{1}{a}\int_{+\infty}^{-\infty}f(x)e^{-j\frac{\omega}{a}x}dx=-\frac{1}{a}F\left(\frac{\omega}{a}\right)$$

综合以上两种情况

$$\mathscr{F}[f(at)]=\frac{1}{|a|}F\left(\frac{\omega}{a}\right)$$

[证毕]

此性质说明,若函数(或信号)被压缩($a>1$),则其频谱被扩展;反之,若函数(或信号)被扩展($a<1$),则其频谱被压缩.

时域中的压缩(扩展)等于频域中的扩展(压缩).

相似性质体现了脉冲宽度与频带宽度之间的反比关系.脉冲越窄,则其频谱(主瓣)越宽;脉冲越宽,则其频谱(主瓣)越窄.

在电信通讯中,为了迅速地传递信号,希望信号的脉冲宽度要小;为了有效地利用信道,希望信号的频带宽度要窄.相似性质表明这两者是矛盾的,因为同时压缩脉冲宽度和频带宽度是不可能的.

例 6-15 已知抽样信号 $f(t)=\frac{\sin 2t}{\pi t}$ 的频谱为 $F(\omega)=\begin{cases}1, & |\omega|\leqslant 2\\0, & |\omega|>2\end{cases}$,求信号 $g(t)=f\left(\frac{t}{2}\right)$的频谱 $G(\omega)$.

解　由式(6-24)可得

$$G(\omega)=\mathscr{F}[g(t)]=\mathscr{F}\left[f\left(\frac{t}{2}\right)\right]=2F(2\omega)=\begin{cases}2, & |\omega|\leqslant 1\\ 0, & |\omega|>1\end{cases}$$

六、对称性质

若 $\mathscr{F}[f(t)]=F(\omega)$，则 $\mathscr{F}[F(t)]=2\pi f(-\omega)$.　　(6-25)

证　由 $f(t)=\frac{1}{2\pi}\int_{-\infty}^{+\infty}F(\omega)e^{j\omega t}d\omega$，得

$$f(-t)=\frac{1}{2\pi}\int_{-\infty}^{+\infty}F(\omega)e^{-j\omega t}d\omega$$

将 t 与 ω 互换，有

$$f(-\omega)=\frac{1}{2\pi}\int_{-\infty}^{+\infty}F(t)e^{-j\omega t}dt$$

即

$$\mathscr{F}[F(t)]=2\pi f(-\omega)$$

［证毕］

这个性质说明了 Fourier 变换与其逆变换的对称关系.

例 6-16　$f(t)=\begin{cases}1, & |t|<1\\ 0, & |t|>1\end{cases}$ 且 $\mathscr{F}[f(t)]=\frac{2\sin\omega}{\omega}$（$\omega=0$ 时取其极限值），求

$$\mathscr{F}\left[\frac{2\sin t}{t}\right].$$

解　由对称性得

$$\mathscr{F}\left[\frac{2\sin t}{t}\right]=2\pi f(-\omega)=\begin{cases}2\pi, & |\omega|<1\\ 0, & |\omega|>1\end{cases}$$

第四节　Fourier 变换的卷积

一、卷积的定义

设 $f_1(t)$ 与 $f_2(t)$ 在 $(-\infty,+\infty)$ 内有定义，若广义积分 $\int_{-\infty}^{+\infty}f_1(\tau)f_2(t-\tau)d\tau$ 对任何实数 t 收敛，则它定义了一个自变量为 t 的函数，称此函数为 $f_1(t)$ 与 $f_2(t)$ 的卷积，记作 $f_1(t)*f_2(t)$，即

$$f_1(t)*f_2(t)=\int_{-\infty}^{+\infty}f_1(\tau)f_2(t-\tau)d\tau \tag{6-26}$$

根据定义，很容易知道卷积满足

$$f_1(t)*f_2(t)=f_2(t)*f_1(t)\quad（交换律）$$

$$f_1(t)*[f_2(t)*f_3(t)]=[f_1(t)*f_2(t)]*f_3(t)\quad（结合律）$$

$$f_1(t)*[f_2(t)+f_3(t)]=f_1(t)*f_2(t)+f_1(t)*f_3(t)\quad（分配律）$$

例 6-17 求下列函数的卷积.

$$f(t)=\begin{cases}e^{-\alpha t},t\geqslant 0\\0,\quad t<0\end{cases},g(t)=\begin{cases}e^{-\beta t},t\geqslant 0\\0,\quad t<0\end{cases}$$ 其中 $\alpha>0,\beta>0$ 且 $\alpha\neq\beta$.

解 由定义有

$$f(t)*g(t)=\int_{-\infty}^{+\infty}f(\tau)g(t-\tau)\mathrm{d}\tau$$

由图 6-12 可得：当 $t<0$ 时，

$$f(t)*g(t)=0$$

当 $t\geqslant 0$ 时，

$$f(t)*g(t)=\int_0^t f(\tau)g(t-\tau)\mathrm{d}\tau=\int_0^t e^{-\alpha\tau}e^{-\beta(t-\tau)}\mathrm{d}\tau$$

$$=e^{-\beta t}\int_0^t e^{-(\alpha-\beta)\tau}\mathrm{d}\tau=\frac{1}{\alpha-\beta}[e^{-\beta t}-e^{-\alpha t}]$$

综合得

$$f(t)*g(t)=\begin{cases}0, & t<0\\ \dfrac{1}{\alpha-\beta}[e^{-\beta t}-e^{-\alpha t}], & t\geqslant 0\end{cases}$$

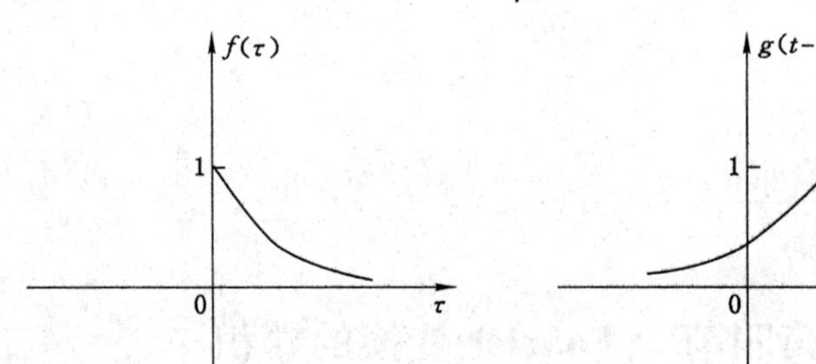

图 6-12

例 6-18 求下列函数的卷积.

$$f(t)=t^2u(t),g(t)=\begin{cases}1,\ |t|\leqslant 1\\0,\ |t|>1\end{cases}$$

解 由定义有

$$f(t)*g(t)=\int_{-\infty}^{+\infty}f(\tau)g(t-\tau)\mathrm{d}\tau=\int_{-\infty}^{+\infty}g(\tau)f(t-\tau)\mathrm{d}\tau$$

由图 6-13 可得：当 $t<-1$ 时，

$$f(t)*g(t)=0$$

当 $-1\leqslant t\leqslant 1$ 时，

$$f(t)*g(t)=\int_{-1}^{t}1\cdot(t-\tau)^2\mathrm{d}\tau=\frac{1}{3}(t+1)^3;$$

当 $t>1$ 时，

$$f(t)*g(t)=\int_{-1}^{1}1\cdot(t-\tau)^2\mathrm{d}\tau=\frac{1}{3}(6t^2+2).$$

综合得

$$f(t)*g(t)=\begin{cases}0, & t<-1\\ \frac{1}{3}(t+1)^3, & -1\leqslant t\leqslant 1\\ \frac{1}{3}(6t^2+2), & t>1\end{cases}$$

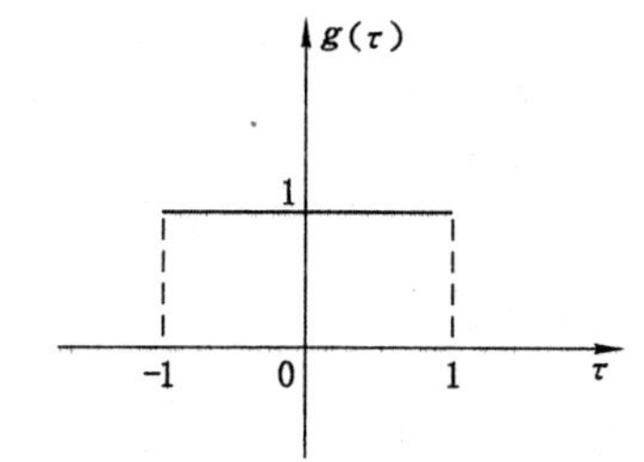

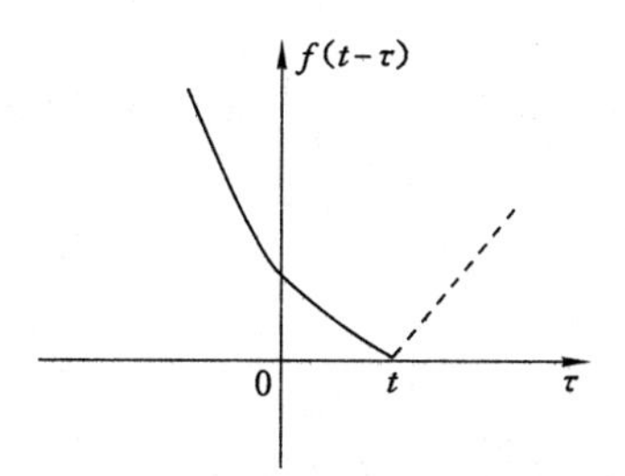

图 6-13

二、卷积定理

设 $F_1(\omega)=\mathscr{F}[f_1(t)]$，$F_2(\omega)=\mathscr{F}[f_2(t)]$，则有

$$\mathscr{F}[f_1(t)*f_2(t)]=F_1(\omega)\cdot F_2(\omega),\tag{6-27}$$

$$\mathscr{F}[f_1(t)\cdot f_2(t)]=\frac{1}{2\pi}F_1(\omega)*F_2(\omega)\tag{6-28}$$

证　由卷积与 Fourier 变换定义有

$$\begin{aligned}\mathscr{F}[f_1(t)*f_2(t)]&=\int_{-\infty}^{+\infty}f_1(t)*f_2(t)\mathrm{e}^{-\mathrm{j}\omega t}\mathrm{d}t\\&=\int_{-\infty}^{+\infty}\left[\int_{-\infty}^{+\infty}f_1(\tau)f_2(t-\tau)\mathrm{d}\tau\right]\mathrm{e}^{-\mathrm{j}\omega t}\mathrm{d}t\\&=\int_{-\infty}^{\infty}f_1(\tau)\int_{-\infty}^{\infty}[f_2(t-\tau)\mathrm{e}^{-\mathrm{j}\omega t}\mathrm{d}t]\mathrm{d}\tau\\&=\int_{-\infty}^{+\infty}f_1(\tau)\mathrm{e}^{-\mathrm{j}\omega\tau}\left[\int_{-\infty}^{+\infty}f_2(t-\tau)\mathrm{e}^{-\mathrm{j}\omega(t-\tau)}\mathrm{d}t\right]\mathrm{d}\tau\end{aligned}$$

$$= F_1(\omega) \cdot F_2(\omega)$$

同理可得式(6-28).

[证毕]

(1) 利用卷积定理可以简化卷积计算及某些函数的 Fourier 变换

例 6-19 设 $f(t) = \mathrm{e}^{-\beta t}u(t)\cos\omega_0 t(\beta > 0)$,求 $\mathscr{F}[f(t)]$.

解 由式(6-28)得

$$\mathscr{F}[f(t)] = \frac{1}{2\pi}\mathscr{F}[\mathrm{e}^{-\beta t}u(t)] * \mathscr{F}[\cos\omega_0 t]$$

又由例 6-8 和例 6-10 可知

$$\mathscr{F}[\mathrm{e}^{-\beta t}u(t)] = \frac{1}{\beta + \mathrm{j}\omega}$$

$$\mathscr{F}[\cos\omega_0 t] = \pi[\delta(\omega + \omega_0) + \delta(\omega - \omega_0)]$$

因此有

$$\begin{aligned}\mathscr{F}[f(t)] &= \frac{1}{2\pi}\int_{-\infty}^{+\infty}\frac{\pi}{\beta + \mathrm{j}\tau}[\delta(\omega + \omega_0 - \tau) + \delta(\omega - \omega_0 - \tau)]\mathrm{d}\tau \\ &= \frac{1}{2}\left[\frac{1}{\beta + \mathrm{j}(\omega + \omega_0)} + \frac{1}{\beta + \mathrm{j}(\omega - \omega_0)}\right] \\ &= \frac{\beta + \mathrm{j}\omega}{(\beta + \mathrm{j}\omega)^2 + \omega_0^2}\end{aligned}$$

(2) 利用 Matlab 实现 Fourier 变换

在数学软件 Matlab 的符号演算工具箱中,提供了专用函数来进行 Fourier 变换与 Fourier 逆变换.

① F = fourier(f),对函数 $f(x)$ 进行 Fourier 变换,并返回结果 $F(\omega)$.

② f = ifourier(F),对函数 $F(\omega)$ 进行 Fourier 逆变换,并返回结果 $f(x)$.

例 6-20 求函数 $f(x) = \cos ax$ 的 Fourier 变换.

解 Matlab 程序 clear;

```
syms a real;
syms x;
f = cos(a * x);
F = fourier(f);
```

输出 F = pi * Dirac(w - a) + pi * Dirac(w + a)

其中,Dirac 为 δ 函数,pi 代表 π.

即 $F(\omega) = \pi[\delta(\omega - a) + \delta(\omega + a)]$

小　　结

1. Fourier 变换的概念

(1) 设函数 $f_T(t)$ 是以 T 为周期的周期函数，在 $\left[-\frac{T}{2},\frac{T}{2}\right]$ 上满足狄利克雷条件，则在 $f_T(t)$ 的连续点处可将它展开成复指数形式的 Fourier 级数

$$f_T(t)=\sum_{n=-\infty}^{+\infty}c_n\mathrm{e}^{-\mathrm{j}\omega_n t}=\frac{1}{T}\sum_{n=-\infty}^{+\infty}\left[\int_{-\frac{T}{2}}^{\frac{T}{2}}f_T(\tau)\mathrm{e}^{-\mathrm{j}\omega\tau}\mathrm{d}\tau\right]\mathrm{e}^{\mathrm{j}\omega_n t}$$

其中 $\omega_n=n\omega=\frac{2n\pi}{T}$，$a_n\cos\omega_n t+b_n\sin\omega_n t$ 称为 $f(t)$ 的第 n 次谐波，$\omega_n=n\omega$ 称为第 n 次谐波的频率，$2\mid c_n\mid$ 为第 n 次谐波的振幅，$\mid c_n\mid$ 也同样反映了 n 次谐波振幅的大小. 对 $n=0,1,2,\cdots$，列出各次谐波所对应的振幅 $\mid c_n\mid$，称为振幅频谱或简称频谱.

对非周期函数 $f(t)$，其展开式

$$f(t)=\frac{1}{2\pi}\int_{-\infty}^{+\infty}\left[\int_{-\infty}^{+\infty}f(\tau)\mathrm{e}^{-\mathrm{j}\omega\tau}\mathrm{d}\tau\right]\mathrm{e}^{\mathrm{j}\omega t}\mathrm{d}\omega \quad ①$$

或写成

$$f(t)=\frac{1}{2\pi}\int_{-\infty}^{+\infty}F(\omega)\mathrm{e}^{\mathrm{j}\omega t}\mathrm{d}\omega \quad ②$$

$$F(\omega)=\int_{-\infty}^{+\infty}f(t)\mathrm{e}^{-\mathrm{j}\omega t}\mathrm{d}t \quad ③$$

① 式称为函数的 $f(t)$Fourier 积分公式；③ 式称为函数的 $f(t)$ 的 Fourier 变换；② 式称为函数的 $f(t)$Fourier 逆变换.

(2) Fourier 积分定理

若函数 $f(t)$ 在 $(-\infty,+\infty)$ 上的任一有限区间满足狄利克雷条件，且在 $(-\infty,+\infty)$ 上绝对可积(即 $\int_{-\infty}^{+\infty}\mid f(t)\mid\mathrm{d}t<+\infty$)，则有

$$f(t)=\frac{1}{2\pi}\int_{-\infty}^{+\infty}\left[\int_{-\infty}^{+\infty}f(\tau)\mathrm{e}^{-\mathrm{j}\omega\tau}\mathrm{d}\tau\right]\mathrm{e}^{\mathrm{j}\omega t}\mathrm{d}\omega$$

成立，在 $f(t)$ 的间断点处，上式左端应为 $\frac{1}{2}[f(t+0)+f(t-0)]$. 非周期函数 $f(t)$ 中的频率 ω 成分是连续变化的，任何频率 ω 的分量的振幅都正比于 $\mid F(\omega)\mid$，因此称 $\mid F(\omega)\mid$ 为 $f(t)$ 的振幅频谱，简称频谱.

(3) 一些常用的 Fourier 变换

$$\mathscr{F}[\mathrm{e}^{-\beta t}u(t)]=\frac{1}{\beta+\mathrm{j}\omega};\mathscr{F}[\delta(t)]=1;\mathscr{F}[u(t)]=\frac{1}{\mathrm{j}\omega}+\pi\delta(\omega);$$

$$\mathscr{F}[1]=2\pi\delta(\omega);\mathscr{F}[\cos\omega_0 t]=\pi[\delta(\omega-\omega_0)+\delta(\omega+\omega_0)].$$

2. Fourier 变换的性质

(1) 线性性质

设 $F_1(\omega)=\mathscr{F}[f_1(t)]$，$F_2(\omega)=\mathscr{F}[f_2(t)]$，$\alpha,\beta$ 是常数，则

$$\mathscr{F}[\alpha f_1(t)+\beta f_2(t)]=\alpha F_1(\omega)+\beta F_2(\omega)$$

$$\mathscr{F}^{-1}[\alpha F_1(\omega)+\beta F_2(\omega)]=\alpha f_1(t)+\beta f_2(t)$$

(2) 位移性质

设 $F(\omega)=\mathscr{F}[f(t)]$，$t_0,\omega_0$ 为实常数，则

$$\mathscr{F}[f(t-t_0)]=\mathrm{e}^{-\mathrm{j}\omega t_0}F(\omega)$$

$$\mathscr{F}^{-1}[F_1(\omega-\omega_0)]=\mathrm{e}^{\mathrm{j}\omega_0 t}f(t)$$

(3) 微分性质

若 $\lim\limits_{|t|\to+\infty}f(t)=0$，则

$$\mathscr{F}[f'(t)]=\mathrm{j}\omega\mathscr{F}[f(t)]$$

像函数的导数公式为

$$\frac{\mathrm{d}}{\mathrm{d}\omega}F(\omega)=\mathscr{F}[-\mathrm{j}tf(t)]$$

(4) 积分性质

设 $g(t)=\int_{-\infty}^{t}f(t)\mathrm{d}t$，若 $\lim\limits_{t\to+\infty}g(t)=0$，则

$$\mathscr{F}\left[\int_{-\infty}^{t}f(t)\mathrm{d}t\right]=\frac{1}{\mathrm{j}\omega}\mathscr{F}[f(t)]$$

(5) 相似性质

设 $F(\omega)=F[f(t)]$，a 为非零常数，则

$$\mathscr{F}[af(t)]=\frac{1}{|a|}F\left(\frac{\omega}{a}\right)$$

(6) 对称性质

若 $\mathscr{F}[f(t)]=F(\omega)$，则

$$\mathscr{F}[F(t)]=2\pi f(-\omega)$$

3. 狄拉克函数及其有关公式

狄拉克函数简称 δ- 函数，记为 $\delta(t)$. 此函数在 $t\neq0$ 时，$\delta(t)=0$，且对任意的连续函数 $f(t)$ 有

$$\int_{-\infty}^{+\infty}\delta(t)f(t)\mathrm{d}t=f(0)$$

当 $f(t)\equiv1$ 时，有

$$\int_{-\infty}^{+\infty}\delta(t)\mathrm{d}t=1$$

并且可推出

$$\int_{-\infty}^{+\infty}\delta(t-t_0)f(t)\mathrm{d}t=f(t_0)$$

有关 δ- 函数的 Fourier 变换

$$\mathscr{F}[\delta(t)]=1$$
$$\mathscr{F}[\delta(t-t_0)]=\mathrm{e}^{-\mathrm{j}\omega t_0}$$
$$\mathscr{F}[\mathrm{e}^{\mathrm{j}\omega_0 t}]=2\pi\delta(\omega-\omega_0)$$
$$\mathscr{F}[\mathrm{e}^{-\mathrm{j}\omega_0 t}]=2\pi\delta(\omega+\omega_0)$$
$$\mathscr{F}[u(t)]=\frac{1}{\mathrm{j}\omega}+\pi\delta(\omega)$$

其中 $u(t)$ 为单位阶跃函数，其表达式为

$$u(t)=\begin{cases}1, t>0\\0, t<0\end{cases}$$

4. 卷积

(1) 卷积的概念

$$f_1(t)*f_2(t)=\int_{-\infty}^{+\infty}f_1(\tau)f_2(t-\tau)\mathrm{d}\tau$$

(2) 卷积定理

设 $F_1(\omega)=\mathscr{F}[f_1(t)]$，$F_2(\omega)=\mathscr{F}[f_2(t)]$，则有

$$\mathscr{F}[f_1(t)*f_2(t)]=F_1(\omega)\cdot F_2(\omega),$$
$$\mathscr{F}[f_1(t)\cdot f_2(t)]=\frac{1}{2\pi}F_1(\omega)*F_2(\omega)$$

第六章习题

1. 求下列函数的 Fourier 积分：

(1) $f(t)=\begin{cases}\mathrm{e}^{at}, & t<0\\ \mathrm{e}^{-at}, & t>0\end{cases}\quad(a>0)$；　(2) $f(t)=\begin{cases}1-t^2, & |t|<1\\ 0, & |t|>1\end{cases}$；

(3) $f(t)=\begin{cases}\cos t, & |t|<\dfrac{\pi}{2}\\ 0, & |t|>\dfrac{\pi}{2}\end{cases}$.

2. 证明 $\displaystyle\int_0^{+\infty}\frac{\cos\omega t}{\beta^2+\omega^2}\mathrm{d}\omega=\frac{\pi}{2\beta}\mathrm{e}^{-\beta|t|}\ (\beta>0)$.

3. 求下列函数的 Fourier 变换：

(1) $f(t)=t\mathrm{e}^{-at}(a>0)$；　(2) $f(t)=\sin\omega_0 t$；

(3) $f(t)=\begin{cases}e^{t}, t\leqslant 0\\ 0, t>0\end{cases}$.

4. 求矩形脉冲函数 $f(t)=\begin{cases}a, 0\leqslant t\leqslant\tau\\ 0,\text{其他}\end{cases}$ 的 Fourier 变换.

5. 求函数 $f(t)=\frac{1}{2}\left[\delta(t+a)+\delta(t-a)+\delta\left(t+\frac{a}{2}\right)+\delta\left(t-\frac{a}{2}\right)\right]$ 的 Fourier 变换.

6. 求下列函数的 Fourier 逆变换:

(1) $F(\omega)=\frac{\sin\omega}{\omega}$;

(2) $F(\omega)=\pi[\delta(\omega+\omega_0)+\delta(\omega-\omega_0)]$.

7. 求 Gauss 分布函数 $f(t)=\frac{1}{\sqrt{2\pi}\sigma}e^{-\frac{t^2}{2\sigma^2}}$ 的频谱函数.

8. 若 $F(\omega)=\mathscr{F}[f(t)]$,证明:

$$\mathscr{F}[f(t)\cos\omega_0 t]=\frac{1}{2}[F(\omega-\omega_0)+F(\omega-\omega_0)]$$

9. 设 $f_1(t)=\begin{cases}0, t<0\\ 1, t\geqslant 0\end{cases}$, $f_2(t)=\begin{cases}0, & t<0\\ e^{-t}, & t\geqslant 0\end{cases}$,求 $f_1(t)*f_2(t)$.

10. 若 $f_1(t)=e^{-at}u(t)$, $f_2(t)=\sin tu(t)$,求 $f_1(t)*f_2(t)$.

11. 设 $f_1(t)=\begin{cases}0, & t<0\\ 2e^{-t}, & t\geqslant 0\end{cases}$, $f_2(t)=\begin{cases}0, t<0\\ 2, t\geqslant 0\end{cases}$,求 $f_1(t)*f_2(t)$.

12. 求函数 $f(t)=\begin{cases}\sin t, & |t|\leqslant\pi\\ 0, & |t|>\pi\end{cases}$ 的 Fourier 变换,并证明:

$$\int_0^{+\infty}\frac{\sin\omega\pi\sin\omega t}{1-\omega^2}d\omega=\begin{cases}\frac{\pi}{2}\sin t, & |t|\leqslant\pi\\ 0, & |t|>\pi\end{cases}.$$

13. 若 $F_i[\omega]=\mathscr{F}[f_i(t)]$, $i=1,2$,证明:

$$\mathscr{F}[f_1(t)\cdot f_2(t)]=\frac{1}{2\pi}F_1(\omega)*F_2(\omega).$$

14. 设 $\mathscr{F}[f(t)]=F(\omega)$, a 为非零常数,试证明:

$$\mathscr{F}[f(at-t_0)]=\frac{1}{|a|}F\left(\frac{\omega}{a}\right)e^{-j\frac{\omega}{a}t_0}$$

第六章测试题

1. 已知 $f(t)=\begin{cases}0, & t<0\\ e^{-\beta t}, & t\geqslant 0(\beta>0)\end{cases}$，求$(t-2)(f(t)$ 傅立叶变换.

2. 求函数 $F(t)=\begin{cases}A, 0\leqslant t\leqslant \tau\\ 0, \text{其他}\end{cases}$ 的傅立叶变换.

3. 已知某函数的傅立叶变换为 $F(\omega)=\pi\delta(\omega+\omega_0)$，求该函数 $f(t)$.

第六章习题答案

第六章测试题答案

第七章　Laplace 变换

上一章介绍的 Fourier 变换在许多领域中发挥了重要的作用,特别是在信号处理领域,直到现在仍然是最基本的分析和处理工具. 但 Fourier 变换也具有一定的局限性,例如,对于指数级增长的函数不能进行 Fourier 变换. 另外,进行 Fourier 变换必须在整个实数轴上有定义,但在工程实际问题中,许多以时间为自变量的函数在 $t<0$ 时是无意义的. 很自然的一个想法就是,能否找到一种变换,既有类似于 Fourier 变换的性质,又能克服以上的不足呢?回答是肯定的,这就是下面将要介绍的 Laplace 变换.

拉普拉斯(P. S. Laplace),法国数学家、天文学家,法国科学院院士,天体力学的主要奠基人、天体演化学的创立者之一,分析概率论的创始人,应用数学的先驱. 拉普拉斯在研究天体问题的过程中,创造和发展了许多数学的方法,以他的名字命名的拉普拉斯变换、拉普拉斯定律和拉普拉斯方程,在科学技术的各个领域有着广泛的应用.

拉普拉斯变换的起源

拉普拉斯变换理论(又称为运算微积分,或称为算子微积分)是在 19 世纪末发展起来的. 最初是英国工程师亥维赛德(O. Heaviside)发明了用运算法解决当时电工计算中出现的一些问题,但是缺乏严密的数学论证. 后来由法国的数学家拉普拉斯给出了严密的数学定义,称之为拉普拉斯变换方法.

案例一　传递函数

传递函数是经典控制论的数学基础. 而求传递函数的工具是 Laplace 变换.

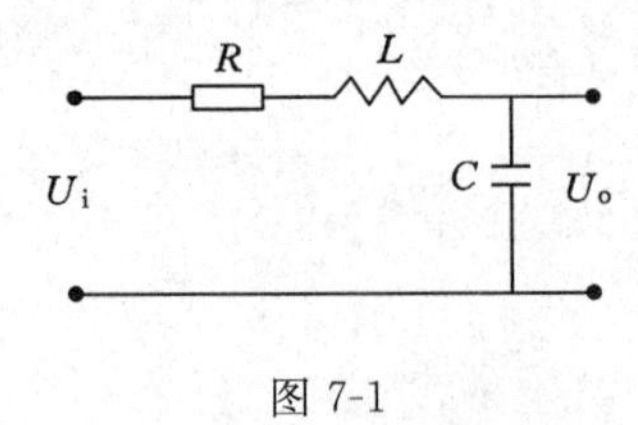

图 7-1

传递函数为输出的 Laplace 变换与输入的 Laplace 变换之比.

$$\frac{U_o(s)}{U_i(s)}=\frac{\frac{1}{Cs}}{Ls+R+\frac{1}{Cs}}=\frac{1}{LCs^2+RCs+1}$$

案例二　自动控制系统的分析和综合

信号函数经过 Laplace 变换得到的函数可以很容易看出信号的极点所在处. 如正弦信号经过 Laplace 变换后得到的函数,如图 7-2 所示.

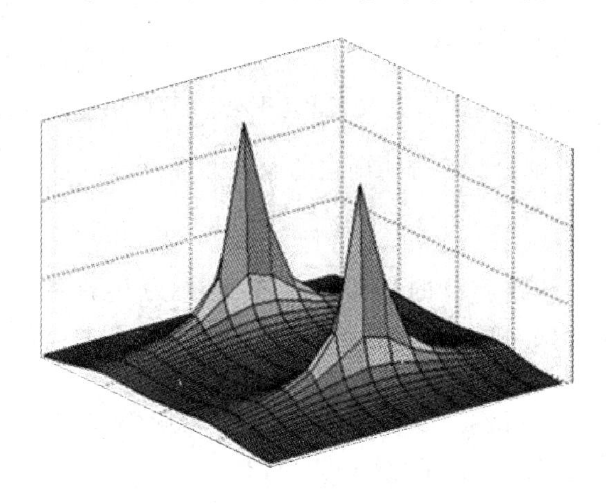

图 7-2

图 7-2 中曲面的峰值点就是对应信号的极点,清楚观察到极点所在位置,从而有利于对极点所在位置的控制.

案例三　求解高阶复杂动态电路

对于含有多个动态元件的复杂电路,用经典的微分方程法来解比较困难(各阶导数在 $t=0+$ 时刻的值难以确定). Laplace 变换法是一种数学上的积分变换方法,可将时域的高阶微分方程变换为频域的代数方程来求解.

优点:不需要确定积分常数,适用于高阶复杂的动态电路.

案例四　网络函数

在线性网络中,若无初始能量,且只有一个独立激励源作用时,网络中某一处响应的像函数与网络输入的像函数之比,叫作该响应的网络函数,即

$$H(s) \xlongequal{\text{def}} \frac{L[r(t)]}{L[e(t)]} = \frac{R(s)}{E(s)}$$

本章首先介绍 Laplace 变换的定义,然后研究它的一些基本性质,并给出 Laplace 逆变换的积分表达式 —— 反演积分公式,得出像原函数的求法,最后介绍 Laplace 变换的应用.

第一节　Laplace 变换的概念

一、Laplace 变换的定义

设函数 $f(t)$ 当 $t \geqslant 0$ 时有意义，而且积分 $\int_0^{+\infty} f(t)e^{-st}dt$（$s$ 是一个复参量）在 s 的某一域内收敛，则由此积分所确定的函数可写为

$$F(s) = \int_0^{+\infty} f(t)e^{-st}dt \tag{7-1}$$

我们称式(7-1)为函数 $f(t)$ 的 Laplace 变换式，记为 $F(s) = \mathscr{L}[f(t)]$，$F(s)$ 称为 $f(t)$ 的 Laplace 变换，则称 $f(t)$ 为 $F(s)$ 的 Laplace 逆变换（或称为像原函数），记为 $f(t) = \mathscr{L}^{-1}[F(s)]$.

Laplace 变换与 Fourier 变换到底有什么关系呢？或者说 Laplace 变换是如何对 Fourier 变换进行改造的呢？由式(7-1)，有

$$\begin{aligned}\mathscr{L}[f(t)] &= \int_0^{+\infty} f(t)e^{-st}dt \\ &= \int_0^{+\infty} f(t)e^{-\beta t} \cdot e^{-j\omega t}dt \\ &= \int_{-\infty}^{+\infty} f(t)u(t)e^{-\beta t} \cdot e^{-j\omega t}dt \\ &= \mathscr{F}[f(t)u(t)e^{-\beta t}]\end{aligned}$$

可见函数 $f(t)$ 的 Laplace 变换就是 $f(t)u(t)e^{-\beta t}$ 的 Fourier 变换，其基本想法是，首先通过单位阶跃函数 $u(t)$ 使函数 $f(t)$ 在 $t<0$ 的部分充零（或者补零），其次对函数 $f(t)$ 在 $t>0$ 的部分乘上一个衰减的指数函数 $e^{-\beta t}$，使 $f(t)u(t)e^{-\beta t}$ 满足 Fourier 积分条件，从而对它进行 Fourier 积分.

例 7-1　求单位阶跃函数 $u(t) = \begin{cases} 0, t<0 \\ 1, t>0 \end{cases}$ 的 Laplace 变换.

解　由式(7-1)有

$$\mathscr{L}[u(t)] = \int_0^{+\infty} e^{-st}dt$$

这个积分在 $Re(s)>0$ 时收敛，而且有

$$\int_0^{+\infty} e^{-st}dt = \frac{-1}{s}e^{-st}\Big|_0^{+\infty} = \frac{1}{s}$$

所以
$$\mathscr{L}[u(t)] = \frac{1}{s}(Re(s)>0).$$

例 7-2　分别求函数 e^{at}，e^{-at}，$e^{j\omega t}$ 的 Laplace 变换（其中 a,ω 为实常数，$a>0$）.

解　由式(7-1)有

$$\mathscr{L}[e^{at}]=\int_0^{+\infty}e^{at}e^{-st}dt$$
$$=\frac{1}{a-s}e^{(a-s)t}\Big|_0^{+\infty}=\frac{1}{s-a}(\mathrm{Re}\ s>a);$$

同样有

$$\mathscr{L}[e^{-at}]=\frac{1}{s-(-a)}(\mathrm{Re}\ s>-a);$$
$$\mathscr{L}[e^{j\omega t}]=\frac{1}{s-j\omega}(\mathrm{Re}\ s>0).$$

从以上例子可以看出，Laplace 变换的确扩大了 Fourier 变换的使用范围. 那么满足什么条件的函数存在 Laplace 变换呢?下面的定理可以回答这个问题.

二、Laplace 变换存在定理

定理 7-1　设函数 $f(t)$ 满足：

(1) 在 $t\geqslant 0$ 的任何有限区间上分段连续；

(2) 当 $t\to+\infty$ 时，$f(t)$ 具有有限的增长性，即存在常数 $M>0$ 及 $c\geqslant 0$ 使得

$$|f(t)|\leqslant Me^{ct}\quad(0\leqslant t<\infty)\tag{7-2}$$

(其中 c 称为 $f(t)$ 的增长指数)，则函数 $f(t)$ 的 Laplace 变换

$$F(s)=\int_0^{+\infty}f(t)e^{-st}dt$$

在半平面 $Re(s)>c$ 上一定存在，此时上式右端的积分在 $\mathrm{Re}\ s\geqslant c_1>c$ 上绝对收敛且一致收敛，同时在 $\mathrm{Re}\ s>c$ 的半平面内，$F(s)$ 为解析函数.

证　设 $s=\beta+j\omega$，则 $|e^{-st}|=e^{-\beta t}$，由式(7-2)，存在常数 $M>0$ 及 $c>0$，使得 $\mathrm{Re}\ s=\beta$. 对于任何 t 值($0\leqslant t<+\infty$)，有

$$|f(t)e^{-st}|=|f(t)|e^{-\beta t}\leqslant Me^{-(\beta-c)t}$$

若令 $\beta-c\geqslant\varepsilon>0$(即 $\beta\geqslant c+\varepsilon=c_1>c$)，则

$$|f(t)e^{-st}|\leqslant Me^{-\varepsilon t}$$

所以

$$\int_0^{+\infty}|f(t)e^{-st}|dt\leqslant\int_0^{+\infty}Me^{-\varepsilon t}dt=\frac{M}{\varepsilon}$$

根据含参量广义积分的性质可知，在 $Re(s)\geqslant c_1>c$ 上，式(7-1)右端的积分不仅绝对收敛而且一致收敛，即 $F(s)$ 存在.

若在式(7-1)的积分号内对 s 求导，则

$$\int_0^{+\infty}\frac{d}{ds}[f(t)e^{-st}]dt=\int_0^{+\infty}-tf(t)e^{-st}dt$$

而 $$|-tf(t)e^{-st}| \leqslant Mte^{-(\beta-c)t} \leqslant Mte^{-\varepsilon t}$$

所以 $$\int_0^{+\infty} \left|\frac{d}{ds}[f(t)e^{-st}]\right| dt \leqslant \int_0^{+\infty} Mte^{-\varepsilon t} dt = \frac{M}{\varepsilon^2}$$

由此可见，$\int_0^{+\infty} \frac{d}{ds}[f(t)e^{-st}]dt$ 在 $\mathrm{Re}\, s \geqslant c_1 > c$ 内也是绝对收敛且一致收敛，从而微分和积分的次序可以交换，即

$$\frac{d}{ds}F(s) = \frac{d}{ds}\int_0^{+\infty} f(t)e^{-st} dt = \int_0^{+\infty} \frac{d}{ds}[f(t)e^{-st}]dt$$
$$= \int_0^{+\infty} -tf(t)e^{-st} dt = \mathscr{L}[-tf(t)]$$

这就表明，$F(s)$ 在 $\mathrm{Re}\, s > c$ 内是可微的，由复变函数的解析函数理论可知，$F(s)$ 在 $\mathrm{Re}\, s > c$ 内是解析的.

[证毕]

对于定理，可以这样简单地理解，即一个函数即使它绝对值随着 t 的增大而增大，但只要不比某个指数函数增大得快，则它的 Laplace 变换存在，这一点上可以从 Laplace 变换与 Fourier 变换的关系中得到一种直观的解释. 常见的大部分函数都是满足的，如三角函数、指数函数以及幂函数等. 而函数 e^{t^2} 则不满足，因为无论取多大的 M 与 c，对足够大的 t，总会出现 $e^{t^2} > Me^{ct}$，其 laplace 变换不存在. 但必须注意的是，定理的条件是充分的，而不是必要的.

还要指出，对于满足 Laplace 变换存在定理条件的函数 $f(t)$ 在 $t=0$ 处有界时，$f(0)$ 取什么值与讨论 $f(t)$ 的 Laplace 变换没有关系，因为 $f(t)$ 在一点处的值，不会影响积分

$$\mathscr{L}[f(t)] = \int_0^{+\infty} f(t)e^{-st} dt$$

这时积分下限取 0^+ 或 0^- 都可以. 但是，如果 $f(t)$ 在 $t=0$ 处包含了脉冲函数，我们就必须区分这个积分区间包括 $t=0$ 这一点，还是不包括 $t=0$ 这一点.

若记

$$\mathscr{L}_+[f(t)] = \int_{0^+}^{+\infty} f(t)e^{-st} dt$$

$$\mathscr{L}_-[f(t)] = \int_{0^-}^{+\infty} f(t)e^{-st} dt = \int_{0^-}^{0^+} f(t)e^{-st} dt + \int_{0^+}^{+\infty} f(t)e^{-st} dt$$
$$= \int_{0^-}^{0^+} f(t)e^{-st} dt + \mathscr{L}_+[f(t)]$$

当 $f(t)$ 在 $t=0$ 处不包含脉冲函数时，$t=0$ 不是无穷间断点，可以发现：

若 $f(t)$ 在 $t=0$ 附近有界，则 $\int_{0^-}^{0^+} f(t)e^{-st} dt = 0$，即 $\mathscr{L}_-[f(t)] = \mathscr{L}_+[f(t)]$.

若 $f(t)$ 在 $t=0$ 处包含了脉冲函数，则 $\int_{0^-}^{0^+} f(t)\mathrm{e}^{-st}\mathrm{d}t \neq 0$，即 $\mathscr{L}_-[f(t)] \neq \mathscr{L}_+[f(t)]$.

为了考虑这一情况，我们需要把 Laplace 变换的函数 $f(t)$ 的定义区间从 $t \geqslant 0$ 扩大为 $t>0$ 和 $t=0$ 的任意一个邻域，这样，前面的 Laplace 变换定义

$$\mathscr{L}[f(t)] = \int_0^{+\infty} f(t)\mathrm{e}^{-st}\mathrm{d}t$$

应为

$$\mathscr{L}_-[f(t)] = \int_{0^-}^{+\infty} f(t)\mathrm{e}^{-st}\mathrm{d}t$$

但为了书写方便，我们仍把它写成式(7-1)的形式.

例 7-3　求函数 $f(t)=\mathrm{e}^{-\beta t}\delta(t)-\beta\mathrm{e}^{-\beta t}u(t)\ (\beta>0)$ 的 Laplace 变换.

解　根据式(7-1)，有

$$\begin{aligned}\mathscr{L}[f(t)] &= \int_0^{+\infty} f(t)\mathrm{e}^{-st}\mathrm{d}t = \int_0^{+\infty}[\mathrm{e}^{-\beta t}\delta(t)-\beta\mathrm{e}^{-\beta t}u(t)]\mathrm{e}^{-st}\mathrm{d}t \\ &= \int_0^{+\infty}\delta(t)\mathrm{e}^{-(s+\beta)t}\mathrm{d}t - \beta\int_0^{+\infty}\mathrm{e}^{-(s+\beta)t}\mathrm{d}t = 1-\frac{\beta}{s+\beta} = \frac{s}{s+\beta}\end{aligned}$$

例 7-4　求单位脉冲函数 $\delta(t)$ 的 Laplace 变换.

解　根据式(7-1)，并利用性质 $\int_{-\infty}^{+\infty} f(t)\delta(t)\mathrm{d}t = f(0)$ 可得

$$\begin{aligned}\mathscr{L}[\delta(t)] &= \int_0^{+\infty}\delta(t)\mathrm{e}^{-st}\mathrm{d}t = \int_{0^-}^{+\infty}\delta(t)\mathrm{e}^{-st}\mathrm{d}t \\ &= \int_{-\infty}^{+\infty}\delta(t)\mathrm{e}^{-st}\mathrm{d}t = 1\end{aligned}$$

例 7-5　求 $f(t)=\frac{1}{2}(\sin t - t\cos t)$ 的 Laplace 变换.

解　根据附录二中的公式，在 $a=1$ 时，可以很方便地得到

$$\mathscr{L}\left[\frac{1}{2}(\sin t - t\cos t)\right] = \frac{1}{(s^2+1^2)^2} = \frac{1}{(s^2+1)^2}$$

第二节　Laplace 变换的性质

上一节利用 Laplace 变换的定义求得一些简单常用函数的 Laplace 变换，但对于较复杂的函数，利用定义来求其像函数就显得不太容易，有时甚至不可能求出来. 本节，我们将介绍 Laplace 变换的几个基本性质，利用这些性质及 Laplace 变换表，就可以计算出它们的像函数或像原函数. 为了叙述方便，在下面的性质中，均假设所涉及的 Laplace 变换存在，且满足 Laplace 存在定理中的条件，并且

把这些函数的增大指数都统一地取为 c.

一、线性性质

设 α,β 为常数,且有 $\mathscr{L}[f_1(t)]=F_1(s)$,$\mathscr{L}[f_2(t)]=F_2(s)$,则有

$$\mathscr{L}[\alpha f_1(t)+\beta f_2(t)]=\alpha F_1(s)+\beta F_2(s) \tag{7-3}$$

$$\mathscr{L}^{-1}[\alpha f_1(t)+\beta f_2(t)]=\alpha\mathscr{L}^{-1}[F_1(s)]+\beta\mathscr{L}^{-1}[F_2(s)]$$

这个性质表明函数的线性组合的 Laplace 变换等于各函数的 Laplace 变换的线性组合,即 Laplace 变换是一种线性变换,因此也把这个性质称为叠加性.它的证明只需根据定义,利用积分性质就可推出.

例 7-6 求 $f(t)=\cos\omega t$ 的 Laplace 变换.

解 由 $\cos\omega t=\dfrac{1}{2}(\mathrm{e}^{\mathrm{j}\omega t}+\mathrm{e}^{-\mathrm{j}\omega t})$ 及 $\mathscr{L}[\mathrm{e}^{\mathrm{j}\omega t}]=\dfrac{1}{s-\mathrm{j}\omega}$,有

$$\mathscr{L}[\cos\omega t]=\frac{1}{2}(\mathscr{L}[\mathrm{e}^{\mathrm{j}\omega t}]+\mathscr{L}[\mathrm{e}^{-\mathrm{j}\omega t}])=\frac{1}{2}\left[\frac{1}{s-\mathrm{j}\omega}+\frac{1}{s+\mathrm{j}\omega}\right]=\frac{s}{s^2+\omega^2}$$

同理可得

$$\mathscr{L}(\sin\omega t)=\frac{\omega}{s^2+\omega^2}$$

例 7-7 已知 $F(s)=\dfrac{5s-1}{(s+1)(s-2)}$,求 $\mathscr{L}^{-1}[F(s)]$.

解 由 $F(s)=\dfrac{5s-1}{(s+1)(s-2)}=2\dfrac{1}{s+1}+3\dfrac{1}{s-2}$ 及 $\mathscr{L}[\mathrm{e}^{at}]=\dfrac{1}{s-a}$ 有

$$\mathscr{L}^{-1}[F(s)]=2\mathscr{L}^{-1}\left[\frac{1}{(s+1)}\right]+3\mathscr{L}^{-1}\left[\frac{1}{(s-2)}\right]=2\mathrm{e}^{-t}+3\mathrm{e}^{2t}$$

二、相似性质

设 $\mathscr{L}[f(t)]=F(s)$,则对任一常数 $a>0$,有

$$\mathscr{L}[f(at)]=\frac{1}{a}F\left(\frac{s}{a}\right) \tag{7-4}$$

证 $\mathscr{L}[f(at)]=\displaystyle\int_0^{+\infty}f(at)\mathrm{e}^{-st}\,\mathrm{d}t$

$$\xlongequal{\text{令 } x=at}\frac{1}{a}\int_0^{+\infty}f(x)\mathrm{e}^{-\left(\frac{s}{a}\right)x}\,\mathrm{d}x=\frac{1}{a}F\left(\frac{s}{a}\right)$$

[证毕]

三、微分性质

(1) 导数的像函数

设 $\mathscr{L}[f(t)]=F(s)$,则有

$$\mathscr{L}[f'(t)]=sF(s)-f(0) \tag{7-5}$$

一般地，有

$$\mathscr{L}[f^{(n)}(t)] = s^n F(s) - s^{n-1} f(0) - s^{n-2} f'(0) - \cdots - f^{n-1}(0) \quad (7\text{-}6)$$

其中，$f^{(k)}(0)$ 应理解为 $\lim\limits_{t\to 0^+} f^{(k)}(t)$.

特别地，当初值 $f(0) = f'(0) = \cdots = f^{n-1}(0) = 0$ 时，有

$$\mathscr{L}[f'(t)] = sF(s), \mathscr{L}[f''(t)] = s^2 F(s), \cdots, \mathscr{L}[f^{(n)}(t)] = s^n F(s) \quad (7\text{-}7)$$

证　根据 Laplace 变换定义及分部积分法，得

$$\mathscr{L}[f'(t)] = \int_0^{+\infty} f'(t) e^{-st} dt = f(t) e^{-st} \Big|_0^{+\infty} + s\int_0^{+\infty} f(t) e^{-st} dt$$

由于 $|f(t) e^{-st}| \leqslant M e^{-(\beta - c)t}$，$\text{Re } s = \beta > c$，故 $\lim\limits_{t\to +\infty} f(t) e^{-st} = 0$ 因此

$$\mathscr{L}[f'(t)] = sF(s) - f(0)$$

再利用数学归纳法，则可得式(7-6).

［证毕］

Laplace 变换的这一性质可用来求解微分方程(组)的初值问题.

例 7-8　求解微分方程 $y''(t) + \omega^2 y(t) = 0, y(0) = 0, y'(0) = \omega$.

解　对方程两边取 Laplace 变换，并利用线性性质及式(7-6)有

$$s^2 Y(s) - sy(0) - y'(0) + \omega^2 Y(s) = 0$$

其中 $Y(s) = \mathscr{L}[y(t)]$，代入初值即得

$$Y(s) = \frac{\omega}{s^2 + \omega^2}$$

根据例 7-6 的结果，有 $y(t) = \mathscr{L}^{-1}[Y(s)] = \sin \omega t$.

例 7-9　求 $f(t) = t^m$ 的 Laplace 变换($m \geqslant 1$ 为正整数).

解法 1　直接利用定义求解

$$\mathscr{L}[t^m] = \int_0^{+\infty} t^m e^{-st} dt = -\frac{1}{s}\int_0^{+\infty} t^m de^{-st}$$

$$= -\frac{1}{s} t^m e^{-st} \Big|_0^{+\infty} + \frac{1}{s}\int_0^{+\infty} e^{-st} m t^{m-1} dt$$

可得递推关系 $\mathscr{L}[t^m] = \frac{m}{s}\mathscr{L}[t^{m-1}]$，又由 $\mathscr{L}[1] = \frac{1}{s}$ 有

$$\mathscr{L}[t^m] = \frac{m!}{s^{m+1}}$$

解法 2　利用导数的像函数性质求解

设 $f(t) = t^m$，则 $f^{(m)}(t) = m!$ 且 $f(0) = f'(0) = \cdots = f^{(m-1)}(0) = 0$，由式(7-6)有 $\mathscr{L}[f^{(m)}(t)] = s^m \mathscr{L}[f(t)]$ 即

$$\mathscr{L}[t^m] = \frac{1}{s^m}\mathscr{L}[m!] = \frac{m!}{s^{m+1}}$$

(2) 像函数的导数

设 $\mathscr{L}[f(t)] = F(s)$,则有

$$F'(s) = -\mathscr{L}[tf(t)] \tag{7-8}$$

一般地,有

$$F^{(n)}(s) = (-1)^n \mathscr{L}[t^n f(t)] \tag{7-9}$$

证 由 $F(s) = \int_0^{+\infty} f(t)\mathrm{e}^{-st}\mathrm{d}t$

$$F'(s) = \frac{\mathrm{d}}{\mathrm{d}s}\int_0^{+\infty} f(t)\mathrm{e}^{-st}\mathrm{d}t = \int_0^{+\infty} \frac{\partial}{\partial s}[f(t)\mathrm{e}^{-st}]\mathrm{d}t$$

$$= -\int_0^{+\infty} tf(t)\mathrm{e}^{-st}\mathrm{d}t = -\mathscr{L}[tf(t)]$$

对 $F'(s)$ 施行同样步骤,反复进行可得式(7-9).

例 7-10 求函数 $f(t) = t\sin kt$ 的 Laplace 变换.

解 因为 $\mathscr{L}[\sin kt] = \dfrac{k}{s^2 + k^2}$,根据上述像函数的微分性质可知

$$\mathscr{L}[t\sin kt] = -\frac{\mathrm{d}}{\mathrm{d}s}\left[\frac{k}{s^2 + k^2}\right] = \frac{2ks}{(s^2 + k^2)^2}$$

同理可得

$$\mathscr{L}[t\cos kt] = -\frac{\mathrm{d}}{\mathrm{d}s}\left[\frac{s}{s^2 + k^2}\right] = \frac{s^2 - k^2}{(s^2 + k^2)^2}$$

四、积分性质

(1) 积分的像函数

设 $\mathscr{L}[f(t)] = F(s)$,则有

$$\mathscr{L}\left[\int_0^t f(t)\mathrm{d}t\right] = \frac{1}{s}F(s) \tag{7-10}$$

一般地,有

$$\mathscr{L}\left[\underbrace{\int_0^t \mathrm{d}t\int_0^t \mathrm{d}t\cdots\int_0^t f(t)\mathrm{d}t}_{n\text{次}}\right] = \frac{1}{s^2}F(s) \tag{7-11}$$

证 设 $g(t) = \int_0^t f(t)\mathrm{d}t$,则 $g'(t) = f(t)$ 且 $g(0) = 0$. 再利用式(7-5),有

$$\mathscr{L}[g'(t)] = s\mathscr{L}[g(t)] - g(0)$$

即有

$$\mathscr{L}\left[\int_0^t f(t)\mathrm{d}t\right] = \frac{1}{s}F(s)$$

反复利用上式即得式(7-11).

[证毕]

(2) 像函数的积分

设 $\mathscr{L}[f(t)] = F(s)$，则有

$$\int_s^{+\infty} F(s)\mathrm{d}s = \mathscr{L}\left[\frac{f(t)}{t}\right] \tag{7-12}$$

一般地，有

$$\int_s^{\infty} \mathrm{d}s \int_s^{\infty} \mathrm{d}s \cdots \int_s^{\infty} F(s)\mathrm{d}s = \mathscr{L}\left[\frac{f(t)}{t^n}\right] \tag{7-13}$$

证

$$\begin{aligned}\int_s^{\infty} F(s)\mathrm{d}s &= \int_s^{\infty}\left[\int_0^{+\infty} f(t)\mathrm{e}^{-st}\mathrm{d}t\right]\mathrm{d}s \\ &= \int_0^{+\infty} f(t)\left[\int_s^{+\infty} \mathrm{e}^{-st}\mathrm{d}s\right]\mathrm{d}t \\ &= \int_0^{+\infty} f(t)\cdot\left[-\frac{1}{t}\mathrm{e}^{-st}\right]\Big|_s^{\infty}\mathrm{d}t \\ &= \int_0^{+\infty} \frac{f(t)}{t}\mathrm{e}^{-st}\mathrm{d}t \\ &= \mathscr{L}\left[\frac{f(t)}{t}\right]\end{aligned}$$

反复利用上式即可得式(7-13)式.

［证毕］

例 7-11 求函数 $f(t) = \dfrac{\sin t}{t}$ 的 Laplace 变换.

解 由 $\mathscr{L}[\sin t] = \dfrac{1}{1+s^2}$ 及式(7-12)，有

$$\mathscr{L}\left[\frac{\sin t}{t}\right] = \int_s^{\infty} \frac{1}{1+s^2}\mathrm{d}s = \operatorname{arccot} s$$

即

$$\int_0^{+\infty} \frac{\sin t}{t}\mathrm{e}^{-st}\mathrm{d}t = \operatorname{arccot} s = \frac{\pi}{2} - \arctan s$$

在上式中，若令 $s = 0$，有

$$\int_0^{+\infty} \frac{\sin t}{t}\mathrm{d}t = \frac{\pi}{2}$$

通过例 7-11 我们可以得到一种启示，即在 Laplace 变换及其一些性质中取 s 为某些特定值，就可以用来求一些函数的广义积分，例如取 $s = 0$，则由式(7-3)、式(7-8)、式(7-12)，有

$$\int_0^{+\infty} f(t)\mathrm{d}t = F(0),$$

$$\int_0^{+\infty} tf(t)\mathrm{d}t = -F'(0)$$

$$\int_0^{+\infty} \frac{f(t)}{t}\mathrm{d}t = \int_0^{\infty} F(s)\mathrm{d}s$$

例 7-12 计算积分$\int_0^{+\infty} \frac{1-\cos t}{t}\mathrm{e}^{-t}\mathrm{d}t$.

解 由式(7-12),有

$$\mathscr{L}\left[\frac{1-\cos t}{t}\right] = \int_s^{\infty} \mathscr{L}[1-\cos t]\mathrm{d}s = \int_s^{\infty} \frac{1}{s(1+s^2)}\mathrm{d}s$$

$$= \frac{1}{2}\ln\frac{s^2}{1+s^2}\bigg|_s^{\infty} = \frac{1}{2}\ln\frac{s^2+1}{s^2}$$

令 $s=1$,得

$$\int_0^{+\infty} \frac{1-\cos t}{t}\mathrm{e}^{-t}\mathrm{d}t = \frac{1}{2}\ln 2$$

五、位移性质

若 $\mathscr{L}[f(t)] = F(s)$,则有

$$\mathscr{L}[\mathrm{e}^{at}f(t)] = F(s-a),\mathrm{Re}(s-a) > c,a\text{ 为一复常数}. \tag{7-14}$$

证 根据式(7-3),有

$$\mathscr{L}[\mathrm{e}^{at}f(t)] = \int_0^{+\infty} \mathrm{e}^{at}f(t)\mathrm{e}^{-st}\mathrm{d}t = \int_0^{+\infty} f(t)\mathrm{e}^{-(s-a)t}\mathrm{d}t$$

所以

$$\mathscr{L}[\mathrm{e}^{at}f(t)] = F(s-a),\mathrm{Re}(s-a) > c.$$

[证毕]

例 7-13 求 $\mathscr{L}[\mathrm{e}^{-at}\sin kt]$,$\mathscr{L}[\mathrm{e}^{-at}\cos kt]$,$\mathscr{L}[\mathrm{e}^{-at}t^m]$($m$ 为正整数).

解 利用位移公式及公式

$$\mathscr{L}[\sin kt] = \frac{k}{s^2+k^2},\mathscr{L}[\cos kt] = \frac{s}{s^2+k^2},\mathscr{L}[t^m] = \frac{m!}{s^{m+1}}\text{ 得}$$

$$\mathscr{L}[\mathrm{e}^{-at}\sin kt] = \frac{k}{(s+a)^2+k^2},\mathscr{L}[\mathrm{e}^{-at}\cos kt] = \frac{s+a}{(s+a)^2+k^2},$$

$$\mathscr{L}[\mathrm{e}^{-at}t^m] = \frac{m!}{(s+a)^{m+1}}$$

六、延迟性质

若 $\mathscr{L}[f(t)] = F(s)$,则对于任一非负实数 τ,有

$$\mathscr{L}[f(t-\tau)u(t-\tau)] = \mathrm{e}^{-s\tau}F(s) \tag{7-15}$$

证 根据式(7-3),有

$$\mathscr{L}[f(t-\tau)u(t-\tau)] = \int_0^{+\infty} f(t-\tau)u(t-\tau)\mathrm{e}^{-st}\mathrm{d}t$$

$$= \int_{\tau}^{+\infty} f(t-\tau)\mathrm{e}^{-st}\,\mathrm{d}t$$

做变量代换 $t-\tau=u$，可得

$$\mathscr{L}[f(t-\tau)u(t-\tau)] = \int_{\tau}^{+\infty} f(t-\tau)\mathrm{e}^{-st}\,\mathrm{d}t = \int_{0}^{+\infty} f(u)\mathrm{e}^{-s(u+\tau)}\,\mathrm{d}u$$

$$= \mathrm{e}^{-s\tau}\int_{0}^{+\infty} f(u)\mathrm{e}^{-su}\,\mathrm{d}u = \mathrm{e}^{-s\tau}F(s)$$

[证毕]

这个性质在工程技术中也称时移性，它表示时间函数延迟 τ 的 Laplace 变换等于它的像函数乘以指数因子 $\mathrm{e}^{-s\tau}$.

值得指出的是：函数 $f(t-\tau)u(t-\tau)$ 与 $f(t)$ 相比，$f(t)$ 是从 $t=0$ 开始有非零数值，而 $f(t-\tau)u(t-\tau)$ 从 $t=\tau$ 才开始有非零数值，即延迟了一个时间 τ，从它的图像来看，$f(t-\tau)u(t-\tau)$ 的图像是由 $f(t)$ 的图像沿 t 轴向右平移距离 τ 而得的，如图 7-3 所示

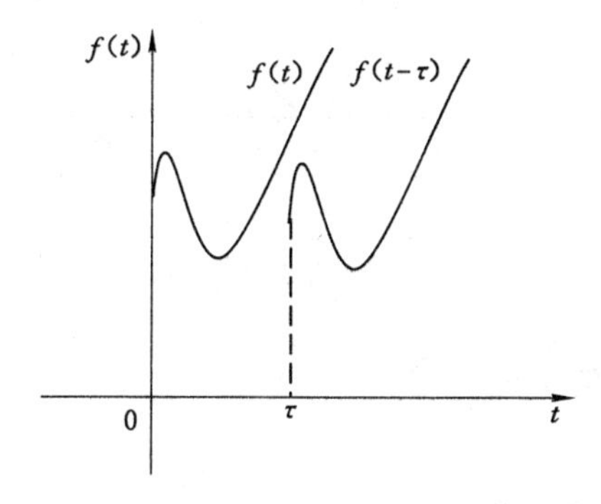

图 7-3

在运用延迟性时，特别要注意像原函数的写法，这时 $f(t-\tau)$ 的后面不能省略因子 $u(t-\tau)$.

例 7-14　求函数 $u(t-\tau)=\begin{cases}0, t<\tau\\1, t>\tau\end{cases}$ 的 Laplace 变换.

解　根据延迟性质及 $\mathscr{L}[u(t)]=\dfrac{1}{s}$，有

$$\mathscr{L}[u(t-\tau)] = \frac{1}{s}\mathrm{e}^{-s\tau}$$

例 7-15　求函数 $f(t)=\begin{cases}\sin t, 0\leqslant t\leqslant 2\pi\\0, \quad t<0 \text{ 或 } t>2\pi\end{cases}$ 的 Laplace 变换.

解　事实上，$f(t)=\sin t u(t)-\sin(t-2\pi)u(t-2\pi)$，如图 7-4 所示，根据

线性性质和延迟性质可得

$$
\begin{aligned}
\mathscr{L}[f(t)] &= \mathscr{L}[\sin tu(t) - \sin(t-2\pi)u(t-2\pi)] \\
&= \frac{1}{s^2+1} - \frac{e^{-2\pi s}}{s^2+1} \\
&= \frac{1-e^{-2\pi s}}{s^2+1}
\end{aligned}
$$

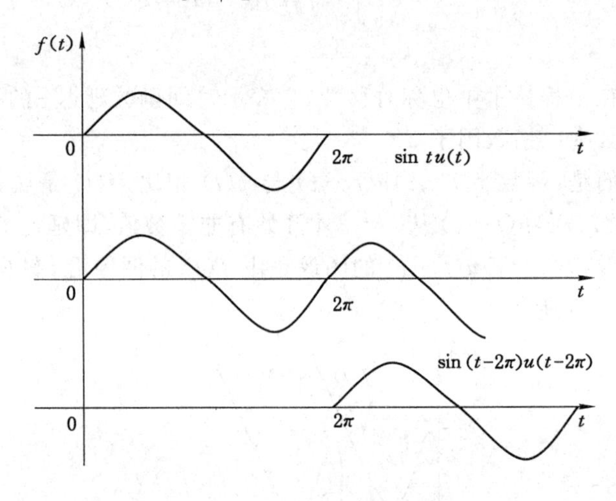

图 7-4

七、初值定理与终值定理

(1) 初值定理

若 $f(t)$ 在 $t \geqslant 0$ 时可微，$f'(t)$ 满足 Laplace 变换存在定理的条件，又 $\mathscr{L}[f(t)] = F(s)$，$\lim\limits_{s\to\infty} sF(s)$ 存在，则

$$f(0^+) = \lim_{s\to\infty} sF(s) \tag{7-16}$$

这里 $f(0^+) = \lim\limits_{t\to 0^+} f(t)$ 是指 $f(t)$ 在 $t=0$ 时的初值.

证 根据像函数的微分性质，有

$$\mathscr{L}[f'(t)] = sF(s) - f(0^+)$$

另外，由于 $f'(t)$ 的 Laplace 变换存在，$\lim\limits_{s\to\infty}\mathscr{L}[f'(t)] = 0$，从而

$$\lim_{s\to\infty}[sF(s) - f(0^+)] = 0$$

于是

$$f(0^+) = \lim_{s\to\infty} sF(s)$$

[证毕]

这个定理说明函数 $f(t)$ 在 $t=0$ 时的函数值可以通过 $f(t)$ 的 Laplace 变换

$F(s)$ 乘以 s 取 $s\to\infty$ 时的极限而得到，它建立了函数 $f(t)$ 在坐标原点的值与函数 $sF(s)$ 的无限远点的值之间的关系.

(2) 终值定理

设 $f(t)$ 在 $t\geqslant 0$ 时可微，$f'(t)$ 满足 Laplace 变换存在定理的条件，又 $\mathscr{L}[f(t)]=F(s)$，$sF(s)$ 在包含虚轴的右半平面内解析，且 $\lim\limits_{s\to 0}sF(s)$ 存在，则

$$f(+\infty)=\lim_{t\to+\infty}f(t)=\lim_{s\to 0}sF(s) \tag{7-17}$$

证　由微分性质，有 $\mathscr{L}[f'(t)]=sF(s)-f(0^+)$，两边取 $s\to 0$ 时的极限，得

$$\lim_{s\to 0}[f'(t)]=\lim_{s\to 0}[sF(s)-f(0^+)]=\lim_{s\to 0}sF(s)-f(0^+)$$

而

$$\lim_{s\to 0}[f'(t)]=\lim_{s\to 0}\int_0^{+\infty}f'(t)\mathrm{e}^{-st}\mathrm{d}t=\int_0^{+\infty}\lim_{s\to 0}f'(t)\mathrm{e}^{-st}\mathrm{d}t$$

$$=\int_0^{+\infty}f'(t)\mathrm{d}t=f(t)\Big|_0^{+\infty}=\lim_{t\to+\infty}f(t)-f(0^+)$$

所以 $\lim\limits_{t\to+\infty}f(t)-f(0^+)=\lim\limits_{s\to 0}sF(s)-f(0^+)$，即

$$\lim_{t\to+\infty}f(t)=f(+\infty)=\lim_{s\to 0}sF(s)$$

[证毕]

这个性质说明函数 $f(t)$ 当 $t\to+\infty$ 时的极限值(即稳定值)，可以通过 $f(t)$ 的 Laplace 变换乘以 s 取 $s\to 0$ 时的极限值而得到，它建立了函数 $f(t)$ 在无限远处的值与函数 $sF(s)$ 在原点处的值之间的关系.

例 7-16　已知 $\mathscr{L}[f(t)]=\dfrac{1}{s+a}(a>0)$，求 $f(0)$ 和 $f(+\infty)$.

解　由式(7-16)和式(7-17)有

$$f(0)=\lim_{s\to\infty}sF(s)=\lim_{s\to\infty}\frac{s}{s+a}=1$$

$$f(\infty)=\lim_{s\to 0}sF(s)=\lim_{s\to 0}\frac{s}{s+a}=0$$

这个结果是不难验证的，因为 $\mathscr{L}[\mathrm{e}^{-at}]=\dfrac{1}{s+a}$，所以，$f(t)=\mathrm{e}^{-at}$，显然有 $f(0)=1$，$f(+\infty)=0$.

注意，在运用终值定理之前，必须先判定终值定理中的条件是否满足. 例如，$F(s)=\dfrac{1}{s^2+1}$，这时 $sF(s)=\dfrac{s}{s^2+1}$ 在虚轴上有奇点 $s=\pm\mathrm{j}$；因此对这个函数就不能用终值定理，尽管 $\lim\limits_{s\to 0}sF(s)=\lim\limits_{s\to 0}\dfrac{s}{s^2+1}=0$，但不能说 $f(+\infty)=0$，实际上，$\mathscr{L}^{-1}\left[\dfrac{1}{s^2+1}\right]=\sin t$，而 $\lim\limits_{t\to+\infty}\sin t$ 是不存在的.

第三节　Laplace 逆变换

运用 Laplace 变换求解具体问题时，常常需要由像函数 $F(s)$ 求像原函数 $f(t)$. 从前面的学习可知，可以利用 Laplace 变换性质求某些已知变换的像原函数，但此方法的使用范围是有限的. 本节将介绍一种更一般性的方法，它直接用像函数表示出像原函数，即所谓的反演积分，再利用留数求出像原函数.

一、反演积分公式

根据 Laplace 变换的概念，函数 $f(t)$ 的 Laplace 变换 $F(s)=F(\beta+\mathrm{j}\omega)$ 就是 $f(t)u(t)\mathrm{e}^{-\beta t}$ 的 Fourier 变换，即

$$F(\beta+\mathrm{j}\omega)=\int_{-\infty}^{+\infty}f(t)u(t)\mathrm{e}^{-\beta t}\mathrm{e}^{-\mathrm{j}\omega t}\mathrm{d}t$$

于是当 $f(t)u(t)\mathrm{e}^{-\beta t}$ 满足 Fourier 积分定理的条件时，在 $f(t)$ 连续点处有

$$\begin{aligned}f(t)u(t)\mathrm{e}^{-\beta t}&=\frac{1}{2\pi}\int_{-\infty}^{+\infty}\left[\int_{-\infty}^{+\infty}f(\tau)u(\tau)\mathrm{e}^{-\beta\tau}\mathrm{e}^{-\mathrm{j}\omega\tau}\mathrm{d}\tau\right]\mathrm{e}^{\mathrm{j}\omega t}\mathrm{d}\omega\\&=\frac{1}{2\pi}\int_{-\infty}^{+\infty}\mathrm{e}^{\mathrm{j}\omega t}\mathrm{d}\omega\int_{0}^{+\infty}f(\tau)u(\tau)\mathrm{e}^{-(\beta+\mathrm{j}\omega)\tau}\mathrm{d}\tau\\&=\frac{1}{2\pi}\int_{-\infty}^{+\infty}F(\beta+\mathrm{j}\omega)\mathrm{e}^{\mathrm{j}\omega t}\mathrm{d}\omega,(t>0)\end{aligned}$$

上式两边同乘以 $\mathrm{e}^{\beta t}$，并令 $s=\beta+\mathrm{j}\omega$，则有

$$f(t)u(t)=\frac{1}{2\pi\mathrm{j}}\int_{\beta-\mathrm{j}\infty}^{\beta+\mathrm{j}\infty}F(s)\mathrm{e}^{st}\mathrm{d}s$$

因此有

$$f(t)=\frac{1}{2\pi\mathrm{j}}\int_{\beta-\mathrm{j}\infty}^{\beta+\mathrm{j}\infty}F(s)\mathrm{e}^{st}\mathrm{d}s(t>0)\tag{7-18}$$

这就是从像函数 $F(s)$ 求它的像原函数 $f(t)$ 的一般公式，称为 Laplace 变换的反演公式. 右端的积分称为 Laplace 反演积分，反演积分公式和式(7-1) 为一对互逆的积分公式，我们也称 $f(t)$ 和 $F(s)$ 构成了一个 Laplace 变换对. 由于式(7-18) 是一个复变函数的积分，计算复变函数的积分通常比较困难，但由于 $F(s)$ 是 s 的解析函数，因此可利用解析函数求积分的一些方法求出像原函数.

二、利用留数计算反演积分

定理 7-2　若 $F(s)$ 除在半平面 $\mathrm{Re}\,s\leqslant c$ 内有有限个奇点 $s_1,s_2,s_3,\cdots,s_n$ 外是解析的，且当 $s\to\infty$ 时，$F(s)\to 0$，则有

$$\frac{1}{2\pi\mathrm{j}}\int_{\beta-\mathrm{j}\infty}^{\beta+\mathrm{j}\infty}F(s)\mathrm{e}^{st}\mathrm{d}s=\sum_{k=1}^{n}\mathrm{Re}\,s[F(s)\mathrm{e}^{st},s_k]$$

即

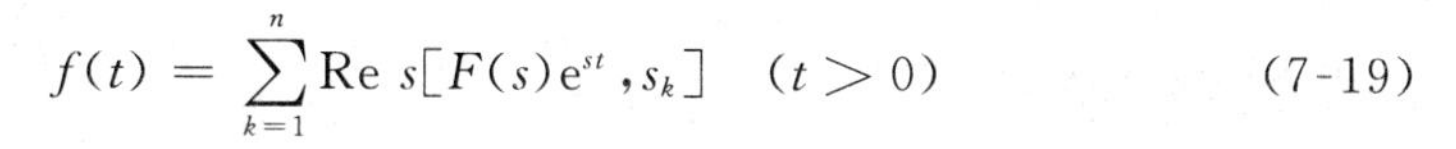

$$f(t)=\sum_{k=1}^{n}\mathrm{Re}\,s[F(s)\mathrm{e}^{st},s_k]\quad(t>0)\tag{7-19}$$

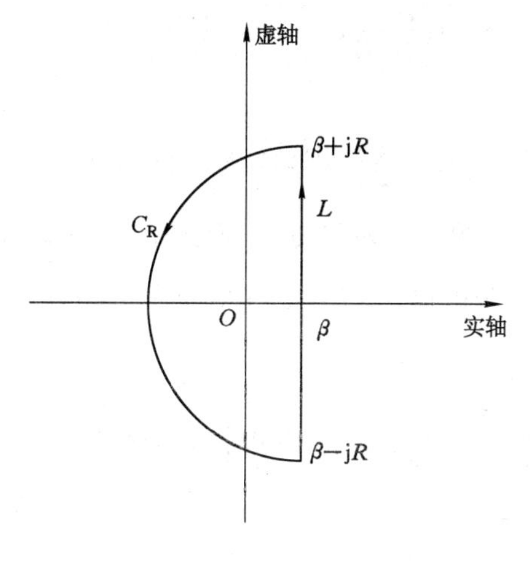

图 7-5

证　如图 7-5 所示，曲线 $C=L+C_R$，L 在平面 $\mathrm{Re}\,s>c$ 内，C_R 是半径为 R 的半圆弧，当 R 充分大时，可使孤立奇点 $s_k(k=1,2,\cdots,n)$ 都在 C 内. 由于 $F(s)\mathrm{e}^{st}$ 除 $s_k(k=1,2,\cdots,n)$ 外也是解析的. 故由留数定理有

$$\oint_C F(s)\mathrm{e}^{st}\mathrm{d}s=2\pi\mathrm{j}\sum_{k=1}^{n}\mathrm{Re}\,s[F(s)\mathrm{e}^{st},s_k]$$

即

$$\frac{1}{2\pi\mathrm{j}}\left[\int_{\beta-\mathrm{j}\infty}^{\beta+\mathrm{j}\infty}F(s)\mathrm{e}^{st}\mathrm{d}s+\int_{C_R}F(s)\mathrm{e}^{st}\mathrm{d}s\right]=\sum_{k=1}^{n}\mathrm{Re}\,s[F(s)\mathrm{e}^{st},s_k]$$

又由若尔当引理，当 $t>0$ 时有

$$\lim_{R\to+\infty}\int_{C_R}F(s)\mathrm{e}^{st}\mathrm{d}s=0,$$

因此有

$$\frac{1}{2\pi\mathrm{j}}\int_{\beta-\mathrm{j}\infty}^{\beta+\mathrm{j}\infty}F(s)\mathrm{e}^{st}\mathrm{d}s=\sum_{k=1}^{n}\mathrm{Re}\,s[F(s)\mathrm{e}^{st},s_k].$$

[证毕]

若函数 $F(s)$ 是有理分式函数，$F(s)=\dfrac{A(s)}{B(s)}$，其中 $A(s)$、$B(s)$ 是不可约多项式，$B(s)$ 的次数是 n，$A(s)$ 的次数小于 $B(s)$ 的次数，在这种情况下它满足定理对 $F(s)$ 所要求的条件，因此式(7-19) 成立. 现分以下两种情形来讨论.

情形一:若 $B(s)$ 有单零点 $s_1, s_2, \cdots, s_n$,即这些点都是$\dfrac{A(s)}{B(s)}$ 的单极点,则由留数的计算方法有

$$\operatorname{Re} s\left[\frac{A(s)}{B(s)}\mathrm{e}^{st}, s_k\right]=\frac{A(s_k)}{B'(s_k)}\mathrm{e}^{s_k t}$$

从而根据式(7-19),有

$$f(t)=\sum_{k=1}^{n}\frac{A(s_k)}{B'(s_k)}\mathrm{e}^{s_k t}\quad(t>0)\tag{7-20}$$

情形二:若 s_1 是 $B(s)$ 的一个 m 阶零点,而其余 $s_{m+1}, s_{m+2}, \cdots, s_n$ 是 $B(s)$ 的单零点,即 s_1 是$\dfrac{A(s)}{B(s)}$ 的 m 阶极点,$s_j(j=m+1, m+2, \cdots, n)$ 是它的单极点,由留数的计算方法有

$$\operatorname{Re} s\left[\frac{A(s)}{B(s)}, s_1\right]=\frac{1}{(m-1)!}\lim_{s\to s_1}\frac{\mathrm{d}^{m-1}}{\mathrm{d}s^{m-1}}\left[(s-s_1)^m\frac{A(s)}{B(s)}\mathrm{e}^{st}\right]$$

所以有

$$f(t)=\sum_{j=m+1}^{n}\frac{A(s_j)}{B'(s_j)}\mathrm{e}^{s_j t}+\frac{1}{(m-1)!}\lim_{s\to s_1}\frac{\mathrm{d}^{m-1}}{\mathrm{d}s^{m-1}}\left[(s-s_1)^m\frac{A(s)}{B(s)}\mathrm{e}^{st}\right],(t>0)\tag{7-21}$$

上述两种情形的两个公式通常称为赫维赛德(Heaviside)展开式,在用 Laplace 变换解常微分方程时经常遇到.

例 7-17 求 $F(s)=\dfrac{1}{s^2+a^2}$ 的逆变换.

解 $B(s)=s^2+a^2$,它有两个单零点 $s_1=a\mathrm{j}, s_2=-a\mathrm{j}$,由式(7-20)得

$$\begin{aligned}f(t)&=\frac{1}{2s}\mathrm{e}^{st}\Big|_{s=a\mathrm{j}}+\frac{1}{2s}\mathrm{e}^{st}\Big|_{s=-a\mathrm{j}}\\&=\frac{1}{2a\mathrm{j}}(\mathrm{e}^{a\mathrm{j}t}-\mathrm{e}^{-a\mathrm{j}t})\quad(t>0)\end{aligned}$$

对于有理分式函数的像原函数还可以像有理分式的部分分式那样,把它分解为若干简单分式之和,然后逐个求出像原函数.

例 7-18 求 $F(s)=\dfrac{1}{(s-2)(s-1)^2}$ 的逆变换.

解 由于 $s_1=2, s_2=1$ 分别为 $B(s)=(s-2)(s-1)^2$ 的单零点和二阶零点.由式(7-21)得

$$\begin{aligned}f(t)&=\frac{1}{3s^2-8s+5}\mathrm{e}^{st}\Big|_{s=2}+\lim_{s\to 1}\frac{\mathrm{d}}{\mathrm{d}s}\left[(s-1)^2\frac{1}{(s-2)(s-1)^2}\mathrm{e}^{st}\right]\\&=\mathrm{e}^{2t}+\lim_{s\to 1}\frac{\mathrm{d}}{\mathrm{d}s}\left[\frac{1}{s-2}\mathrm{e}^{st}\right]\end{aligned}$$

$= e^{2t} - e^{t} - te^{t}, t > 0.$

例 7-19　求 $F(s) = \dfrac{1}{s(s+1)^2}$ 的 Laplace 逆变换.

解　因为 $F(s)$ 为一有理分式,可以利用部分分式展开法将 $F(s)$ 化成

$$F(s) = \frac{1}{s(s+1)^2} = \frac{1}{s} - \frac{1}{s+1} - \frac{1}{(s+1)^2}$$

所以

$$f(t) = \mathscr{L}^{-1}\left[\frac{1}{s(s+1)^2}\right] = 1 - e^{-t} - te^{-t} \quad (t > 0)$$

例 7-20　求 $F(s) = \dfrac{s}{(s^2+1)(s^2+4)}$ 的 Laplace 逆变换.

解　$F(s) = \dfrac{s}{(s^2+1)(s^2+4)} = \dfrac{1}{3}\left(\dfrac{s}{s^2+1} - \dfrac{s}{s^2+4}\right)$可以用查表的方法,利用附录中的公式

$$f(t) = \mathscr{L}^{-1}\left[\frac{1}{3}\left(\frac{s}{s^2+1} - \frac{s}{s^2+4}\right)\right]$$

$$= \frac{1}{3}(\cos t - \cos 2t)$$

专业案例

例 7-21　图 7-6 所示电路已处于稳态,$t=0$ 时将开关 S 闭合,已知 $u_{s1} = 2e^{-2t}v, u_{s2} = 5v, R_1 = R_2 = 5\ \Omega, L = 1$ H 求 $u_{\mathscr{L}}(s)$.

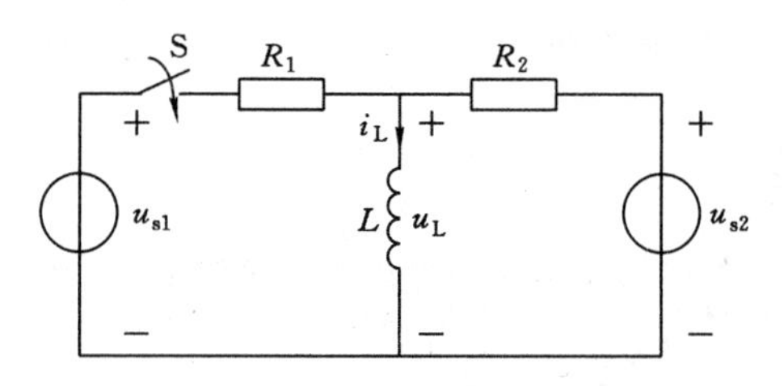

图 7-6

解　$\mathscr{L}[u_{s1}] = \mathscr{L}[2e^{-2t}] = \int_0^{+\infty} 2e^{-2t} \cdot e^{-st}\,dt = 2\int_0^{+\infty} e^{-(2+s)t}\,dt = \dfrac{2}{s+2}$

$$\mathscr{L}[u_{s2}] = \mathscr{L}[5] = \int_0^{+\infty} 5e^{-st}\,dt = \frac{5}{s}$$

$$i_L(0_-) = \frac{u_{s2}}{R_2} = 1\ \text{A}$$

$$\left(\frac{1}{R_1} + \frac{1}{R_2} + \frac{1}{sL}\right)u_L(s) = \frac{2}{s+2} \times \frac{1}{R_1} + \frac{5}{s} \times \frac{1}{R_2} - \frac{Li(0_-)}{sL}$$

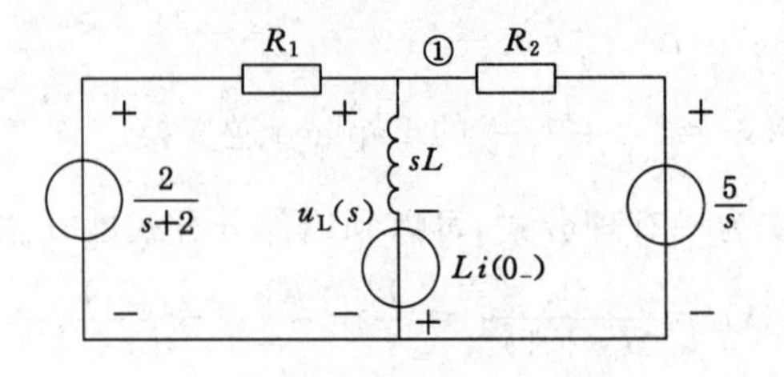

图 7-7

$$u_{\mathrm{L}}(s)=\frac{2s}{(s+2)(2s+5)}$$

专业应用

单位冲激响应与网络函数的关系为

$$H(s)=\frac{\mathscr{L}[h(t)]}{\mathscr{L}[\delta(t)]}=\mathscr{L}[h(t)]\qquad h(t)=\mathscr{L}^{-1}[H(s)]$$

单位冲激响应与网络函数是一对 Laplace 变换对.

若单位冲激响应 $h(t)$ 已知,则任意激励 $e(t)$ 产生的响应 $r(t)$ 可求.

$$h(t)\leftrightarrow H(s),R(s)=E(s)H(s),r(t)=\mathscr{L}^{-1}[R(s)]$$

第四节　Laplace 变换的卷积

本节我们将介绍 Laplace 变换的卷积性质,由它不仅可以求出某些函数的 Laplace 逆变换以及一些函数的积分值,而且在线性系统的分析中起着重要的作用.

一、卷积的概念

在第六章第四节中讨论了 Fourier 变换的卷积定义、性质.在那里讲过,两个函数的卷积是指

$$f_1(t)*f_2(t)=\int_{-\infty}^{+\infty}f_1(\tau)*f_2(t-\tau)\mathrm{d}\tau \tag{7-22}$$

如果 $f_1(t)$ 与 $f_2(t)$ 满足当 $t<0$ 时,$f_1(t)=f_2(t)=0$,则有

$$\begin{aligned}\int_{-\infty}^{+\infty}f_1(\tau)f_2(t-\tau)\mathrm{d}\tau&=\int_0^{+\infty}f_1(\tau)f_2(t-\tau)\mathrm{d}\tau\\&=\int_0^{t}f_1(\tau)f_2(t-\tau)\mathrm{d}\tau+\int_t^{+\infty}f_1(\tau)f_2(t-\tau)\mathrm{d}\tau\\&=\int_0^{t}f_1(\tau)f_2(t-\tau)\mathrm{d}\tau\end{aligned}$$

在上式$\int_t^{+\infty}f_1(\tau)f_2(t-\tau)\mathrm{d}\tau$中,由于 $\tau>t$,即 $t-\tau<0$,所以 $f_2(t-\tau)=0$,从

而$\int_t^{+\infty} f_1(\tau)f_2(t-\tau)\mathrm{d}\tau = 0$,此时式(7-22)变成

$$f_1(t) * f_2(t) = \int_0^t f_1(\tau)f_2(t-\tau)\mathrm{d}\tau \quad (t \geqslant 0) \tag{7-23}$$

显然,由式(7-23)定义的卷积仍然满足交换律、结合律及分配律等性质.请读者自己完成性质的证明.

例 7-22　求函数 $f_1(t) = t, f_2(t) = \cos t$ 的卷积.

解　由式(7-22)有

$$\begin{aligned} f_1(t) * f_2(t) &= \int_0^t \tau\cos(t-\tau)\mathrm{d}\tau \\ &= -\tau\sin(t-\tau)\Big|_0^t + \int_0^t \sin(t-\tau)\mathrm{d}\tau \\ &= \cos t - 1 \end{aligned}$$

二、卷积定理

设 $f_1(t)$ 与 $f_2(t)$ 满足 Laplace 变换存在定理中的条件,且 $\mathscr{L}[f_1(t)] = F_1(s)$,$\mathscr{L}[f_2(t)] = F_2(s)$,则 $f_1(t) * f_2(t)$ 的 Laplace 变换一定存在,且

$$\mathscr{L}[f_1(t) * f_2(t)] = F_1(s) \cdot F_2(s)$$

$$\mathscr{L}[F_1(s) \cdot F_2(s)] = f_1(t) * f_2(t) \tag{7-24}$$

证　由定义有

$$\begin{aligned} \mathscr{L}[f_1(t) * f_2(t)] &= \int_0^{+\infty} [f_1(t)f_2(t)]\mathrm{e}^{-st}\mathrm{d}t \\ &= \int_0^{+\infty} \left[\int_0^t f_1(\tau)f_2(t-\tau)\mathrm{d}\tau\right]\mathrm{e}^{-st}\mathrm{d}t \end{aligned}$$

上面的积分可以看成是一个 $t-\tau$ 平面上区域 D 内(见图 7-8)的一个二重积分,交换积分次序,即得

$$\mathscr{L}[f_1(t) * f_2(t)] = \int_0^{+\infty} f_1(\tau)\left[\int_\tau^{+\infty} f_2(t-\tau)\mathrm{e}^{-st}\mathrm{d}t\right]\mathrm{d}\tau,$$

对内层积分作变量替换 $t_1 = t - \tau$ 有

$$\begin{aligned} \mathscr{L}[f_1(t) * f_2(t)] &= \int_0^{+\infty} f_1(\tau)\left[\int_0^{+\infty} f_2(t_1)\mathrm{e}^{-st_1}\mathrm{e}^{-s\tau}\mathrm{d}t_1\right]\mathrm{d}\tau, \\ &= F_2(s)\int_0^{+\infty} f_1(\tau)\mathrm{e}^{-s\tau}\mathrm{d}\tau \\ &= F_1(s) \cdot F_2(s) \end{aligned}$$

［证毕］

卷积定理可推广到多个函数的情形,利用卷积定理可以求一些函数的逆变换.

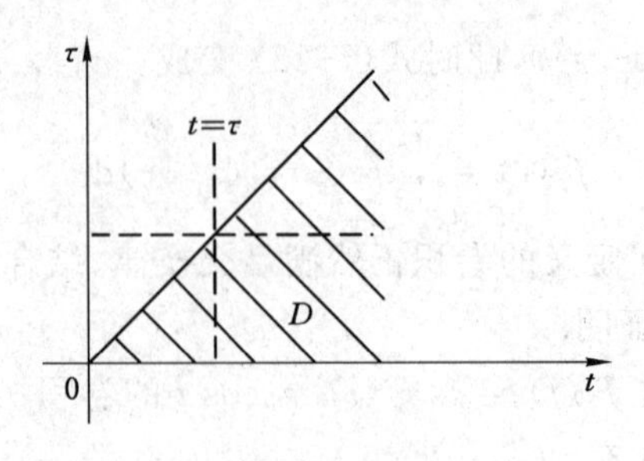

图 7-8

例 7-23 已知 $F(s)=\dfrac{s^2}{(s^2+a^2)^2}$ 求 $f(t)$.

解 由于 $F(s)=\dfrac{s}{s^2+a^2}\cdot\dfrac{s}{s^2+a^2}$, $\mathscr{L}^{-1}\left[\dfrac{s}{s^2+a^2}\right]=\cos at$,故有

$$
\begin{aligned}
f(t)&=\mathscr{L}^{-1}[F(s)]=\mathscr{L}^{-1}\left[\frac{s}{s^2+a^2}\cdot\frac{s}{s^2+a^2}\right]\\
&=\cos at*\cos at=\int_0^t\cos a\tau\cos(at-a\tau)\mathrm{d}\tau\\
&=\frac{1}{2}\int_0^t[\cos at+\cos(2a\tau-at)]\mathrm{d}\tau\\
&=\frac{1}{2}\left[t\cos at+\frac{1}{2a}\sin(2a\tau-at)\Big|_0^t\right]\\
&=\frac{1}{2a}(\sin at+at\cos at)
\end{aligned}
$$

例 7-24 已知 $F(s)=\dfrac{\mathrm{e}^{-as}}{s(s+b)}$,$(a>0)$,求 $f(t)$.

解 由于$\dfrac{\mathrm{e}^{-as}}{s(s+b)}=\left[\dfrac{\mathrm{e}^{-as}}{s}\cdot\dfrac{1}{s+b}\right]$,所以

$$
\begin{aligned}
f(t)&=\mathscr{L}^{-1}\left[\frac{\mathrm{e}^{-as}}{s}\cdot\frac{1}{s+b}\right]\\
&=u(t-a)*\mathrm{e}^{-bt}=\int_0^t u(\tau-a)\mathrm{e}^{-b(t-\tau)}\mathrm{d}\tau\\
&=\int_a^t\mathrm{e}^{-b(t-z)}\mathrm{d}z=\frac{1}{b}[1-\mathrm{e}^{-b(t-a)}]u(t-a)
\end{aligned}
$$

例 7-25 利用卷积定理,证明 $\mathscr{L}^{-1}\left[\dfrac{s}{(s^2+a^2)^2}\right]=\dfrac{t}{2a}\sin at$.

证 由 $\mathscr{L}^{-1}\left[\dfrac{s}{s^2+a^2}\right]=\cos at$,$\mathscr{L}^{-1}\left[\dfrac{1}{s^2+a^2}\right]=\dfrac{1}{a}\sin at$ 及卷积定理可得

$$\mathscr{L}^{-1}\left[\frac{s}{(s^2+a^2)^2}\right]=\mathscr{L}^{-1}\left[\frac{s}{s^2+a^2}\cdot\frac{1}{s^2+a^2}\right]$$

$$=\frac{1}{a}\sin at * \cos at$$

$$=\frac{1}{a}\int_0^t \sin\tau\cdot\cos a(t-\tau)\mathrm{d}\tau$$

$$=\frac{1}{2a}\int_0^t \sin at\mathrm{d}\tau+\frac{1}{2a}\int_0^t \sin(2a\tau-at)\mathrm{d}\tau$$

$$=\frac{t}{2a}\sin at+0$$

$$=\frac{t}{2a}\sin at$$

应用案例

例 7-26　已知某电路的单位冲激响应 $h(t)=2\mathrm{e}^{-t}u(t)$，求该电路在激励为 $e(t)=5\mathrm{e}^{-2t}$ V 作用下的响应 $r(t)$.

解　由单位冲激响应得网络函数

$$H(s)=\mathscr{L}[h(t)]=\frac{2}{s+1}$$

由卷积定理，得

$$R(s)=E(s)H(s)=\frac{5}{s+2}\times\frac{2}{s+1}=\frac{10}{s+1}+\frac{-10}{s+2}$$

时域响应为

$$r(t)=10(\mathrm{e}^{-t}-\mathrm{e}^{-2t})=\frac{t}{2a}\sin at$$

第五节　Laplace 变换的应用

在许多工程技术和科研领域中，Laplace 变换有着广泛的应用，特别是在电学系统、力学系统、自动控制系统及系统的可靠性等研究领域起着重要作用. 人们在对一个系统进行研究时，通常将其抽象成为一个数学模型，而在许多场合，这些数学模型是线性的，可以用线性的微分方程、积分方程等来描述. 而 Laplace 变换对于求解微分方程、积分方程是十分有效的，甚至是必不可少的. 我们将介绍这两类方程的 Laplace 变换解法. 对于 Laplace 变换的另一重要应用：线性系统的另一种数学模型 —— 传递函数的重要概念我们将在相关专业课中学习，这里不作介绍.

一、微分、积分方程的 Laplace 变换解法

例 7-27 求解微分方程 $y''(t)-2y'(t)+2y(t)=2\mathrm{e}^{t}\cos t, y'(0)=y(0)=0.$

解 令 $Y(s)=\mathscr{L}[y(t)]$，在方程两边取 Laplace 变换，并应用初始条件，则得

$$s^{2}Y(s)-2sY(s)+2Y(s)=\frac{2(s-1)}{(s-1)^{2}+1}$$

这是含未知量 $Y(s)$ 的代数方程，整理后解出 $Y(s)$，得

$$Y(s)=\frac{2(s-1)}{[(s-1)^{2}+1]^{2}}$$

求 Laplace 逆变换，得

$$\begin{aligned}y(t)&=\mathscr{L}^{-1}[Y(s)]=\mathscr{L}^{-1}\left[\frac{2(s-1)}{[(s-1)^{2}+1]^{2}}\right]\\&=\mathrm{e}^{t}\mathscr{L}^{-1}\left[\frac{2s}{(s^{2}+1)^{2}}\right]=\mathrm{e}^{t}\mathscr{L}^{-1}\left[\left(\frac{-1}{s^{2}+1}\right)'\right]\\&=t\mathrm{e}^{t}\mathscr{L}^{-1}\left[\frac{1}{s^{2}+1}\right]\\&=t\mathrm{e}^{t}\sin t\end{aligned}$$

本例是一个常系数非齐次线性常微分方程满足初始条件的求解问题，有时也简称为常系数线性微分方程初值问题. 下面给出一个常系数线性微分方程边值问题的例子.

例 7-28 求解微分方程 $y''(t)-2y'(t)+y(t)=0, y(0)=0, y(k)=1$，其中 k 为已知常数.

解 设方程的解 $y=y(t), 0\leqslant t\leqslant k$ 且设 $\mathscr{L}[y(t)]=Y(s)$，对方程两边取 Laplace 变换，并考虑边界条件，则得

$$s^{2}Y(s)-sy(0)-y'(0)-2[sY(s)+y(0)]+Y(s)=0$$

整理后可得

$$Y(s)=\frac{y'(0)}{(s-1)^{2}}$$

取 Laplace 逆变换，可得

$$y(t)=y'(0)t\mathrm{e}^{t}$$

为了确定 $y'(0)$，令 $t=k$，代入上式，由第二个边界条件可得

$$1=y(k)=y'(0)k\mathrm{e}^{k}$$

从而

$$y'(0)=\frac{1}{k}\mathrm{e}^{-k}$$

于是

$$y(t)=\frac{1}{k}t\,e^{t-k}$$

通过求解过程可以发现，常系数线性微分方程的边值问题可以当作它的初值问题来求解，而所得微分方程的解中含有未知的初值可由已知的边值求得，从而最后完全确定微分方程满足边界条件的解.

对于某些时变系统的微分方程，即方程中系数随时间变化（方程中每一项为 $t^n y^{(m)}(t)$ 的形式）时也可以用 Laplace 变换方法求解，由像函数的微分性质可知

$$\mathscr{L}[t^n f(t)]=(-1)^n\frac{d^n}{ds^n}\mathscr{L}[f(t)]$$

从而

$$\mathscr{L}[t^n f^{(m)}(t)]=(-1)^n\frac{d^n}{ds^n}\mathscr{L}[f^{(m)}(t)]$$

下面我们给出求解变系数微分方程初值的例子.

例 7-29　求解变系数二阶微分方程 $ty''(t)+2(t-1)y'(t)+(t-2)y(t)=0$.

解　对方程两边取 Laplace 变换，并设 $\mathscr{L}[y(t)]=Y(s)$，由 Laplace 变换的线性性质及微分性质可知

$$\mathscr{L}[ty''(t)]+2\mathscr{L}[ty'(t)]-2\mathscr{L}[y'(t)]+\mathscr{L}[ty(t)]-2\mathscr{L}[y(t)]=0$$

$$-[s^2Y(s)-sy(0)-y'(0)]'-2[sY(s)-Y(0)]'-$$

$$2[sY(s)-y(0)]-Y'(s)-2Y(s)=0$$

整理得

$$(s+1)^2Y'(s)+4(s+1)Y(s)=3y(0)$$

这是一个关于像函数 $Y(s)$ 的一阶线性微分方程，可用常数变易法求出其通解为

$$Y(s)=\frac{y(0)}{(s+1)}+\frac{c}{(s+1)^4}(c\text{ 为常数})$$

取 Laplace 逆变换可得原二阶线性微分方程的解为

$$\begin{aligned}y(t)&=\mathscr{L}^{-1}[Y(s)]=\mathscr{L}^{-1}\left[\frac{y(0)}{(s+1)}+\frac{c}{(s+1)^4}\right]\\&=y(0)\mathscr{L}^{-1}\left[\frac{1}{s+1}\right]+c\mathscr{L}^{-1}\left[\frac{1}{(s+1)^4}\right]\\&=y(0)e^{-t}+c_1t^3e^{-t}\quad(c\text{ 为任意常数})\end{aligned}$$

例 7-30　求解积分方程 $f(t)=at+\int_0^t\sin(t-x)f(x)dx\ (a\neq0)$.

解　由于 $f(t)*\sin t=\int_0^t f(x)\sin(t-x)dx$，所以原方程为

$$f(t)=at+f(t)*\sin t.$$

令 $F(s)=\mathscr{L}[f(t)]$，因为 $\mathscr{L}[t]=\frac{1}{s^2}$，$\mathscr{L}[\sin t]=\frac{1}{s^2+1}$，所以对方程两边取 Laplace 变换得

$$F(s)=\frac{a}{s^2}+\frac{1}{s^2+1}F(s)$$

即

$$F(s)=a\left(\frac{1}{s^2}+\frac{1}{s^4}\right)$$

取 Laplace 逆变换得原方程的解为

$$f(t)=a\left(t+\frac{t^3}{b}\right)$$

例 7-31 质量为 m 的物体挂在弹性系数为 k 的弹簧一端（见图 7-9），作用在物体上的外力为 $f(t)$，若物体自静止平衡位置 $x=0$ 处开始运动，求该物体的运动规律 $x(t)$.

解 由虎克（Hooke）定律，使物体回到平衡位置的弹簧的恢复力为 $-kx$，根据牛顿（Newton）第二定律，有

$$mx''=f(t)-kx$$

所以，物体运动的微分方程为 $mx''+kx=f(x)$ 初始条件为 $x|_{t=0}=0, x'|_{t=0}=0$.

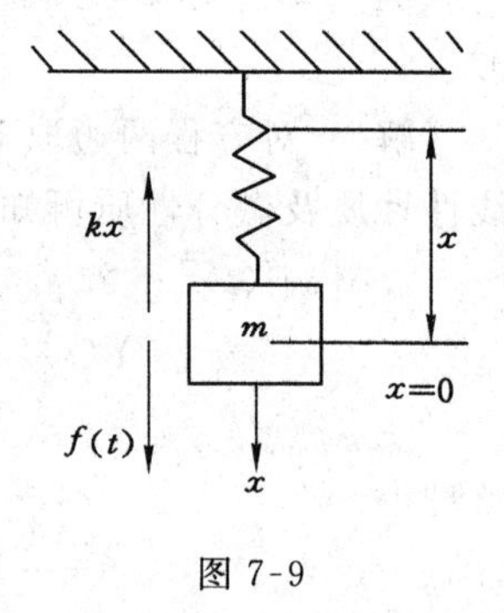

图 7-9

这是二阶常系数非齐次微分方程，现对方程两边取 Laplace 变换，设 $\mathscr{L}[x(t)]=X(s)$，$\mathscr{L}[f(t)]=F(s)$，并考虑到初始条件，则得像方程 $ms^2X(s)+kX(s)=F(s)$，解得

$$X(s)=\frac{1}{m}\frac{F(s)}{s^2+\omega_0^2}=\frac{1}{m}\frac{1}{s^2+\omega_0^2}F(s)\quad\left(\omega_0^2=\frac{k}{m}\right)$$

因为 $\mathscr{L}\left[\frac{\sin\omega_0 t}{\omega_0}\right]=\frac{1}{s^2+\omega_0^2}$，应用卷积定理，有

$$x(t)=\frac{1}{m}\frac{\sin\omega_0 t}{\omega_0}*f(t)=\frac{1}{m\omega_0}\int_0^t f(\tau)\sin\omega_0(t-\tau)\mathrm{d}\tau$$

如 $f(t)$ 具体给出时，可以直接从解的像函数 $X(s)$ 的关系式中解出 $x(t)$ 来. 例如：当物体在 $t=0$ 时受到冲击力 $f(t)=A\delta(t)$，其中 A 为常数，此时 $\mathscr{L}[f(t)]=\mathscr{L}[A\delta(t)]=A$，所以

$$X(s)=\frac{A}{m}\cdot\frac{1}{s^2+\omega_0^2}$$

从而
$$x(t)=\frac{A}{m\omega_0}\sin\omega_0 t.$$

可见,在冲击力作用下,运动为一正弦振动,振幅是$\frac{A}{m\omega_0}$,角频率是 ω_0,称 ω_0 为该系统的自然频率(或称固有频率).

当物体所受作用力 $f(t)=A\sin\omega t$(A 为常数),此时,$\mathscr{L}[f(t)]=\frac{\omega}{s^2+\omega^2}$,所以

$$\begin{aligned}X(s)&=\frac{1}{m}\cdot\frac{1}{s^2+\omega_0^2}\cdot\frac{A\omega}{s^2+\omega^2}=\frac{A\omega}{m}\frac{1}{(s^2+\omega_0^2)(s^2+\omega^2)}\\&=\frac{A\omega}{m}\frac{1}{\omega^2-\omega_0^2}\left(\frac{1}{s^2+\omega_0^2}-\frac{1}{s^2+\omega^2}\right)\end{aligned}$$

从而

$$\begin{aligned}x(t)&=\frac{A\omega}{m(\omega^2-\omega_0^2)}\left(\frac{\sin\omega_0 t}{\omega_0}-\frac{\sin\omega t}{\omega}\right)\\&=\frac{A}{m\omega_0(\omega^2-\omega_0^2)}(\omega\sin\omega_0 t-\omega_0\sin\omega t)\end{aligned}$$

这里 ω 为作用力的频率(或称扰动频率),若 $\omega\neq\omega_0$,运动由两种不同频率的振动复合而成.若 $\omega=\omega_0$(即扰动频率等于自然频率),便产生共振,此时振幅将随时间无限增大,这是理论上的情形.实际上,在振幅相当大时,或者系统已被破坏,或者系统已不再满足原来的微分方程.

例 7-32　在 RLC 电路中串接直流电源 E(见图 7-10),求回路中电流 $i(t)$.

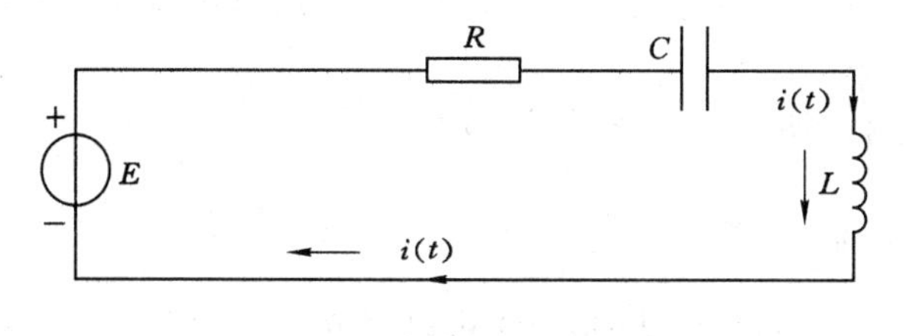

图 7-10

解　根据基尔霍夫定律,列出 $i(t)$ 所满足的关系式为

$$\begin{cases}\frac{1}{C}\int_0^t i(t)\mathrm{d}t+Ri(t)+L\frac{\mathrm{d}i(t)}{\mathrm{d}t}=E\\i(0)=i'(0)=0\end{cases}$$

对该方程两边取 Laplace 变换,且设 $\mathscr{L}[i(t)]=I(s)$,则有

$$\frac{1}{Cs}I(s)+RI(s)+LsI(s)=\frac{E}{s}$$

解得

$$I(s)=\frac{\frac{E}{s}}{Ls+R+\frac{1}{Cs}}$$

若用 r_1, r_2 表示方程 $s^2+\frac{R}{L}s+\frac{1}{LC}=0$ 的根,则有

$$r_1=-\frac{R}{2L}+\sqrt{\frac{R^2}{4L^2}-\frac{1}{LC}}, r_2=-\frac{R}{2L}-\sqrt{\frac{R^2}{4L^2}-\frac{1}{LC}}$$

记 $\alpha=\frac{R}{2L}, \beta=\sqrt{\alpha^2-\frac{1}{LC}}$,则 $r_1 r_2$ 可以写成

$$r_1=-\alpha+\beta, r_2=-\alpha-\beta$$

所以 $s^2+\frac{R}{L}s+\frac{1}{LC}=(s-r_1)(s-r_2)$,故

$$I(s)=\frac{E}{L(s-r_1)(s-r_2)}=\frac{E}{L}\frac{1}{r_1-r_2}\left[\frac{1}{s-r_1}-\frac{1}{s-r_2}\right]$$

取逆变换,可求得电流为

$$i(t)=\frac{E}{L}\frac{1}{r_1-r_2}(\mathrm{e}^{r_1 t}-\mathrm{e}^{r_2 t})$$

将 r_1, r_2 的数值代入得

$$i(t)=\frac{E}{L}\frac{\mathrm{e}^{-\alpha t}(\mathrm{e}^{\beta t}-\mathrm{e}^{-\beta t})}{2\beta}=\frac{E}{L\beta}\mathrm{e}^{-\alpha t}\operatorname{sh}\beta t$$

当 $\alpha^2>\frac{1}{LC}$,即 $R>2\sqrt{\frac{L}{C}}$ 时,β 为一实数,此时可直接由上式计算 $i(t)$.

当 $R<2\sqrt{\frac{L}{C}}$ 时,β 为一虚数,上式可做如下变换,令 $\omega=\sqrt{\frac{1}{LC}-\alpha^2}$,此时 $\beta=\sqrt{\alpha^2-\frac{1}{LC}}=\mathrm{i}\omega$.

考虑到 $\operatorname{sh}\mathrm{i}z=\mathrm{i}\sin z$,此时,$i(t)$ 可以写成

$$i(t)=\frac{E}{\omega L}\mathrm{e}^{-\alpha t}\sin\omega t$$

该式表明在回路中出现了角频率为 ω 的衰减正弦振荡.

当 $R=2\sqrt{\frac{L}{C}}$ 时,即在临界情况下,此时 $\beta=0, r_1=r_2=-\alpha$,有

$$I(s)=\frac{E}{L(s-r_1)(s-r_2)}=\frac{E}{L(s+\alpha)^2}$$

易得

$$i(t)=\frac{E}{L}t\mathrm{e}^{-\alpha t}$$

注意，本例中微分方程的初值问题，实际上可以转化为一个二阶线性常系数齐次微分方程的初值问题.

例 7-33　求解线性微分方程组 $\begin{cases} x''(t) - 2y'(t) - x(t) = 0 \\ x'(t) - y(t) = 0 \end{cases}$ 初始条件为 $x(0) = 0, x'(0) = 1, y(0) = 1$ 的特解.

解　设 $\mathscr{L}[x(t)] = X(s)$，$\mathscr{L}[y(t)] = Y(s)$，对方程组两边取 Laplace 变换，并考虑初始条件，得

$$\begin{cases} s^2X(s) - sx(0) - x'(0) + 2[sY(s) - y(0)] - X(s) = 0 \\ sX(s) - x(0) - Y(s) = 0 \end{cases}$$

整理化简后得

$$\begin{cases} (s^2 - 1)X(s) - 2sY(s) + 1 = 0 \\ sX(s) - Y(s) = 0 \end{cases}$$

解这个代数方程组，即得

$$\begin{cases} X(s) = \dfrac{1}{s^2 + 1} \\ Y(s) = \dfrac{s}{s^2 + 1} \end{cases}$$

对每一个像函数取 Laplace 逆变换，可得

$$\begin{cases} x(t) = \sin t \\ y(t) = \cos t \end{cases}$$

这便是所求方程组的解.

从以上例题可以看出，用 Laplace 变换求线性微分、积分方程及其方程组的解时，有如下优点：

(1) 在求解的过程中，初始条件同时也用上了，求出的结果就是需要的特解，这就避免了微分方程的一般解法中，先求通解再根据初始条件确定任意常数，求出特解的复杂运算.

(2) 零初始条件在工程技术中十分常见，由第一条优点可知，用 Laplace 变换求解就更加简单，而在微分方程的一般解法中不会因此有任何简化.

(3) 对于一个非齐次的线性方程来说，当非齐次项不是连续函数，而是包含 δ- 函数或有第一类间断点的函数时，用 Laplace 变换求解很方便，而用微分方程的一般解法会非常困难.

(4) 用 Laplace 变换求解微分方程过程简化，便于在工程技术中应用.

此外，由于已有现成可用的 Laplace 变换表，因此在工程实际计算中对有些函数就可以直接查 Laplace 变换表得出其像原函数(即方程的解).

由于上述优点，Laplace 变换广泛应用于许多工程技术领域中.

应用案例

例 7-34 LR 串联电路有交流电源 $E(t)=E_0\sin\omega t$（见图 7-11），求电流 $i(t)$.

解 电流方程为：

$$\begin{cases} L\dfrac{\mathrm{d}i}{\mathrm{d}t}+Ri=E_0\sin\omega t \\ i(0)=0 \end{cases}$$

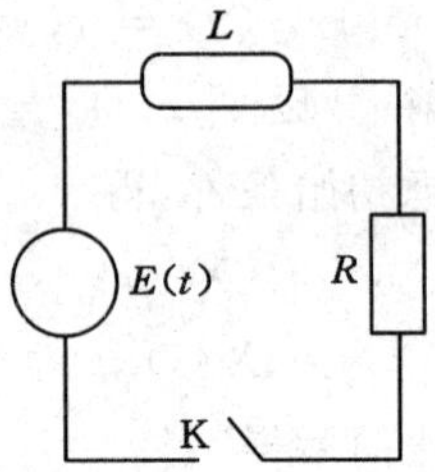

L

E(t)

R

K

图 7-11

两边取 Laplace 变换，并注意起始条件

$$LsI(s)+RI(s)=E_0\frac{\omega}{s^2+\omega^2}$$

解得

$$I(s)=\frac{E_0}{Ls+R}\frac{\omega}{s^2+\omega^2}$$

整理得

$$I(s)=\frac{E_0}{L}\frac{1}{s+R/L}\frac{\omega}{s^2+\omega^2}$$

$$\mathscr{L}^{-1}\left[\frac{\omega}{s^2+\omega^2}\right]=\sin\omega t \qquad \mathscr{L}^{-1}\left[\frac{1}{s+R/L}\right]=\mathrm{e}^{-(R/L)t}$$

应用卷积定理

$$\begin{aligned} i(t)&=\frac{E_0}{L}\int_0^t\sin\omega\tau\cdot\mathrm{e}^{-\frac{R}{L}(t-\tau)}\mathrm{d}\tau \\ &=\frac{E_0}{R^2+L^2\omega^2}(R\sin\omega t-\omega L\cos\omega t)+\frac{E_0\omega L}{R^2+L^2\omega^2}\mathrm{e}^{-\frac{R}{L}t} \end{aligned}$$

第一项：稳定振荡，第二项：衰减.

二、利用 Matlab 实现 Laplace 变换

在数学软件 Matlab 的符号演算工具箱中，提供了专用函数来进行 Laplace 变换与 Laplace 逆变换.

(1) $F=\mathrm{laplace}(f)$ 对函数 $f(t)$ 进行 Laplace 变换，对并返回结果 $F(s)$；

(2) $f=\mathrm{ilaplace}(F)$ 对函数 $F(s)$ 进行 Laplace 逆变换，对并返回结果 $f(t)$.

例 7-35 求函数 $f(t)=t\mathrm{e}^{-3t}\sin 2t$ 的 Laplace 变换.

解 Matlab 程序

```
clear;
syms t;
f = t * exp(-3 * t) * sin(2 * t);
F = laplace(f);
```

输出　　　$F = 4/((s+3)^\wedge 2+4)^\wedge 2*(s+3)$

即　　　$$F(s)=\frac{4(s+3)}{[(s+3)^2+4]^2}$$

例 7-36　求函数 $F(s)=\dfrac{s^2+2s+1}{(s^2-2s+5)(s-3)}$ 的 Laplace 逆变换.

解　Matlab 程序

```
clear;
syms s;
F = (s^2+2*s+1)/(s^2-2*s+5)/(s-3);
f = ilaplace(F);
```

输出 f = 2 * exp(3 * t) - exp(t) * cos(2 * t) + exp(t) * sin(2 * t)

即　　　$$f(t)=2\mathrm{e}^{3t}-\mathrm{e}^t\cos 2t+\mathrm{e}^t\sin 2t$$

小　　结

1. Laplace 变换的概念

(1) 设函数 $f(t)$ 当 $t\geqslant 0$ 时有意义,而且积分 $\int_0^{+\infty} f(t)\mathrm{e}^{-st}\mathrm{d}t$ (s 是一个复参量) 在 s 的某一域内收敛,则由此积分所确定的函数可写为

$$F(s)=\int_0^{+\infty} f(t)\mathrm{e}^{-st}\mathrm{d}t$$

称为函数 $f(t)$ 的 Laplace 变换式. 记为 $F(s)=\mathscr{L}[f(t)]$,$F(s)$ 称为 $f(t)$ 的 Laplace 变换,则称 $f(t)$ 为 $F(s)$ 的 Laplace 逆变换(或称为像原函数),记为

$$f(t)=\mathscr{L}^{-1}[f(t)]$$

Laplace 变换对函数的要求要比 Fourier 变换低,工程技术中所遇到的函数大部分都存在 Laplace 变换,因而 Laplace 变换的应用范围更为广泛.

(2) 一些常用函数的 Laplace 变换

$\mathscr{L}[u(t)]=\dfrac{1}{s}$;　　　$\mathscr{L}[\delta(t)]=1$;

$\mathscr{L}[\mathrm{e}^{kt}]=\dfrac{1}{s-k}$;　　　$\mathscr{L}[t^m]=\dfrac{m!}{s^{m+1}}$ (m 为正整数);

$\mathscr{L}[\sin kt]=\dfrac{k}{s^2+k^2}$;　　　$\mathscr{L}[\cos kt]=\dfrac{s}{s^2+k^2}$.

2. Laplace 变换的性质

(1) 线性性质

设 α,β 为常数,且有 $\mathscr{L}[f_1(t)]=F_1(s)$,$\mathscr{L}[f_2(t)]=F_2(s)$,则有

$$\mathscr{L}[\alpha f_1(t)+\beta f_2(t)]=\alpha F_1(s)+\beta F_2(s)$$

$$\mathscr{L}^{-1}[\alpha f_1(t)+\beta f_2(t)]=\alpha\mathscr{L}^{-1}[f_1(s)]+\beta\mathscr{L}^{-1}[F_2(s)]$$

(2) 微分性质

设 $\mathscr{L}[f(t)]=F(s)$,则有

$$\mathscr{L}[f'(t)]=sF(s)-f(0)$$

(3) 像函数的微分性质

设 $\mathscr{L}[f(t)]=F(s)$,则有

$$F'(s)=-\mathscr{L}[tf(t)]$$

(4) 积分性质

设 $\mathscr{L}[f(t)]=F(s)$,则有

$$\mathscr{L}\left[\int_0^t f(t)\,\mathrm{d}t\right]=\frac{1}{s}F(s)$$

(5) 像函数的积分性质

设 $\mathscr{L}[f(t)]=F(s)$,则有

$$\int_s^{\infty}F(s)\,\mathrm{d}s=\mathscr{L}\left[\frac{f(t)}{t}\right]$$

若令 $s=0$,则
$$\int_0^{+\infty}\frac{f(t)}{t}\mathrm{d}t=\int_0^{\infty}F(s)\,\mathrm{d}s$$

(6) 位移性质

若 $\mathscr{L}[f(t)]=F(s)$,则有

$$\mathscr{L}[\mathrm{e}^{at}f(t)]=F(s-a)\quad \mathrm{Re}(s-a)>c$$

(7) 延迟性质

若 $\mathscr{L}[f(t)]=F(s)$,则对于任一非负实数 z,有

$$\mathscr{L}[f(t-\tau)u(t-\tau)]=\mathrm{e}^{-s\tau}F(s)$$

(8) 相似性质

设 $\mathscr{L}[f(t)]=F(s)$,则对任一常数 $a>0$,有

$$\mathscr{L}[f(at)]=\frac{1}{a}F\left(\frac{s}{a}\right)$$

3. Laplace 逆变换

(1) 反演积分公式

若函数 $f(t)$ 满足 Laplace 变换存在定理中的条件,$\mathscr{L}[f(t)]=F(s)$,c 为其增长指数,如果 t 为 $f(t)$ 的连续点,则

$$f(t)=\frac{1}{2\pi\mathrm{j}}\int_{\beta-\mathrm{j}\infty}^{\beta+\mathrm{j}\infty}F(s)\mathrm{e}^{st}\,\mathrm{d}s\quad (s=\beta+\mathrm{j}\omega,t>0)$$

(2) 像原函数的求法

若 $F(s)$ 除在半平面 $\mathrm{Re}\,s\leqslant c$ 内有有限个奇点 $s_1,s_2,s_3,\cdots,s_n$ 外是解析的,且

当 $s\to\infty$ 时,$F(s)\to 0$,则有

$$f(t)=\sum_{k=1}^{n}\mathrm{Re}\,s[F(s)\mathrm{e}^{st},s_k]\quad(t>0)$$

(3) 有理函数的像原函数

① 利用赫维赛德(Heaviside) 展开式若 $B(s)$ 有个单零点 $s_1,s_2,\cdots,s_n$,即这些点都是$\dfrac{A(s)}{B(s)}$的单极点,则

$$f(t)=\sum_{k=1}^{n}\frac{A(s_k)}{B'(s_k)}\mathrm{e}^{s_kt}\quad(t>0)$$

若 s_1 是 $B(s)$ 的一个 m 阶零点,而其余 $s_{m+1},s_{m+2},\cdots,s_n$ 是 $B(s)$ 的单零点,即 s_1 是$\dfrac{A(s)}{B(s)}$的 m 阶极点,$s_j(j=m+1,m+2,\cdots,n)$ 是它的单极点,则

$$f(t)=\sum_{j=m+1}^{n}\frac{A(s_j)}{B'(s_j)}\mathrm{e}^{s_jt}+\frac{1}{(m-1)!}\lim_{s\to s_1}\frac{\mathrm{d}^{m-1}}{\mathrm{d}s^{m-1}}\left[(s-s_1)^m\frac{A(s)}{B(s)}\mathrm{e}^{st}\right],(t>0)$$

② 利用部分分式法 即将 $F(s)$ 展开成若干个简单分式之和,然后利用 Laplace 变换的性质逐个求出像原函数.

4. 卷积

(1) 卷积概念

$$f_1(t)*f_2(t)=\int_{-\infty}^{+\infty}f_1(\tau)*f_2(t-\tau)\mathrm{d}\tau,t\geqslant 0$$

(2) 卷积定理

设 $f_1(t)$ 与 $f_2(t)$ 满足 Laplace 变换存在定理中的条件,且 $\mathscr{L}[f_1(t)]=F_1(s)$,$\mathscr{L}[f_2(t)]=F_2(s)$,则

$$\mathscr{L}[f_1(t)*f_2(t)]=F_1(s)\cdot F_2(s)$$
$$\mathscr{L}[F_1(s)\cdot F_2(s)]=f_1(t)*f_2(t)$$

在 Laplace 变换的应用中,卷积定理起着十分重要的作用,利用它不仅可以求一些函数的像原函数,而且还可以求函数的卷积.

5. Laplace 变换的应用

Laplace 变换的应用非常广泛,本章仅限于讨论解线性微分方程,其大致步骤为:

(1) 对关于 y 的微分方程(连同初始条件在一起) 进行 Laplace 变换,得到像方程;

(2) 解像方程,得到像函数 $Y(s)$;

(3) 对 $Y(s)$ 作逆变换,得到微分方程的解 $y(t)$.

第七章习题

1. 求下列函数的 Laplace 变换：

(1) $f(t)=\cosh(kt)$；　　(2) $f(t)=\sin^2 t$；

(3) $f(t)=\begin{cases}3, & t<\dfrac{\pi}{2}\\ \cos t, & t>\dfrac{\pi}{2}\end{cases}$；　　(4) $f(t)=\cos t\cdot\delta(t)-\sin t\cdot u(t)$.

2. 若 $f(t)$ 是周期为 T 的函数，即 $f(t+T)=f(t)\,(t>0)$，且 $f(t)$ 在一个周期上分段连续，证明：

$$\mathscr{L}[f(t)]=\frac{\int_0^T f(t)\mathrm{e}^{-st}\,\mathrm{d}t}{1-\mathrm{e}^{-sT}}\quad(\mathrm{Re}\, s>0).$$

3. 求图 7-12 所示周期函数的 Laplace 变换：

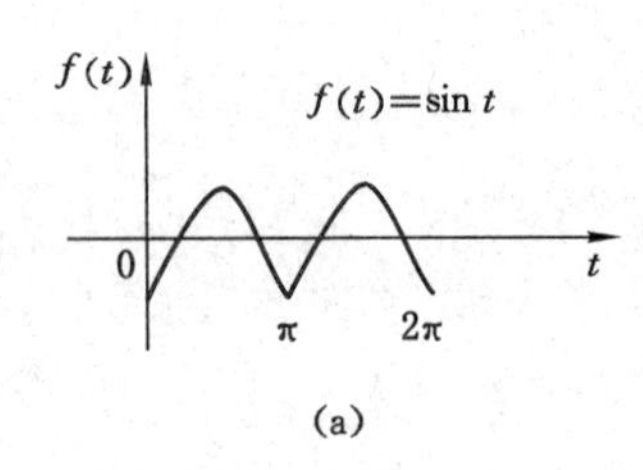

(a)

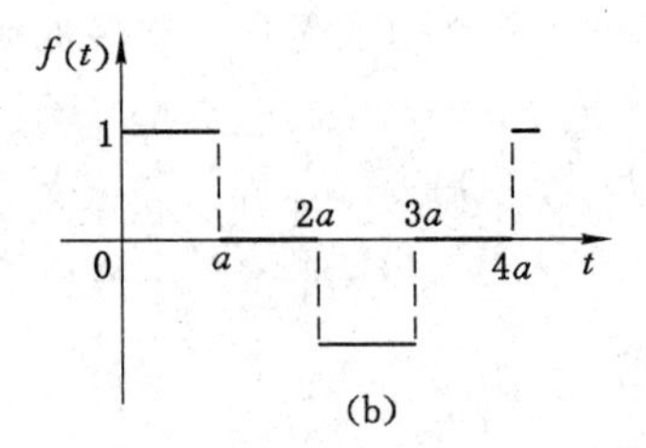

(b)

图 7-12

4. 求下列函数的 Laplace 变换：

(1) $f(t)=(1-t)^2\mathrm{e}^t$；　　(2) $f(t)=\mathrm{e}^{-2t}\sin bt$；

(3) $f(t)=\mathrm{e}^{-4t}\cos 4t$；　　(4) $f(t)=t^n\mathrm{e}^{at}$；

(5) $f(t)=u(3t-5)$；　　(6) $f(t)=u(1-\mathrm{e}^{-t})$.

5. 计算下列积分：

(1) $\int_0^{+\infty} t^3\mathrm{e}^{-t}\sin t\,\mathrm{d}t$；　　(2) $\int_0^{+\infty}\frac{\sin^2 t}{t^2}\mathrm{d}t$；

(3) $\int_0^{+\infty}\frac{\mathrm{e}^{-at}\cos bt-\mathrm{e}^{-mt}\cos nt}{t}\mathrm{d}t$.

6. 设 $\mathscr{L}[f(t)]=F(s)$，$a>0$，$b\geqslant 0$，试证明：

$$\mathscr{L}[f(at-b)u(at-b)]=\frac{1}{a}F\left(\frac{s}{a}\right)\mathrm{e}^{-\frac{b}{a}s}$$

并利用此性质求 $\mathscr{L}[\sin(\omega t+\varphi)u(\omega t+\varphi)]\,(\omega>0,\varphi<0)$.

7. 求下列函数的 Laplace 逆变换：

(1) $F(s)=\dfrac{1}{(s+1)^4}$；　　(2) $F(s)=\dfrac{1}{s+3}$；

(3) $F(s)=\dfrac{2s+3}{s^2+9}$；　　(4) $F(s)=\dfrac{s+3}{(s+1)(s-3)}$；

(5) $F(s)=\dfrac{s+1}{s^2+s-6}$；　　(6) $F(s)=\dfrac{2s+5}{s^2+4s+13}$.

8. 已知 $F(s)=\dfrac{2s^2+3s+3}{(s+1)(s+3)}$，求 $f(t)=\mathscr{L}^{-1}[F(s)]$.

9. 求下列函数的 Laplace 逆变换：

(1) $F(s)=\dfrac{2s+1}{s(s+1)(s+2)}$；　　(2) $F(s)=\ln\dfrac{s^2-1}{s^2}$；

(3) $F(s)=\dfrac{s^2+4s+4}{(s^2+4s+13)^2}$；　　(4) $F(s)=\dfrac{s+3}{s^3+3s^2+6s+4}$；

(5) $F(s)=\dfrac{1+\mathrm{e}^{-2s}}{s^2}$.

10. 求下列卷积：

(1) $t*\sin t$；　　(2) $t*\sinh t$；

(3) $\sin t*\cos t$；　　(4) $\sinh t*\cosh t$.

11. 利用卷积定理证明 $\mathscr{L}\left[\int_0^t f(t)\mathrm{d}t\right]=\dfrac{F(s)}{s}$，其中 $F(s)=\mathscr{L}[f(t)]$.

12. 利用卷积定理证明 $\mathscr{L}^{-1}\left[\dfrac{1}{\sqrt{s}(s-1)}\right]=\dfrac{2}{\sqrt{\pi}}\mathrm{e}^t\int_0^{\sqrt{t}}\mathrm{e}^{-\tau^2}\mathrm{d}\tau$，并用此结论求 $\mathscr{L}^{-1}\left[\dfrac{1}{s\sqrt{s+1}}\right]$.

13. 利用结论 $\mathscr{L}\left[\dfrac{f(t)}{t}\right]=\int_0^\infty F(s)\mathrm{d}s$，或 $f(t)=t\mathscr{L}^{-1}\left[\int_s^\infty F(s)\mathrm{d}s\right]$ 计算下列各式：

(1) $f(t)=\dfrac{\sin kt}{t}$，求 $F(s)$；　　(2) $f(t)=\dfrac{\mathrm{e}^{-3t}\sin 2t}{t}$，求 $F(s)$；

(3) $F(s)=\dfrac{s}{(s^2-1)^2}$，求 $f(t)$；　　(4) $f(t)=\int_0^t\dfrac{\mathrm{e}^{-3t}\sin 2t}{t}\mathrm{d}t$，求 $F(s)$.

14. 求方程 $y''(t)+2y'(t)-3y(t)=\mathrm{e}^{-t}$ 满足初始条件 $y(0)=0$，$y'(0)=1$ 的解.

15. 求方程 $y'(t)+2\int_0^t y(\tau)\mathrm{d}\tau=u(t-1)$ 满足初始条件 $y(0)=1$ 的解.

16. 求变系数二阶线性微分方程 $ty''(t)-2y'(t)+ty(t)=0$ 满足初始条件

$y(0)=0$ 的解.

第七章测试题

1. 求函数 $f(t)=-te^{-\beta t}$ 的 Laplace 变换.

2. 求正弦函数 $f(t)=\sin kt$ 和余弦函数 $f(t)=\cos kt$（k 为实数）的 Laplace 变换.

3. 利用留数方法求 $F(s)=\dfrac{s}{s^2-2s-3}$ 的 Laplace 逆变换.

4. 利用留数方法求 $F(s)=\dfrac{1}{s(s-1)^2}$ 的逆变换.

第七章习题答案

第七章测试题答案

附录一　傅立叶变换表

	$f(t)$		$F(\omega)$	
	函数	图像	频谱函数	图像
1	矩形单脉冲 $f(t)=\begin{cases}E, \|t\|\leqslant\frac{\tau}{2},\\0, 其他\end{cases}$	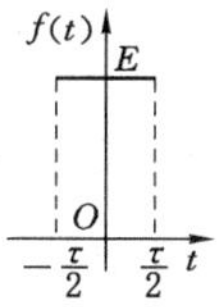	$2E\dfrac{\sin\frac{\omega\tau}{2}}{\omega}$	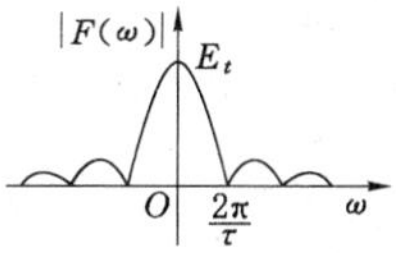
2	指数衰减函数 $f(t)=\begin{cases}0, & t<0\\e^{-\beta t}, & t\geqslant 0,\beta>0\end{cases}$	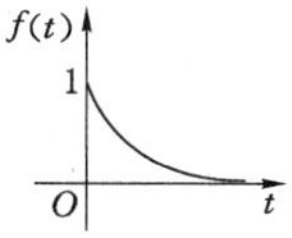	$\dfrac{1}{\beta+i\omega}$	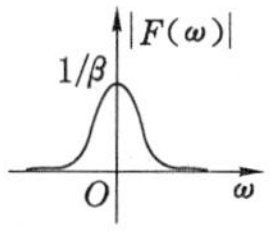
3	三角形脉冲 $f(t)=\begin{cases}\frac{2A}{\tau}\left(\frac{\tau}{2}+t\right) & -\frac{\tau}{2}\leqslant t<0\\\frac{2A}{\tau}\left(\frac{\tau}{2}-t\right) & 0\leqslant t<\frac{\tau}{2}\end{cases}$	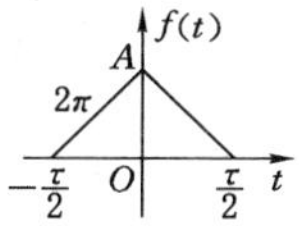	$\dfrac{4A}{\tau\omega^2}\left(1-\cos\dfrac{\omega\tau}{2}\right)$	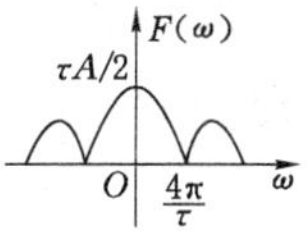
4	钟形脉冲 $f(t)=Ae^{-\beta t^2}(\beta>0)$	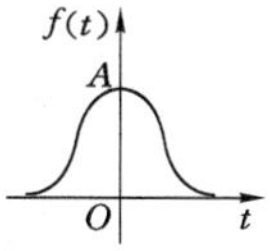	$\sqrt{\dfrac{\pi}{\beta}}Ae^{-\frac{\omega^2}{4\beta}}$	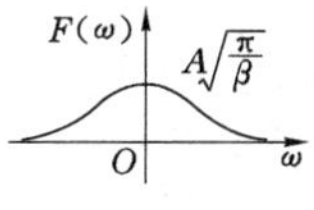
5	傅立叶核 $f(t)=\dfrac{\sin\omega_0 t}{\pi t}$	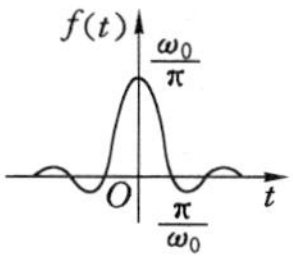	$F(\omega)=\begin{cases}1, \|\omega\|\leqslant\omega_0\\0, 其他\end{cases}$	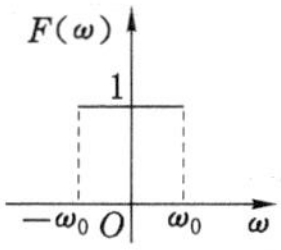

续表

	$f(t)$		$F(\omega)$	
	函数	图像	频谱函数	图像
6	高斯分布函数 $f(t)=\frac{1}{\sqrt{2\pi}\sigma}\mathrm{e}^{-\frac{t^2}{2\sigma^2}}$	$f(t)$ $\frac{1}{\sqrt{2\pi}\sigma}$ O t	$\mathrm{e}^{-\frac{\sigma^2\omega^2}{2}}$	$\|F(\omega)\|$ 1 O ω
7	矩形射频脉冲 $f(t)=\begin{cases}E\cos\omega_0 t, & \mid t\mid\leqslant\frac{\tau}{2}\\ 0, & \text{其他}\end{cases}$	$f(t)$ E $-\frac{\tau}{2}$ O $\frac{\tau}{2}$ t	$\frac{E\tau}{2}\left[\frac{\sin(\omega-\omega_0)\frac{\tau}{2}}{(\omega-\omega_0)\frac{\tau}{2}}+\frac{\sin(\omega+\omega_0)\frac{\tau}{2}}{(\omega+\omega_0)\frac{\tau}{2}}\right]$	$-\omega_0+\frac{\omega_0}{n}$ $\|F(\omega)\|$ $\frac{E\tau}{2}$ ω $-\omega_0$ O ω_0 $\omega_0+\frac{\omega_0}{n}$ $-\omega_0-\frac{\omega_0}{n}$ $\omega_0-\frac{\omega_0}{n}$
8	单位脉冲函数 $f(t)=\delta(t)$	$f(t)$ 1 O t	1	$F(\omega)$ 1 O ω
9	周期性脉冲函数 $f(t)=\sum\limits_{n=-\infty}^{+\infty}\delta(t-n T)$ （T 为脉冲函数的周期）	$f(t)$ 1 O $-3T$ $-T$ T $3T$ t $-2T$ $2T$	$\frac{2\pi}{T}\sum\limits_{n=-\infty}^{+\infty}\delta\left(\omega-\frac{2n\pi}{T}\right)$	$\|F(\omega)\|$ $\frac{2\pi}{T}$ O ω $-\frac{6\pi}{T}$ $-\frac{2\pi}{T}$ $\frac{2\pi}{T}$ $\frac{6\pi}{T}$
10	$f(t)=\cos\omega_0 t$	$f(t)$ 1 $\frac{\pi}{2\omega_0}$ O t	$\pi[\delta(\omega+\omega_0)+\delta(\omega-\omega_0)]$	$\|F(\omega)\|$ π $-\omega_0$ O ω_0 ω
11	$f(t)=\sin\omega_0 t$	$f(t)$ 1 $\frac{\pi}{\omega_0}$ O t	$\mathrm{i}\pi[\delta(\omega+\omega_0)-\delta(\omega-\omega_0)]$	
12	单位函数 $f(t)=u(t)$	$f(t)$ 1 O t	$\frac{1}{\mathrm{i}\omega}+\pi\delta(\omega)$	$\|F(\omega)\|$ O ω

续表

	$f(t)$	$F(\omega)$
13	$u(t-c)$	$\frac{1}{\mathrm{i}\omega}\mathrm{e}^{-\mathrm{i}\omega c}+\pi\delta(\omega)$
14	$u(t)\cdot t$	$-\frac{1}{\omega^2}+\pi\delta'(\omega)\mathrm{i}$
15	$u(t)\cdot t^n$	$\frac{n!}{(\mathrm{i}\omega)^{n+1}}+\pi\mathrm{i}^n\delta^{(n)}(\omega)$
16	$u(t)\sin at$	$\frac{a}{a^2-\omega^2}+\frac{\pi}{2\mathrm{i}}[\delta(\omega-a)-\delta(\omega+a)]$
17	$u(t)\cos at$	$\frac{\mathrm{i}\omega}{a^2-\omega^2}+\frac{\pi}{2}[\delta(\omega-\omega_0)+\delta(\omega+\omega_0)]$
18	$u(t)\mathrm{e}^{\mathrm{i}at}$	$\frac{1}{\mathrm{i}(\omega-a)}+\pi\delta(\omega-a)$
19	$u(t-c)\mathrm{e}^{\mathrm{i}at}$	$\frac{1}{\mathrm{i}(\omega-a)}\mathrm{e}^{-\mathrm{i}(\omega-a)c}+\pi\delta(\omega-a)$
20	$u(t)\mathrm{e}^{\mathrm{i}at}t^n$	$\frac{n!}{[\mathrm{i}(\omega-a)]^{n+1}}+\pi\mathrm{i}^n\delta^{(n)}(\omega-a)$
21	$\mathrm{e}^{a\|t\|}$, $\mathrm{Re}\,a<0$	$\frac{-2a}{\omega^2+a^2}$
22	$\delta(t-c)$	$\mathrm{e}^{-\mathrm{i}\omega c}$
23	$\delta'(t)$	$\mathrm{i}\omega$
24	$\delta^{(n)}(t)$	$(\mathrm{i}\omega)^n$
25	$\delta^{(n)}(t-c)$	$(\mathrm{i}\omega)^n\mathrm{e}^{-\mathrm{i}\omega c}$
26	1	$2\pi\delta(\omega)$
27	t	$2\pi\mathrm{i}\delta'(\omega)$
28	t^n	$2\pi\mathrm{i}^n\delta^{(n)}(\omega)$
29	$\mathrm{e}^{\mathrm{i}at}$	$2\pi\delta(\omega-a)$
30	$t^n\mathrm{e}^{\mathrm{i}at}$	$2\pi\mathrm{i}^n\delta^{(n)}(\omega-a)$
31	$\frac{1}{a^2+t^2}$, $\mathrm{Re}\,a<0$	$-\frac{\pi}{a}\mathrm{e}^{a\|\omega\|}$
32	$\frac{t}{(a^2+t^2)^2}$, $\mathrm{Re}\,a<0$	$\frac{\mathrm{i}\omega\pi}{2a}\mathrm{e}^{a\|\omega\|}$
33	$\frac{\mathrm{e}^{\mathrm{i}bt}}{a^2+t^2}$, $\mathrm{Re}\,a<0$, b 为实数	$-\frac{\pi}{a}\mathrm{e}^{a\|\omega-b\|}$
34	$\frac{\cos bt}{a^2+t^2}$, $\mathrm{Re}\,a<0$, b 为实数	$-\frac{\pi}{2a}[\mathrm{e}^{a\|\omega-b\|}+\mathrm{e}^{a\|\omega+b\|}]$
35	$\frac{\sin bt}{a^2+t^2}$, $\mathrm{Re}\,a<0$, b 为实数	$-\frac{\pi}{2a\mathrm{i}}[\mathrm{e}^{a\|\omega-b\|}-\mathrm{e}^{a\|\omega+b\|}]$
36	$\frac{\sinh at}{\sinh \pi t}$, $-\pi<a<\pi$	$\frac{\sin a}{\cosh\omega+\cos a}$
37	$\frac{\sinh at}{\cosh \pi t}$, $-\pi<a<\pi$	$-2\mathrm{i}\frac{\sin\frac{a}{2}\sinh\frac{\omega}{2}}{\cosh\omega+\cos a}$
38	$\frac{\cosh at}{\cosh \pi t}$, $-\pi<a<\pi$	$2\frac{\cos\frac{a}{2}\cosh\frac{\omega}{2}}{\cosh\omega+\cos a}$

续表

	$f(t)$	$F(\omega)$
39	$\dfrac{1}{\cosh at}$	$\dfrac{\pi}{a}\dfrac{1}{\cosh\dfrac{\pi\omega}{2a}}$
40	$\sin at^2$	$\sqrt{\dfrac{\pi}{a}}\cos\left(\dfrac{\omega^2}{4a}+\dfrac{\pi}{4}\right)$
41	$\cos at^2$	$\sqrt{\dfrac{\pi}{a}}\cos\left(\dfrac{\omega^2}{4a}+\dfrac{\pi}{4}\right)$
42	$\dfrac{1}{t}\sin at^2$	$\begin{cases}\pi, & \lvert\omega\rvert\leqslant a\\ 0, & \lvert\omega\rvert>a\end{cases}$
43	$\dfrac{1}{t^2}\sin^2 at^2$	$\begin{cases}\pi\left(a-\dfrac{\lvert\omega\rvert}{2}\right), & \lvert\omega\rvert\leqslant 2a\\ 0, & \lvert\omega\rvert>2a\end{cases}$
44	$\dfrac{\sin at}{\sqrt{\lvert t\rvert}}$	$\mathrm{i}\sqrt{\dfrac{\pi}{2}}\left(\dfrac{1}{\sqrt{\lvert\omega+a\rvert}}-\dfrac{1}{\sqrt{\lvert\omega-a\rvert}}\right)$
45	$\dfrac{\cos at}{\sqrt{\lvert t\rvert}}$	$\sqrt{\dfrac{\pi}{2}}\left(\dfrac{1}{\sqrt{\lvert\omega+a\rvert}}+\dfrac{1}{\sqrt{\lvert\omega-a\rvert}}\right)$
46	$\dfrac{1}{\sqrt{\lvert t\rvert}}$	$\sqrt{\dfrac{2\pi}{\lvert\omega\rvert}}$
47	$\operatorname{sgn} t$	$\dfrac{2}{\mathrm{i}\omega}$
48	e^{-at^2}, $\mathrm{Re}\,a>0$	$\sqrt{\dfrac{\pi}{a}}\mathrm{e}^{-\frac{\omega^2}{4a}}$
49	$\lvert t\rvert$	$-\dfrac{2}{\omega^2}$
50	$\dfrac{1}{\lvert t\rvert}$	$\dfrac{\sqrt{2\pi}}{\lvert\omega\rvert}$

附录二　拉普拉斯变换表

	$f(t)$	$F(s)$
1	1	$\frac{1}{s}$
2	e^{at}	$\frac{1}{s-a}$
3	$t^m(m>-1)$	$\frac{\Gamma(m+1)}{s^{m+1}}$
4	$t^m e^{at}(m>-1)$	$\frac{\Gamma(m+1)}{(s-a)^{m+1}}$
5	$\sin at$	$\frac{a}{s^2+a^2}$
6	$\cos at$	$\frac{s}{s^2+a^2}$
7	$\sinh at$	$\frac{a}{s^2-a^2}$
8	$\cosh at$	$\frac{s}{s^2-a^2}$
9	$t\sin at$	$\frac{2as}{(s^2+a^2)^2}$
10	$t\cos at$	$\frac{s^2-a^2}{(s^2+a^2)^2}$
11	$t\sinh at$	$\frac{2as}{(s^2-a^2)^2}$
12	$t\cosh at$	$\frac{s^2+a^2}{(s^2-a^2)^2}$
13	$t^m\sin at(m>-1)$	$\frac{\Gamma(m+1)}{2i(s^2+a^2)^{m+1}}\cdot[(s+ia)^{m+1}-(s-ia)^{m+1}]$
14	$t^m\cos at(m>-1)$	$\frac{\Gamma(m+1)}{2(s^2+a^2)^{m+1}}\cdot[(s+ia)^{m+1}+(s-ia)^{m+1}]$
15	$e^{-bt}\sin at$	$\frac{a}{(s+b)^2+a^2}$
16	$e^{-bt}\cos at$	$\frac{s+b}{(s+b)^2+a^2}$
17	$e^{-bt}\sin(at+c)$	$\frac{(s+b)\sin c+a\cos c}{(s+b)^2+a^2}$
18	$\sin^2 t$	$\frac{1}{2}\left(\frac{1}{s}-\frac{s}{s^2+4}\right)$
19	$\cos^2 t$	$\frac{1}{2}\left(\frac{1}{s}+\frac{s}{s^2+4}\right)$
20	$\sin at\sin bt$	$\frac{2abs}{[s^2+(a+b)^2][s^2+(a-b)^2]}$
21	$e^{at}-e^{bt}$	$\frac{a-b}{(s-a)(s-b)}$

续表

	$f(t)$	$F(s)$
22	$a\mathrm{e}^{at}-b\mathrm{e}^{bt}$	$\dfrac{(a-b)s}{(s-a)(s-b)}$
23	$\dfrac{1}{a}\sin at-\dfrac{1}{b}\sin bt$	$\dfrac{b^2-a^2}{(s^2+a^2)(s^2+b^2)}$
24	$\cos at-\cos bt$	$\dfrac{(b^2-a^2)s}{(s^2+a^2)(s^2+b^2)}$
25	$\dfrac{1}{a^2}(1-\cos at)$	$\dfrac{1}{s(s^2+a^2)}$
26	$\dfrac{1}{a^3}(at-\sin at)$	$\dfrac{1}{s^2(s^2+a^2)}$
27	$\dfrac{1}{a^4}(\cos at-1)+\dfrac{1}{2a^2}t^2$	$\dfrac{1}{s^3(s^2+a^2)}$
28	$\dfrac{1}{a^4}(\cosh at-1)-\dfrac{1}{2a^2}t^2$	$\dfrac{1}{s^3(s^2-a^2)}$
29	$\dfrac{1}{2a^3}(\sin at-at\cos at)$	$\dfrac{1}{(s^2+a^2)^2}$
30	$\dfrac{1}{2a}(\sin at+at\cos at)$	$\dfrac{s^2}{(s^2+a^2)^2}$
31	$\dfrac{1}{a^4}(1-\cos at)-\dfrac{1}{2a^3}t\sin at$	$\dfrac{1}{s(s^2+a^2)^2}$
32	$(1-at)\mathrm{e}^{-at}$	$\dfrac{s}{(s+a)^2}$
33	$t\left(1-\dfrac{a}{2}t\right)\mathrm{e}^{-at}$	$\dfrac{s}{(s+a)^3}$
34	$\dfrac{1}{a}(1-\mathrm{e}^{-at})$	$\dfrac{1}{s(s+a)}$
35①	$\dfrac{1}{ab}+\dfrac{1}{b-a}\left(\dfrac{\mathrm{e}^{-bt}}{b}-\dfrac{\mathrm{e}^{-at}}{a}\right)$	$\dfrac{1}{s(s+a)(s+b)}$
36①	$\dfrac{\mathrm{e}^{-at}}{(b-a)(c-a)}+\dfrac{\mathrm{e}^{-bt}}{(a-b)(c-b)}+\dfrac{\mathrm{e}^{-ct}}{(a-c)(b-c)}$	$\dfrac{1}{(s+a)(s+b)(s+c)}$
37①	$\dfrac{a\mathrm{e}^{-at}}{(c-a)(a-b)}+\dfrac{b\mathrm{e}^{-bt}}{(a-b)(b-c)}+\dfrac{c\mathrm{e}^{-ct}}{(b-c)(c-a)}$	$\dfrac{s}{(s+a)(s+b)(s+c)}$
38①	$\dfrac{a^2\mathrm{e}^{-at}}{(c-a)(b-a)}+\dfrac{b^2\mathrm{e}^{-bt}}{(a-b)(c-b)}+\dfrac{c^2\mathrm{e}^{-ct}}{(b-c)(a-c)}$	$\dfrac{s^2}{(s+a)(s+b)(s+c)}$
39①	$\dfrac{\mathrm{e}^{-at}-\mathrm{e}^{-bt}[1-(a-b)t]}{(a-b)^2}$	$\dfrac{1}{(s+a)(s+b)^2}$
40①	$\dfrac{[a-b(a-b)t]\mathrm{e}^{-bt}-a\mathrm{e}^{-at}}{(a-b)^2}$	$\dfrac{s}{(s+a)(s+b)^2}$
41	$\mathrm{e}^{-at}-\mathrm{e}^{\frac{at}{2}}\left(\cos\dfrac{\sqrt{3}at}{2}-\sqrt{3}\sin\dfrac{\sqrt{3}at}{2}\right)$	$\dfrac{3a^2}{s^3+a^3}$
42	$\sin at\cosh at-\cos at\sinh at$	$\dfrac{4a^3}{s^4+4a^4}$
43	$\dfrac{1}{2a^2}\sin at\sinh at$	$\dfrac{s}{s^4+4a^4}$
44	$\dfrac{1}{2a^3}(\sinh at-\sin at)$	$\dfrac{1}{s^4-a^4}$
45	$\dfrac{1}{2a^2}(\cosh at-\cos at)$	$\dfrac{s}{s^4-a^4}$
46	$\dfrac{1}{\sqrt{\pi t}}$	$\dfrac{1}{\sqrt{s}}$

续表

	$f(t)$	$F(s)$
47	$2\sqrt{\frac{t}{\pi}}$	$\frac{1}{s\sqrt{s}}$
48	$\frac{1}{\sqrt{\pi t}}e^{at}(1+2at)$	$\frac{s}{(s-a)\sqrt{s-a}}$
49	$\frac{1}{2\sqrt{\pi t^3}}(e^{bt}-e^{at})$	$\sqrt{s-a}-\sqrt{s-b}$
50	$\frac{1}{\sqrt{\pi t}}\cos 2\sqrt{at}$	$\frac{1}{\sqrt{s}}e^{-\frac{a}{s}}$
51	$\frac{1}{\sqrt{\pi t}}\cosh 2\sqrt{at}$	$\frac{1}{\sqrt{s}}e^{\frac{a}{s}}$
52	$\frac{1}{\sqrt{\pi t}}\sin 2\sqrt{at}$	$\frac{1}{s\sqrt{s}}e^{-\frac{a}{s}}$
53	$\frac{1}{\sqrt{\pi t}}\sinh 2\sqrt{at}$	$\frac{1}{s\sqrt{s}}e^{\frac{a}{s}}$
54	$\frac{1}{t}(e^{bt}-e^{at})$	$\ln\frac{s-a}{s-b}$
55	$\frac{2}{t}\sinh at$	$\ln\frac{s+a}{s-a}=2\operatorname{Arctanh}\frac{a}{s}$
56	$\frac{2}{t}(1-\cos at)$	$\ln\frac{s^2+a^2}{s^2}$
57	$\frac{2}{t}(1-\cosh at)$	$\ln\frac{s^2-a^2}{s^2}$
58	$\frac{1}{t}\sin at$	$\arctan\frac{a}{s}$
59	$\frac{1}{t}(\cosh at-\cos bt)$	$\ln\sqrt{\frac{s^2+b^2}{s^2-a^2}}$
60①	$\frac{1}{\pi t}\sin(2a\sqrt{t})$	$\operatorname{erf}\left(\frac{a}{\sqrt{s}}\right)$
61①	$\frac{1}{\sqrt{\pi t}}e^{-2a\sqrt{t}}$	$\frac{1}{\sqrt{s}}e^{\frac{a^2}{s}}\operatorname{erfc}\left(\frac{a}{\sqrt{s}}\right)$
62	$\operatorname{erfc}\left(\frac{a}{2\sqrt{t}}\right)$	$\frac{1}{s}e^{-a\sqrt{s}}$
63	$\operatorname{erf}\left(\frac{t}{2a}\right)$	$\frac{1}{s}e^{a^2s^2}\operatorname{erfc}(as)$
64	$\frac{1}{\sqrt{\pi t}}e^{-2\sqrt{at}}$	$\frac{1}{\sqrt{s}}e^{\frac{a}{s}}\operatorname{erfc}\left(\sqrt{\frac{a}{s}}\right)$
65	$\frac{1}{\sqrt{\pi(t+a)}}$	$\frac{1}{\sqrt{s}}e^{as}\operatorname{erfc}(\sqrt{as})$
66	$\frac{1}{\sqrt{a}}\operatorname{erf}(\sqrt{at})$	$\frac{1}{s\sqrt{(s+a)}}$
67	$\frac{1}{\sqrt{a}}e^{at}\operatorname{erf}(\sqrt{at})$	$\frac{1}{\sqrt{s}(s-a)}$
68	$u(t)$	$\frac{1}{s}$
69	$tu(t)$	$\frac{1}{s^2}$
70	$t^m u(t)(m>-1)$	$\frac{1}{s^{m+1}}\Gamma(m+1)$
71	$\delta(t)$	1

续表

	$f(t)$	$F(s)$
72	$\delta^{(n)}(t)$	s^n
73	$\operatorname{sgn} t$	$\frac{1}{s}$
74②	$J_0(at)$	$\frac{1}{\sqrt{s^2+a^2}}$
75②	$I_0(at)$	$\frac{1}{\sqrt{s^2-a^2}}$
76	$J_0(2\sqrt{at})$	$\frac{1}{s}e^{-\frac{a}{s}}$
77	$e^{-bt}I_0(at)$	$\frac{1}{\sqrt{(s+b)^2-a^2}}$
78	$tJ_0(at)$	$\frac{s}{(s^2+a^2)^{\frac{3}{2}}}$
79	$tI_0(at)$	$\frac{s}{(s^2-a^2)^{\frac{3}{2}}}$
80	$J_0(a\sqrt{t(t+2b)})$	$\frac{1}{\sqrt{s^2+a^2}}e^{b(s-\sqrt{s^2+a^2})}$

注：① $\operatorname{erf}(x)=\frac{2}{\sqrt{\pi}}\int_0^x e^{-t^2}\,dt$，称为误差函数；

$\operatorname{erfc}(x)=1-\operatorname{erf}(x)=\frac{2}{\sqrt{\pi}}\int_x^{+\infty}e^{-t^2}\,dt$ 称为余误差函数.

② $I_n(x)=i^{-n}J_n(ix)$，J_n 称为第一类 n 阶贝赛尔函数，I_n 称为第一类 n 阶变形的贝赛尔函数，或称为虚宗量的贝赛尔函数.

参考文献

[1] 蔡敏，石磊，王丽媛. 复变函数与积分变换[M]. 北京：机械工业出版社，2010.

[2] 杜洪艳，尤正书. 复变函数与积分变换[M]. 武汉：华中师范大学出版社，2011.

[3] 冯志新，沈永祥. 复变函数论[M]. 北京：北京大学出版社，2012.

[4] 李红，谢松法. 复变函数与积分变换[M]. 4 版. 北京：高等教育出版社，2013.

[5] 梁昌洪. 复变函数札记[M]. 北京：科学出版社，2011.

[6] 刘瑞芹，王文祥. 复变函数与积分变换[M]. 北京：中国电力出版社，2011.

[7] 卢玉峰，刘西民. 复变函数[M]. 北京：高等教育出版社，2012.

[8] 王玉玉，王健波. 复变函数论全程导学及习题全解[M]. 北京：中国时代经济出版社，2008.

[9] 西安交通大学高等数学教研室. 复变函数[M]. 北京：高等教育出版社，2005.

[10] 熊辉. 工科积分变换及应用[M]. 北京：中国人民大学出版社，2011.

[11] 杨巧林，孙福树，刘锋. 复变函数与积分变换[M]. 北京：机械工业出版社，2010.

[12] 尹水仿，李寿贵. 复变函数与积分变换[M]. 北京：科学出版社，2009.

[13] 张建国，李冱岸. 复变函数与积分变换[M]. 北京：机械工业出版社，2010.

[14] 钟玉泉. 复变函数论[M]. 北京：高等教育出版社，2003.